京津冀超低能耗建筑发展报告(2019)

北京市住房和城乡建设委员会
天津市住房和城乡建设委员会　主编
河北省住房和城乡建设厅

U0212538

中国建材工业出版社

图书在版编目(CIP)数据

京津冀超低能耗建筑发展报告. 2019/北京市住房
和城乡建设委员会，天津市住房和城乡建设委员会，河北
省住房和城乡建设厅主编. --北京：中国建材工业出版
社，2020.2

ISBN 978-7-5160-2733-2

Ⅰ.①京… Ⅱ.①北… ②天… ③河… Ⅲ.①节能—
建筑设计—研究报告—华北地区—2019 Ⅳ.①TU201.5

中国版本图书馆 CIP 数据核字（2019）第 251768 号

京津冀超低能耗建筑发展报告（2019）
Jingjinji Chaodi Nenghao Jianzhu Fazhan Baogao（2019）
北京市住房和城乡建设委员会
天津市住房和城乡建设委员会　主编
河北省住房和城乡建设厅
出版发行：中国建材工业出版社
地　　址：北京市海淀区三里河路 1 号
邮　　编：100044
经　　销：全国各地新华书店
印　　刷：北京中科印刷有限公司
开　　本：787mm×1092mm　1/16
印　　张：23.5
字　　数：540 千字
版　　次：2020 年 2 月第 1 版
印　　次：2020 年 2 月第 1 次
定　　价：**96.00 元**

本书编委会

名誉主编：冯可梁　侯学钢　吴　铁

主　　编：薛　军　王世来　翟佳麟

副主编：刘　斐　董志宇　邱祥娥

编　　委：魏吉祥　王　恺　石向东　庞瑞敬　叶向忠

　　　　　张　锐　徐东林　王皆腾　李　珂　金耀东

　　　　　吴　铮　李禄荣　郑学忠　闫乃斌　王合叶

　　　　　魏　巍　叶　嘉　胡　倩　李攀峰　时贞利

　　　　　赵永开　李志清　包立秋　赵　奕　方明成

　　　　　张　平　韦寒波　史　娜

执行主编：张增寿　马华山　强万明

专　　家：徐智勇　徐　伟　张小玲　王　臻

编辑人员：代德伟　张津奕　路国忠　郝翠彩　伍小亭

　　　　　李旭东　丁秀娟　尹宝泉　邵佳岱　郭欢欢

　　　　　郑学松　尹志芳　张佳阳　赵炜璇　张吉秀

　　　　　张　晔　何金太　段赛红　刘计康　苗元超

　　　　　郭振雷

主编单位：北京市住房和城乡建设委员会

　　　　　天津市住房和城乡建设委员会

　　　　　河北省住房和城乡建设厅

参编单位：北京建筑材料科学研究总院

　　　　　天津市建筑设计院

　　　　　河北省建筑科学研究院

　　　　　京津冀超低能耗产业联盟

序　言

　　发展超低能耗建筑，是建设生态文明，落实能源生产和消费革命战略，推动致力于绿色发展的城乡建设的重要举措。中央城市工作会议指出，要发展被动式房屋等绿色节能建筑。国务院《"十三五"节能减排综合工作方案》要求，要实施建筑节能先进标准领跑行动，开展超低能耗及近零能耗建筑建设试点。《能源生产和消费革命战略（2016—2030）》提出，要推广超低能耗建筑，提高新建建筑能效水平。

　　从世界范围看，德国、英国等发达国家把超低能耗建筑作为应对气候变化，推动实现可持续发展的重要工作，提出了明确的发展目标和要求。欧盟2002年通过并于2010年修订的《建筑能效指令》（EPBD），要求欧盟国家在2020年前，所有新建建筑都必须达到近零能耗水平。德国要求2020年12月31日后新建建筑达到近零能耗，2018年12月31日后政府部门拥有或使用的建筑达到近零能耗。美国要求2020—2030年"零能耗建筑"应在技术经济上可行。许多国家都在积极制定超低能耗建筑发展目标和技术政策，建立适合本国特点的超低能耗建筑标准及相应技术体系，超低能耗建筑已经成为建筑节能的发展趋势。

　　京津冀地区是我国发展超低能耗建筑的先行地区，在住房和城乡建设部与德国联邦交通、建设及城市发展部的支持下，河北省在2007年就引进了德国先进的被动式超低能耗建筑技术，在秦皇岛市建设了"在水一方"超低能耗建筑示范项目，取得了很好的示范效果。进入"十三五"以来，京津冀三地住房城乡建设主管部门进一步加大了工作力度，通过制定扶持政策、完善技术标准、组织试点示范等措施，推动超低能耗建筑在京津冀地区实现蓬勃发展，实践形式更加丰富，在建筑类型方面，不仅有住宅建筑，还包括养老建筑、学校、幼儿园等公共建筑，在农村农房超低能耗建设方面也进行了实践，在建筑结构体系方面，不仅包括传统现浇结构，还包括装配式混凝土、装配式钢结构等，在工程管理方面，秉持"质量成就美好生活"理念，京津冀超低能耗建筑在项目方案设计、工程建设施工等方面的技术和管理经验日益丰富和成熟，一些示范项目已经建设完成，并获得了实际运行数据。如今，各类超低能耗建筑项目犹如雨后春笋般大量涌现，为今后规模化推广奠定了坚实基础，京津冀超低能耗建筑的发展已迈入新的历史阶段！

　　特别值得一提的是，为落实国家京津冀协同发展战略，京津冀三省市在超低能耗建筑方面优势互补、互利共赢、联动发展，一方面紧锣密鼓地编制京津冀超低能耗建筑协同标准，一方面连续多年合作举办京津冀超低能耗建筑发展论坛，打造协同交流平台，共享发展经验。2019年10月9日至11日，国际被动房大会在河北高碑店隆重举行，这是国际被动房大会第一次走进中国、落地京津冀，从而揭示京津冀地区超低能耗建筑的发展已获国内外同行高度认可，在全国超低能耗建筑发展中起到示范引领的作用！

　　天道有常，赓续前行。超低能耗建筑也从最初的追求建筑节能，逐步转向更加注重人的体验和感受，即"健康舒适"和"身心愉悦（Well-Being）"，升级到了2.0版。为了更好地推动超低能耗建筑从快速发展转向高质量发展，满足人民日益增长的美好生活需要，京津冀三地住房城乡建设主管部门在编辑出版《京津冀超低能耗建筑发展报告》（2017版）基础上时隔两年后再续新篇，组织编撰了《京津冀超低能耗建筑发展报告（2019）》。与2017版相比，该报告收集的专家学者文章更有理论、技术深度，也更有代表性，覆盖面也更广，在示范项目、标准规范和激励政策等方面均有许多新的突破，尤其是在总结示范工程经验以及推动京津冀地区超低能耗建筑发展的自主化和特色化方面，多有侧重和突出展现，希望超低能耗建筑行业的广大从业者能够从本书中有所裨益，同时结合本地实际，不断探索、丰富和完善超低能耗建筑技术、管理体系，为我国超低能耗绿色建筑的健康发展做出贡献。

　　是为序。

住房和城乡建设部标准定额司

2019 年 12 月

目　录

引　言

技　术　篇

示范项目篇

引　言

风正帆悬正当时

——京津冀超低能耗建筑发展纪实

薛军，王世来，翟佳麟

（北京市住房和城乡建设委员会，北京 100036　天津市住房和城乡建设委员会，天津 300204
河北省住房和城乡建设厅，石家庄 050051）

摘　要　本文从发展规划、政策奖励、示范项目、技术标准、产业发展等方面，梳理了近三年来京津冀超低能耗建筑的发展现状，通过河北省唐山市曹妃甸区产城融合先行启动区的"首堂·创业家"超低能耗住宅示范项目案例，阐述了超低能耗建筑的优势，并对京津冀共同推动超低能耗建筑区域协同发展提出了具体措施。

关键词　建筑节能；超低能耗建筑；政策奖励

未来全球建筑节能的发展趋势是什么？超低能耗建筑肯定是个热门选择。得益于能效高和舒适宜居的特点，超低能耗建筑已日益成为建筑领域应对气候变化、节能减排的重要途径之一，在美国、欧盟、日本等发达国家和地区得到高度关注和迅速推广应用。超低能耗建筑，已然站到了世界节能建筑领域的最前沿。在我国，由于顺应了生态文明建设的总思路，同时有利于破解我国能源需求紧张和环境污染加剧等难题，超低能耗建筑也备受关注。

百花齐放，春色满园

自 2016 年开始，京津冀三地也掀起了推广超低能耗建筑的风潮，先后提出了本地区推动超低能耗建筑发展的行动计划，制定了相关技术标准，还给予了财政专项奖励资金政策。除了上述共性，京津冀三地还结合各自比较优势，形成了特殊的"小气候"，比如北京市超低能耗建筑示范项目建筑类型最广泛，涵盖了农宅、学校、酒店、商品房、科研办公楼等多个方面；天津市超低能耗建筑示范项目建设主要围绕公共建筑展开；河北省超低能耗建筑示范项目在城镇住宅中的数量和建筑面积均居三地之首。

三年来，京津冀三地累计实施了七十多个超低能耗建筑示范项目，总建筑面积达到 360 多万平方米。

携手同行，齐头并进

在落实建筑节能领域的京津冀一体化上，三地住建部门对于推进超低能耗建筑工作都情有独钟，形成了"比、学、赶、帮"的良好氛围。

作者简介：薛军，北京市住房和城乡建设委员会建筑节能与建筑材料管理处处长。
　　　　　王世来，天津市住房和城乡建设委员会科技教育处处长。
　　　　　翟佳麟，河北省住房和城乡建设厅建筑节能与科技处处长。

在发展规划方面，三地都列出了自己的"小目标"。北京市提出在2016—2018年建设至少30万平方米的超低能耗建筑；天津市制定了在2020年年底完成30万平方米的目标；河北省提出了在2019—2020年，全省城镇新建总建筑面积20万平方米（含）以上的项目，至少建设1栋超低能耗建筑。北京市已超额完成了既定目标。

在政策奖励方面，北京市"步子"迈得最大，即为每平方米建筑面积奖励1000元。目前，天津市与河北省也陆续提高了奖励资金标准，河北省将超低能耗建筑示范项目补助由建筑面积每平方米补助10元上调为100元。

在示范项目方面，三地建设面积突破350万平方米"大关"。截至2019年9月底，北京市累计实施超低能耗建筑示范项目32个，建筑面积66万平方米，其中竣工验收2项，竣工面积12.1万平方米；河北省累计建设超低能耗建筑67项，建筑面积316.3万平方米，其中累计竣工超低能耗建筑22项、建筑面积55.52万平方米；在建45项，建筑面积261.1万平方米；天津市也有多个超低能耗建筑项目正在建设中。

在技术标准方面，三地携手同行，齐头并进，推进京津冀超低能耗建筑设计标准健康有序发展。北京市2017年提出"北京市超低能耗建筑示范项目技术要点"，指导示范项目设计；2018年编制印发了《北京市超低能耗示范项目技术导则》《北京市超低能耗农宅示范项目技术导则》，规范项目设计、施工和专项验收环节；2019年编制《超低能耗居住建筑设计标准》，并拟于近期和天津市协同发布实施，还启动了《超低能耗居住建筑施工验收规范》的编制研究，标准体系逐步健全。天津市编制的《超低能耗居住建筑设计标准》，已完成送审稿。河北省超低能耗建筑标准体系已实现了对设计、施工、验收、检测、评价等环节的全覆盖，《被动式低能耗居住建筑节能设计标准》《被动式低能耗建筑施工及验收规程》《被动式超低能耗公共建筑节能设计标准》等，均属于全国首创；2018年修订实施的《被动式超低能耗居住建筑节能设计标准》，实施性强，指标更加精准，其计算规则与国际接轨；2019年制定了《被动式超低能耗建筑评价标准》《被动式超低能耗建筑检测标准》，并出台了一系列标准图集和工法，完善的标准体系为河北省实现超低能耗建筑规模化推广建设提供了坚实的技术支撑。

在产业发展方面，推陈出新成为常态。随着超低能耗建筑在京津冀地区的蓬勃发展，相关配套产业中的新技术、新产品、新材料不断涌现，超低能耗建筑用相关建材部品、设备产品系统不断完善。石墨聚苯板、真空绝热板、岩棉板（带）等保温材料，能够满足超低能耗建筑外墙保温的性能要求；被动式铝包木窗、塑钢窗、断桥铝合金窗等门窗产品，能够满足外窗隔热的性能要求。防水隔汽膜和防水透汽膜，近几年在国内已开始产品研发，逐渐改变了以进口产品为主的情况。保障室内环境健康舒适度的关键设备——高效热回收新风机组也在京津冀地区布局生产。

提升品质，舒适宜居

值得一提的是，超低能耗建筑在降低能耗的同时，大大提升建筑舒适性。高性能的外围护结构就如同给整个房屋穿上了羽绒服，即使在严寒的冬天和炎热的夏季也能保持室内温度恒定。同时，通过室内的新风系统提供足够的、清洁的新鲜空气，保证了室内空气质量。

据了解，超低能耗建筑四季的室温可保证在人体最适宜的温度范围18～24℃之间，且在雾霾等污染天气情况下，仍能保持室内空气清洁，具有高保温性、高气密性、高舒适度以及高隔声性。

位于唐山市曹妃甸区产城融合先行启动区的"首堂·创业家"超低能耗住宅示范项目，总建筑面积 15 万平方米，超低能耗示范面积 11.47 万平方米。该项目大规模采取国内设备、建材，尤其是被动窗、能源环境一体机、外保温等关键部品部件，带动和引导了数家企业的绿建发展方向。自 2018 年 10 月业主入住以来，与小区多名住户调研座谈，首次接触被动房的购房者均表达超出预期效果，夏季清爽冬季温煦，室内温度均匀，呼吸顺畅，体感舒适，有效解决了怕吹空调和冬季水暖干燥人群的入住要求，尤其适合老人儿童等体弱者居住。超低能耗住宅理念已逐渐被老百姓接受，并成为居住的首选产品，切实感受到了住宅所提供的"恒温、恒湿、恒氧、恒静、恒洁"效果。

通过对大量已入住的超低能耗建筑示范项目业主进行回访，得到的反馈普遍是：房屋隔绝室外噪声效果好，室内空气品质洁净、温度湿度适宜，空调运行电费支出明显减少，特别是夏天在厨房做饭都不觉得闷热了……超低能耗建筑切实改善了人民群众的住房品质，增强了人民群众的获得感和幸福感，实现了从住有所居到住"优"所居的跨越式发展。

协同创新，凝聚共识

在超低能耗建筑领域凝聚互助共享的共识是拓宽京津冀建筑节能合作的全新尝试，体现了创新、协调、绿色、开放、共享的发展理念。三地要进一步加强沟通联动，结合本地区实际需要，在推动标准协同、机制协同、资源协同方面不断做加法，充分吸收各地优秀成果，汇集起三地共同推动超低能耗建筑区域协同发展的磅礴力量。

一是稳步推进标准协同。京津冀三地住房城乡建设主管部门将探索共同组织开展京津冀超低能耗建筑协同标准编制工作，助力京津冀三地形成统一的超低能耗建筑体系，这将充分发挥标准的基础性、辐射性作用，实现理念协同、技术协同、管理协同，带动京津冀超低能耗建筑产业共同发展。

二是持续推进机制协同。京津冀三地将探索建立协同的超低能耗建筑项目运行评价机制。明确京津冀三地住房城乡建设主管部门对超低能耗建筑的指导、服务的方式，统一指导标准，统一服务流程；探索建立京津冀超低能耗建筑运行评价规范，促进京津冀三地超低能耗建筑项目单位有序流动。

三是大力推进资源协同。京津冀三地在科技创新、设施配套、人力资源等方面有各自优势，本着优势互补、合作共赢的原则，逐步探索建立京津冀超低能耗建筑专业人力资源库，涵盖设计、施工、运营阶段的专业人员、资深专家，以及相关产业的技术人员。

京津冀地缘相接，人缘相亲，地域一体，文化一脉，在超低能耗建筑推进方面，完全能够实现相互融合，协同发展。这是面向未来优化京津冀区域建筑发展的需要，更是探索生态文明建设，促进人口资源环境相协调的需要。今后，京津冀三地将探索实现超低能耗建筑协同发展、共同推进的路径，在科学示范的基础上，凝聚全社会共同推进超低能耗建筑工作的共识，积极推动京津冀超低能耗建筑工作不断走向深入。

2019 年 10 月，被誉为世界建筑节能领域"奥林匹克"盛会的国际被动房大会在河北省高碑店市召开，这是国际被动房大会第一次走进中国。将进入中国的"首站"选在高碑店市，也预示着国内外同行对京津冀地区超低能耗建筑发展的高度认可。

大江潮涌逐浪高，风正帆悬正当时！

新时代赋予京津冀建筑节能工作发展新的战略机遇，将新机遇转换为发展新动能，唯有齐心抓落实，沉心促实干。

功崇惟志，业广惟勤。

京津冀三地建筑节能人携手努力，超低能耗建筑推广工作必定会乘长风破万里浪，收获属于自己的诗与远方！

方向已明，使命在肩。

京津冀三地一起奋斗，向前奔跑，不忘初心、牢记使命，推动超低能耗各项事业奋力前行！以实干实绩庆祝中华人民共和国成立 70 周年！

技　术　篇

国际近零能耗建筑发展趋势及对我国的启示

彭梦月*

（住房和城乡建设部科技与产业化发展中心，北京　100835）

摘　要　本文总结欧美日韩近零能耗建筑发展规划目标，通过德国、比利时、美国等典型国家近零能耗建筑、产能建筑等案例分析，总结国际近零能耗建筑发展现状及趋势，并对我国进一步推动近零能耗建筑发展提出了相关建议。

关键词　近零能耗建筑；趋势；建议

为应对气候变化、实现可持续发展战略，欧美日韩等发达地区和国家都在不断提高建筑能效和绿色水平，不同程度地制定了建筑迈向近零能耗建筑、零能耗建筑、产能建筑的国家战略目标与行动计划。2010 年 6 月 18 日，欧盟出台了《建筑能效2010 指令》（EPBD2010），该指令规定："成员国从 2020 年 12 月 31 日起，所有的新建建筑都是近零能耗建筑"。在此框架下，德国、瑞士、瑞典、奥地利、比利时、丹麦等国家都在大力发展适应各自国情的近零能耗建筑体系，如德国的"被动房"，奥地利的 Klima：aktiv 被动房，瑞士的 Minergie-P 建筑，丹麦 2020 年标准的近零能耗建筑等。

美国奥巴马政府于 2015 年颁布了"未来十年联邦可持续发展规划"（13693 号行政令），其中要求自 2020 年起，所有新建的建筑须以零能耗建筑设计为导向，至 2030 年时所有新建联邦建筑均实现零能耗目标。此外，美国能源部在《建筑技术项目 2008—2012 规划》中提出，建筑节能发展的战略目标是使"零能耗住宅"在 2020 年实现市场可行，使"零能耗建筑"在 2025 年实现商业化。

韩国政府于 2009 年颁布了"绿色增长国家战略及五年计划"，针对零能耗建筑目标做出三步规划：到 2012 年，实现低能耗建筑目标，建筑制冷/供暖能耗降低 50%；到 2017 年，实现被动房建筑目标，建筑制冷/供暖能耗降低 80%；到 2025 年，全面实现零能耗建筑目标。2014 年 7 月 17 日，韩国国土交通部联合其他六部委颁布了《应对气候变化的零能耗建筑行动计划》，制定了零能耗建筑的详细阶段性发展目标和推广策略。

2009 年 5 月日本经济产业省的 ZEB（Zero Energy Building）发展和实现研究会成

---

*通信作者：彭梦月，女，研究员，副处长，长期从事超低能耗建筑政策标准和技术研究，是北京市、河北省保定市超低能耗建筑示范项目评审专家、国家《近零能耗建筑技术标准》审查专家之一；负责中德、中瑞超低能耗建筑、产能房国际合作项目；参与我国 35 个被动式超低能耗建筑示范项目技术咨询；参与编写《2017 年中国被动式低能耗建筑年度发展研究报告》、《河北省被动式低能耗建筑节能设计标准》、《青岛市被动式低能耗建筑节能设计导则》、国家建筑标准设计图集《被动式低能耗建筑——严寒寒冷地区居住建筑》、《近零能耗建筑检测评价标准》等。

立，积极促成日本政府颁布了《能源基本计划》，制定了促进 ZEB 普及和推广的相关政策。2012 年，日本暖通空调卫生工程师学会（SHASE）制定了零能耗建筑实现路线图：即 2030 年之前确立零能耗建筑技术路径，2050 年前制定"相关领域零能耗化的过渡"时间表。

从全球范围看，欧盟在近零能耗建筑发展政策、标准、技术体系的完善性，工程实践的规模与多样化等方面走在世界前列。近零能耗建筑在全球发展日益普遍成熟，呈现如下特点。

1 国际近零能耗建筑发展现状与趋势

1.1 由单体示范向规模化发展

在欧洲以"被动房"为代表的近零能耗建筑发展已是普遍趋势。一方面，随着近零能耗建筑理论趋于完善，技术发展成熟，产业发达完备，单体建筑规模逐步扩大，起步时以中低层小型住宅项目为主，发展至今已有很多大型复杂的公共建筑案例；另一方面，逐步实现了由单体建筑的试点示范向区域规模化推动，例如，德国海德堡"列车新城"项目（图 1）成为欧洲最大的被动房城区。该项目紧邻海德堡市中央火车站，占地 116 公顷①，其中建筑全部采用被动房标准，在建中的列车新城将提供容纳5000 人的居住空间与满足 7000 人的工作场所。目前已入住的 7 个地块共计 9 万 m²（包括约 1400 套住宅及学生公寓）建筑实际采暖能耗达到被动房设计要求，比德国现行新建建筑节能条例 EnEV2014 采暖能耗节能 75％以上。

图 1　海德堡"列车新城"项目

比利时从 2006 年开始推动被动房项目建设，2011 年起出台了引导政策，对被动房示范项目给予 100 欧元/m² 的补贴，使被动房数量和单体面积逐年迅速增加。2015 年比利时强制要求新建建筑全面执行"被动房"标准，实现了规模化推广。截至 2018 年年底，首都布鲁塞尔已有约 139 万 m² 按被动房标准建设的建筑。Tivoli 是布鲁塞尔正在建设的一个规模化可持续社区（图 2），Tivoli 一共建设 400 套公寓、2 个幼儿园和一个 2000m² 的停车场、一个商业区、一个多功能用房。其中 70％的公寓达到"被动房"

---

① 1 公顷＝10000 平方米。

标准，30％公寓要达到"零能耗"标准。400 套公寓中有 271 套是获得政府补贴的住房，另外 129 套属于保障性住房。

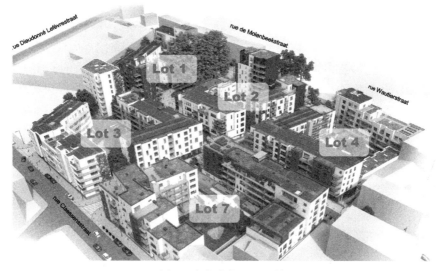

图 2　布鲁塞尔 Tivoli 社区

（图片来源：citydev. brussels）

1.2　以完善的第三方认证标识体系推广近零能耗建筑

欧美国家通过较完善的认证标识体系推广近零能耗建筑的发展。例如：德国被动房研究所（PHI）及其授权机构对全球"被动房"进行认证推广，目前全球约有 4642 栋认证的"被动房"，总面积约 185 万 m^2，遍布德国、奥地利、法国、美国等国。中国"被动房"认证近几年也发展迅速，截止到 2019 年 5 月，获得 PHI 认证的中国"被动房"项目共计 21 个，总面积约为 5.95 万 m^2。被动房根据可再生一次能源（PER）的需求和产量，可划分为被动房普通级、优级和特级。德国复兴信贷银行（KfW）也推行高效节能建筑认证体系，作为其提供财政补贴的依据，如 KfW40、KfW40 plus，后者是 KfW 目前最高节能标准，相当于被动房标准，其能耗仅为 EnEV 规定的最低能耗的 40％。

瑞士 Minergie 协会负责对瑞士的近零能耗建筑进行认证，认证的标识分为 Minergie、Minergie-P 和 Minergie-A 三类，其中 Minergie-P 于 2003 年引入，能效要求等同德国被动房的标准，相当于瑞士近零能耗建筑认证标准。Minergie-ECO 是附加标准，除了要满足 Minergie-P 的能效要求外，还加入了保持环境和健康的可持续性要求，类似国内的绿色建筑标准。健康涉及采光、噪声、室内空气等细则，而环境标准涉及环保建筑材料的生产、建筑材料的循环利用和可再生能源优先利用，易于拆迁的建筑材料的循环利用等。此外，Minergie 还有两个附加认证——MQS-Bau（建造认证）和 MQS-Betrieb（运营认证），前者是在建设阶段提供质量保证，保证高质量的建造；后者是对建筑服务系统优化使用的认证，确保用户在使用阶段拥有最佳的舒适度。瑞士有超过 25％的新建建筑，约 47000 栋建筑总计约 5000 万 m^2 为 Minergie 认证建筑，其中获得 Minergie-P 认证的建筑有 5000 余栋。

美国对零能耗建筑的认证主要以国际生态未来研究院（International Living Future Institute，ILFI）提出的"有生命力建筑挑战"标准为主，合作认证机构为新建筑研究院（New Building Institute，NBI）。据统计，截至 2016 年，全美经认证的零能耗建筑项目达 53 个，在建 279 个。其中大约一半数量为公共部门所持有，另一半为私营机构所持有，而在 2014 年，私营机构所持零能耗建筑仅占 25%。美国零能耗建筑随时间发展正逐步迈向商业化。公共部门持有的零能耗建筑大多为教育设施，此外还包括政府办公楼、博物馆、动物园等。私营机构持有的零能耗建筑类型大多为办公建筑和私立学校，其中办公建筑数量大约占 50%，私立学校占 20%，其余 30% 为零售商铺或旅舍等。代表性的零能耗建筑包括布利特中心、国家可再生能源实验室研究支持设施、落基山研究创新中心、斯坦福 Y2E2 楼等。其中布利特中心不仅获得"有生命力建筑挑战"认证，更于 2015 年获得美国建筑师联合会环境委员会十大绿色建筑奖。

1.3　向产能建筑和产能社区迈进

由近零能耗建筑迈向产能建筑是发达国家进一步提升建筑能效的宏伟计划。2011 年，德国联邦政府推出了"产能房"定义，即建筑年度一次能源需求和终端能耗均小于 0（kW·h）/m² 的建筑。产能房可视为智能分散的能源发电厂，当多余的能源不能立即被建筑物本身所需时，可输送回电网或用于其他用途，如给电动汽车充电。自动化、智能化的能源优化监控管理系统是产能房的核心之一。德国联邦政府于 2011 年推出"Efficiency House Plus Programme"计划，支持产能房基础技术的研究与开发，为德国 37 个达到产能房标准的独立住宅提供经济援助，并由弗朗霍夫建筑物理研究所进行跟踪。

F87 是位于德国柏林夏洛滕区一个独栋产能房示范住宅（图 3），2011 年建成，总面积 180m²，两个四口之家的家庭曾居住于此，目前用做信息中心。该建筑设计之初就考虑了全寿命周期绿色建材的应用和材料的可回收。该建筑整体是木结构框架，外墙和屋面采用高效的纤维素保温材料。采用空气/水-热泵为建筑物供热和供应

图 3　F87 产能建筑
（图片来源：Werner Sobek）

生活热水，采用高效热回收新风系统；外墙西南幕墙上（73m²）和屋面（98m²）安装了薄膜光伏组件，总计年发电量为16MW·h，除建筑物自用外，多余电能存储在集成缓冲电池内，为电动汽车充电。建筑核心是楼宇自动化系统，它收集所有测量数据与天气数据，根据用户用能需求优化整个系统的能源流。系统由光伏、公共电网、车辆、热能、电能存储系统构成，用户通过移动应用程序或触摸板手动控制系统控制能量流。

德国基于微电网的产能镇也在实践中，引领该国的能源转型。位于德国巴伐利亚州的维尔德波尔茨里德镇已成为德国第一个产能镇，它依靠11个风力涡轮机、生物质发电设施、3个小型水电系统和2100m²的太阳能集热系统使2600名居民独立于电网，并从销售剩余能源中获利。

1.4 近零能耗建筑改造促进城市更新

发达国家越来越多地将既有建筑改造为低能耗或超低能耗建筑，使之成为城市传统工业区或低收入家庭聚集区更新建设的亮点，为老旧城区发展提供了新的契机。它显著改善了低收入家庭居住环境，吸引了优秀企业和人才的入驻，促进了社会阶层融合。例如，布鲁塞尔 Linne-Plantes 项目通过一体化设计方法，将两栋老旧建筑改造成为满足被动房标准要求的经济适用房公寓和幼儿园（图4），使空间规划、采光、通透性融合在了一起，重新赋予了建筑与环境新的联系，被称为布鲁塞尔"可持续建筑建造和可持续性既有建筑改造最佳案例"。在近零能耗建筑技术应用方面，该项目首先从围护结构入手，将外立面除结构以外全部拆除，重新安装了木结构的夹心保温装饰板（图5），填充了300mm的纤维素棉，安装高性能窗户（图6）。同时，该项目加大了可再生能源的利用比例，公寓南向立面安装了太阳能光伏板，屋面安装了太阳能集热板，并安装了热回收效率为90%的新风系统。通过综合采用上述技术措施，改造后的公寓楼采暖需求由原来的160kW·h/（m²·a）下降到13kW·h/（m²·a）（PHPP计算），幼儿园的年热需求由50000kW·h下降到5900kW·h。

图4 Linne-Plantes 项目改造前后对比

（图片来源：a2m. be）

图5　木质夹心保温结构一体化装饰板
（图片来源：a2m. be）

图6　外窗安装
（图片来源：a2m. be）

1.5　绿色节能技术统筹应用

发达国家在发展近零能耗建筑的同时，绿色建筑技术、装配式技术、绿色建材等相关理念和技术也同时贯穿于设计和建设的各个环节，实现了协同应用，因此，很多近零能耗建筑不仅满足高能效的指标，同时满足 LEED、DGNB 或 BREEAM 等绿色建筑标准要求，是完整意义的可持续发展建筑。布鲁塞尔环境署大楼（图7）就是各类节能和绿色技术统筹应用的典型代表。该项目建筑面积 16750m²，是欧洲最大的单体被动房项目之一，同时获得了英国绿色建筑 BREEAM "杰出" 等级认证。该项目为满足被动房要求，外墙采用三明治夹心保温板保温体系，保温材料为 200mm 的岩棉，中庭玻璃幕墙采用双层玻璃，其他垂直部位的玻璃幕墙为三层玻璃。大楼设有内外活动遮阳，外遮阳可以根据风、光、雨的环境变化自动开启或关闭，当室内温度超过 26℃时，外遮阳会自动降下。同时，大楼采暖制冷采用地源热泵系统，屋面有 366 块太阳能光伏板，总面积为 660m²，年产能量为 88000kW·h，占建筑总用电量的 18.5%，相当于建筑内所有计算机用电量之和。该项目除提升建筑能效水平外，大量采用了中庭采光、雨水收集、节水器具、可再循环利用材料、无障碍设施、智能监控等绿色技术，确保了建筑整体的绿色水平。

图7　布鲁塞尔环境署大楼

美国布利特中心（The Bullitt Center）（图 8）是另一个整合节能与各种绿色技术达到北美零能耗水平的绿色建筑典型案例。该楼为 6 层办公建筑，西北朝向，建筑面积 4831m²。该项目通过性能化设计获得最佳通风采光条件，同时采用了高效的外墙保温系统、高性能的三玻 Low-E 玻璃幕墙、智能百叶、智能夜间开窗通风、低速电扇等被动式技术，辅以高效的新风热回收系统、地源热泵空调系统、生活热水系统和高效节能照明系统，使能耗强度达到 31.3kW·h/(m²·a)。屋面安装了 1328m² 的光伏组件，供建筑使用，多余的输送给市政电网。全年市政电网接收的光伏总电量大于向建筑供应的总电量，使建筑达到了零能耗甚至产能水平。此外，建筑还采用雨水收集、堆肥厕所、循环利用建材、智能监控等技术，使建筑达到了可持续水平，获得了美国可持续建筑工业协会卓越绿色奖和 Living Building Challenge 标识等殊荣。

图 8　美国布利特中心

2　对我国近零能耗建筑发展的建议

近几年来，我国在国际合作示范引领和宏观政策引导下，超低能耗和近零能耗建筑蓬勃发展，取得了丰硕的成果。河北、北京、山东等先锋省市在超低能耗建筑示范方面成绩瞩目，截止到 2019 年 6 月，北京示范项目示范面积约为 58.5 万 m²；河北省示范总建筑面积约 213.4 万 m²；山东省示范总建筑面积约 106 万 m²。示范项目涵盖住宅、办公楼、学校、幼儿园、展览馆、保障房等主要建筑类型，并涌现了多个 10 万 m² 以上连片开发的超低能耗示范区，最大示范区面积达到百万 m² 以上。但与国际领先水平相比，我国近零能耗建筑起步较晚，存在基础理论研究薄弱、技术集成创新不足、标准体系不完善、产业发展滞后等问题。为促进我国近零能耗建筑跨越式发展，提出如下建议。

2.1 加大基础理论研究和技术研发

目前，我国近零能耗建筑发展主要借鉴了欧洲"被动房"为代表的近零能耗建筑理念、标准和技术体系，但基于国情的基础理论研究还比较薄弱，积累不足，如缺乏近零能耗建筑在高气密性、超低负荷特性下，有关空间形态特征、热湿传递、热舒适性、新风及能源系统的最优运行模式等各参数间的规律和耦合关系等基础理论；缺乏能满足精细化设计所需的模拟软件，如湿热模拟分析、热桥模拟分析软件等；不同结构形式近零能耗建筑在不同气候区的技术集成研究还不充分，工程实践少；区域化、规模化的近零能耗建筑社区能源解决方案与分布式能源的协同应用还有待深入研究。因此，加强近零能耗建筑技术集成的理论创新和实践应用尤为迫切。随着我国近零能耗建筑的推广，高效节能技术产品质量不断提升，但与国际先进水平相比，我国还存在产品线相对单一、质量不稳定、系统集成欠缺等问题。一些关键技术和产品，如断热桥构件、门窗密封的纤维加强材料、气密性材料、新风系统中热湿交换的膜材料等还依赖进口。因此，未来需要进一步加强国产技术的研发，系统集成研究和标准化建设，加大龙头企业培育和完善产业链建设。

2.2 建立近零能耗建筑认证标识体系

我国从中央到地方已逐步出台了近零能耗建筑的设计、施工等技术标准规范，但是尚未形成系统的建筑认证和产品认证标识体系。产品技术认证标准缺乏，超低能耗建筑认证以国际认证体系和国内个别团体机构认证为主，缺乏统一规范的体系，一定程度上阻碍了近零能耗建筑的规模化推广。未来建议我国深入研究国内近零能耗建筑的认证体系、认证标准和标识管理办法，通过系统性的认证标识制度推动近零能耗建筑的规模化发展和规范化管理。

2.3 推动高效绿色节能技术的综合应用与前瞻性研究

国际上近零能耗建筑或零能耗建筑已不单纯是单项技术或某几项节能技术的示范，而是集绿色低碳技术、高效节能技术、数字控制技术、绿色建材技术于一体，形成全寿命周期系统性解决方案，保证建筑实现绿色、节能、宜居、智慧、可持续等综合性目标。因此，一方面我们要推动近零能耗建筑技术与各项绿色技术的统筹应用，推动综合示范，促进各类技术在深度和广度上更紧密的结合，鼓励近零能耗建筑加大集中连片区域化的示范规模；另一方面我们要鼓励在适宜地区开展产能建筑、产能社区的前瞻性研究和试点，特别是将高效节能建筑与分布式可再生能源系统结合，辅以存储转换系统，深刻促进我国区域化能源转型，实现可持续发展目标。

2.4 推动既有建筑超低能耗节能改造

我国目前近零能耗建筑主要聚焦新建建筑，对于量大面广的既有建筑囿于各种困境少有涉及。将既有建筑改造为低能耗或超低能耗建筑已成为许多发达国家城市传统工业区或贫民聚集区进行城市更新的重要内容和亮点之一，为城市经济转型、社会融合与平等提供了新的契机。我国目前同样也面临着城市更新、老旧小区改造、新农村建设等方面的挑战与任务，因此可以积极开展将既有建筑改造成低能耗或超低能耗建筑的实践，推动公共建筑的率先垂范。既有建筑超低能耗改造要综合考虑气候条件、经济成本和实际项目的技术条件等因素，优化设计方案以达到能耗最低的目标，为城市发展、人居环境改善做出贡献。

参考文献

［1］ 刘珊，马欣伯，喻彦喆．美国零能耗建筑发展现状及实践——以布利特中心建筑为例［J］．暖通空调，2019，49（4）；108-114.

北京市《居住建筑节能设计标准》
修编耗热量指标的研究

刘　畅*，万水娥，贺克瑾，王　祎

（北京市建筑设计研究院有限公司，北京　100045）

摘　要　为实现国家节约能源和保护环境的战略，落实北京市"十三五"时期建筑节能发展规划的目标，北京市建筑设计研究院有限公司对北京市地方标准《居住建筑节能设计标准》（DB11/891—2012）进行了修编。本文介绍了北京市地方标准《居住建筑节能设计标准》（DB11/891—2012）修编中能耗指标的选取方法与原则，对能耗性能化指标提出了引导值与现行值的概念。

关键词　居住建筑；节能设计标准；能耗指标；外表系数

1　引　言

　　现行北京市地方标准《居住建筑节能设计标准》（DB11/891—2012）（以下简称"《标准》"）中，建筑耗热量指标计算采用的是稳态计算方法，对于围护结构热工性能的合规判断采取规定性指标与权衡判断结合的方法。然而随着标准的实施，以及围护结构热工性能的不断提升，尤其是外窗传热性能的提升，原有稳态计算方法难以准确计算太阳辐射得热量对耗热量指标的影响。此外，行业标准《严寒和寒冷地区居住建筑节能设计标准》（JGJ 26—2018）也已颁布实施，其中明确了新的耗热量指标计算方法。

　　在这样的背景下，本次《标准》修编提出了能耗指标现行值和引导值，计算方法改为采用能耗模拟软件进行动态逐时模拟计算，并统一了计算条件以减小计算误差。

　　同时，为了配合北京市进一步提高对诸如北京市城市副中心工程、北京新机场、2022年北京冬奥会场馆、环球影城、新首钢高端产业综合服务区等重点地区的建筑节能水平，打造绿色节能典范的需求，《标准》借鉴日本节能标准中的建筑节能评价方法，对能耗性能化指标提出了引导值与现行值的概念。重点区域或者有意愿提高自身节能水平的项目，可参照指标引导值，对项目的节能设计提出更高的要求，使其为北京市居住建筑节能起到引领和示范的作用。

2　耗热量指标计算

　　能耗指标的计算方法由过去的稳态计算，改为采用统一内核的能耗模拟软件进行

---

　　*通信作者：刘畅，女，工程师，就职于北京市建筑设计研究院有限公司。参与编制了《居住建筑节能设计标准配套图集》（PT891）、《公共建筑节能设计标准》（DB11/687—2015）、《公共建筑节能设计标准配套图集》（PT687），同时参与了《居住建筑节能设计标准》（DB11/891—2012）修编工作。

逐时计算，其中计算内核采用清华大学研发的 DeST 能耗模拟软件。

2.1 统一计算条件

目前，由于各节能计算软件的计算核心不同，使用者的操作不同，往往导致能耗模拟计算的结果有所差异，本次《标准》修编将这种差异性尽量降低，对于计算的方法以及建筑基本信息的统计方法重新进行了梳理，并作了统一规定。编制组通过与清华大学课题组合作，统一了不同朝向的定义，简化了建筑地下部分和出屋面机房核心筒等部分的模拟，将人员、灯光及设备内扰统一设定，对通风和不同功能房间作息等参数也进行了明确规定并内置于软件中。在工程应用中，操作者仅需输入建筑信息，并将建筑地上部分的房间建模计算，选定房间类型，并输入围护结构信息，进行逐时模拟计算即可得到建筑能耗指标。

2.2 指标分级方法

体形系数是表征建筑热工特性的一个重要指标。与建筑物的层数、体量、形状等因素有关。建筑物的供暖耗热量中，围护结构的传热耗热量占有很大比例，建筑物体形系数越大，即发生向外传热的围护结构面积相对越大。因此，在满足建筑诸多功能因素的条件下，应减少建筑体形的凹凸或错落，降低建筑物体形系数。

目前，北京市新建住宅建筑中，保障性住房较多，其特点是户型较小，为了保证采光与通风，建筑物凹凸较多，表面积大，因此导致其体形系数反而偏大。而现行《标准》是按照层数分级对规定性指标及耗热量指标进行限定，保障性住房类似的住宅层数高，但体形系数不小，但对其围护结构热工性能指标要求反而有所放松。同时，其体形系数常常达不到规定的限制，也给设计带来了困难。

经过模拟计算结果分析，按照体形系数分级热工参数的划分方式，忽视了建筑层高的影响。模拟计算结果显示，相同体形系数相似平面布局的两个建筑，层高很大程度上影响了建筑物耗热量指标。因此单位面积的外表面面积，更能反映建筑体形对耗热量指标的影响。

为此，本次修编引入了外表系数的概念，外表系数的定义为：建筑物与室外大气接触的外表面积与建筑面积的比值，是一个无量纲数值。通过引入外表系数的概念，重新定义了热工参数的分级指标，能够更加准确地反映建筑耗热量指标与建筑体形的关联性。

本次修编将对建筑物的热工性能和能耗指标进行双重控制，取消了按照层数分级体形系数和热工参数的做法，而是改为按照外表系数大小对建筑围护结构热工性能参数规定性指标及建筑能耗指标进行分级，方法更为科学合理。

2.3 耗热量指标的确定

按照北京市"十三五"节能规划的要求，本次修编确定的节能率目标为 80% 以上。该目标即在 2012 版标准基础上，进一步节能 20% 以上，且全部由建筑围护结构承担。

虽然本次修编的能耗指标计算经研究确定采用全年逐时动态模拟计算方法，但对于节能率的计算，为了便于与以往的标准比对，仍采用与现行标准相同的稳态算法。

按照80％以上节能率的目标，同时依据住房城乡建设部关于提高北京市等发达地区的节能标准和外窗性能的文件，本次修编建筑外围护结构热工参数计算拟在外墙和屋顶的传热系数变化不大的情况下，外窗的传热系数需要达到1.1W/(m²·K)。

仍以选取的工程案例按照稳态方法计算耗热量指标，按照以上既定的节能率目标与原则，对于围护结构热工性能参数进行优化计算，确定本次修编围护结构热工性能参数规定性指标的限值。计算节能率时，外围护结构热工参数其他取值原则是：①外表系数采用实际建筑的数值，但都小于既定的最高限值；②计算窗墙面积比采用比标准中的限值低0.1的数值（案例建筑的实际值均不大于限值），见表1；③除东西向较大的不设外遮阳装置的外窗夏季有最大遮阳系数的要求外（限值为0.35～0.45），冬季对外窗都不要求遮阳，外窗的综合遮阳系数均取0.4，此数值的大小影响了冬季太阳辐射得热量。

表1　不同朝向的窗墙面积比限值

朝向	窗墙面积比限值
北	0.30
东、西	0.35
南	0.50

3　能耗模拟计算验证

3.1　试算工程案例选取

通过向北京市各设计单位征集本市住宅项目典型设计案例，先后收集了33个项目并选取了其中34栋住宅楼及幼儿园的设计资料。建筑类型涵盖了别墅、公租房、普通住宅、高档住宅及幼儿园；从建筑高度上看，涵盖了低层、多层、中高层、高层住宅。根据标准的需求和各项目特点，按照本次修编确定的计算方法和原则，对选取的实际工程案例进行了大量能耗模拟试算。试算工程的外表系数介于0.64～2.02，外表系数大于1.15的比例是18％，层数范围2～29层。

3.2　围护结构热工性能参数

根据优化计算，本次修编建筑围护结构热工性能参数限值，见表2。

表2　修编后围护结构传热系数 K 限值（暂定）

围护结构	传热系数 K [W/(m²·K)]	
	$1.15<$外表系数 $F\leqslant1.50$	外表系数 $F\leqslant1.15$
屋面（主断面）	0.15	0.21
外墙（主断面）	0.23	0.35
外窗、阳台门（窗）和屋面天窗	1.10	1.10
架空或外挑楼板（地板）	0.25	0.37
供暖与非供暖空间楼板	0.45	0.45
供暖与非供暖空间隔墙	1.5	1.5

续表

围护结构	传热系数 K $[\mathrm{W}/(\mathrm{m}^2 \cdot \mathrm{K})]$	
	$1.15 <$ 外表系数 $F \leqslant 1.50$	外表系数 $F \leqslant 1.15$
户门和单元外门	2.0	2.0
变形缝墙（两侧墙内保温）	0.6	0.6

3.3 模拟计算作息设置

根据不同类型建筑的特点，作息时间模拟计算设置见表3、表4。

表 3 模拟计算作息时间表（1）

建筑类型	房间功能	照明		人员		
		功率密度（W/m^2）	开启时间	密度	发热量（W/人）	在室时间
住宅	卧室	6	18：00～24：00	2.45（人/户）	109	18：00～06：00
公寓	卧室	6	18：00～24：00	2.45（人/户）	109	18：00～06：00
幼儿园	教室	9	08：00～10：00；14：00～16：00	4（m^2/人）	109	08：00～16：00
集体宿舍	宿舍	6	18：00～24：00	2（人/宿舍）	109	18：00～06：00
养老院	房间	5	06：00～08：00，18：00～22：00	2（人/房间）	109	01：00～24：00
	活动室	5	08：00～10：00；18：00～20：00	8（m^2/人）	109	08：00～10：00；14：00～16：00；18：00～20：00

表 4 模拟计算作息时间表（2）

建筑类型	房间功能	设备		空调系统开启时间	
		功率密度（W/m^2）	开启时间	冬季	夏季
住宅	卧室	2.25	01：00～24：00	01：00～24：00	01：00～24：00
公寓	卧室	2.25	01：00～24：00	01：00～24：00	01：00～24：00
幼儿园	教室	3	08：00～16：00	01：00～24：00	07：00～17：00
集体宿舍	宿舍	3	18：00～06：00	01：00～24：00	01：00～24：00
养老院	房间	2	01：00～24：00	01：00～24：00	06：00～22：00
	活动室	3	08：00～10：00；14：00～16：00；18：00～20：00	01：00～24：00	06：00～22：00

3.4 模拟计算结果

采用上述按节能率目标优化得到的热工性能参数限值，及本次修编统一研究采用的动态能耗指标模拟计算方法，对所选工程案例进行模拟计算。根据北京市所处寒冷地区气候分区的特点，能耗指标仍以冬季耗热量指标为主。对于设置集中空调的居住建筑，需额外计算夏季空调耗电量指标。而对于北京城区与北部远郊区县气象参数上的差异，考虑标准给出的能耗指标主要是为了对建筑与系统设计及能效指标提出要求，因此能耗指标按统一的气象参数计算。34 个建筑模型的耗热量指标统计，如图 1 所示。

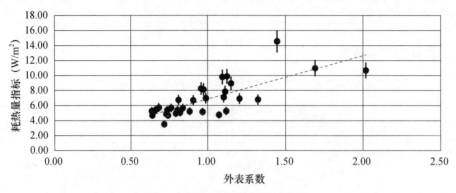

图 1　试算工程耗热量指标统计

本标准考虑卫生要求和寒冷地区冬季仍然需少量开窗换气，对于新风换气次数按 0.5 次/h 计算。在此条件下，大部分楼栋能耗指标相对现行标准的节能率可达 20% 左右。同时，为了体现重点区域与项目的引领和示范作用，以及鼓励项目进一步提高自身节能水平，将能耗指标分为现行值与引导值，现行值为相对现行标准节能 20% 的数值，引导值则为相对现行标准节能 30% 的数值，节能性更高。而根据图 1，能耗指标与外表系数的相关性强，随之变化的趋势明显，规定性指标与能耗指标按照外表系数分级是合理的。

3.4.1　朝向修正及南向窗墙比修正

通过模拟计算结果统计分析，在东、西、北朝向窗墙比固定的条件下，南向窗墙比从 0.3 变化至 0.8（以 0.1 为步长），耗热量指标的变化较大，以 2 号、9 号及 16 号工程为例，南向窗墙比变化对耗热量指标的影响如图 2～图 4 所示。选取的典型工程编号为 2、9、10、16、17、19 工程，概况见表 5。

表 5　典型工程概况表

编号	名称	层数	层高（m）	建筑面积（m²）	体形系数	外表系数
2	平乐园	26	2.9	11254.59	0.28	0.82
9	未来城	6	2.8	4929.25	0.13	0.74
10	某住宅-多层建筑	7	2.95	7154.33	0.29	0.84
16	住宅 1-黑庄户＿9 号	29	2.8	26338.21	0.28	0.79
17	住宅 2-艺郡名苑	4	2.85	1736.90	0.39	1.10
19	住宅 4-花溪语	2	3.5	663.61	0.49	1.69

从图 2～图 4 可以看出，南向窗墙比大的建筑，耗热量指标相对较小，因而建筑耗热量指标的限值需要对南向窗墙比进行修正。从 34 个工程中选出 6 个主朝向为南北朝向的典型工程，将其转换为东西朝向并比对模拟计算结果，详细如图 5 所示。

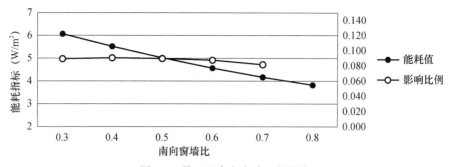

图 2　2 号工程南向窗墙比的影响

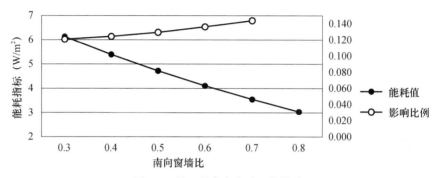

图 3　9 号工程南向窗墙比的影响

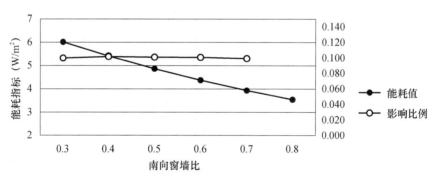

图 4　16 号工程南向窗墙比的影响

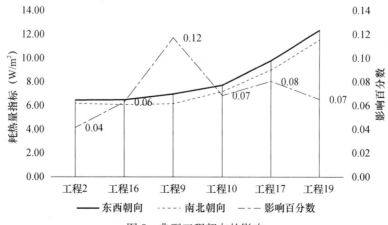

图 5　典型工程朝向的影响

从图 5 可见，东西朝向的建筑耗热量指标大于同等条件下南北朝向的建筑，因而对于主朝向为东西朝向的建筑，耗热量指标的限值需要进行朝向修正。

3.4.2 建筑物耗热量指标现行值及引导值

对上述数据进行归纳分析，提出建筑物耗热量指标 q_H 应按下式计算：

$$q_H = \frac{Q_H}{A\,\varepsilon_1\,\varepsilon_2}$$

式中　Q_H——建筑物累计耗热量指标，$(kW \cdot h)/m^2$；

　　　ε_1——建筑物朝向修正系数，按表 6 取值；

　　　ε_2——建筑物南向窗墙面积比修正系数，按表 7 取值；

　　　A——节能计算建筑面积。

表 6　修正系数 ε_1

朝向	南北向	东西向	塔式或正 L
ε_1	1.00	1.10	1.05

表 7　修正系数 ε_2

南向窗墙面积比	$M \leqslant 0.3$	$0.3 < M \leqslant 0.4$	$0.4 < M \leqslant 0.5$	$0.5 < M \leqslant 0.6$
ε_2	1.10	1.05	1.00	0.90

住宅的建筑物累计耗热量指标应符合表 8 的规定，其中现行值适用于所有建筑，引导值适用于重点地区或要求更高的建筑物。其中，累计耗热量指标是在耗热量指标的基础上，乘以采暖期的小时数，这样的表示方法可以比较直观地体现整个采暖季的耗热量。

表 8　建筑物累计耗热量指标 Q_H

累计耗热量指标 ＼ 建筑外表系数	$1.15 <$ 外表系数 $F \leqslant 1.80$		外表系数 $F \leqslant 1.15$	
	现行值	引导值	现行值	引导值
$Q_H/[(kW \cdot h)/m^2]$	33.7	29.3	19.7	17.4

4　结　论

经过研究，本次修编对于《标准》中规定性指标、能耗指标的计算方法做了较大的修改，具体如下：

（1）节能率的计算仍沿用以往耗热量指标的稳态计算方法，本次修编的节能率目标为 80% 以上。

（2）提出了外表系数的概念。围护结构热工性能参数规定性指标以及能耗指标分级，由以往的按照建筑层数分级，改为更合理的按照建筑外表系数分级。

（3）耗热量指标的计算方法改为动态逐时模拟计算。

（4）为了鼓励提升项目节能设计水平，促进重点区域与项目发挥引领与示范作用，标准对耗热量指标分别提出了引导值与现行值，现行值为相对现行标准进一步节能

20％的水平，而引导值则为相对现行标准节能 30％的水平。

（5）本次修编对耗热量指标引导值与现行值提出了两个修正系数，即建筑物朝向修正系数 ε_1 和南向窗墙面积比修正系数 ε_2。

北京地处寒冷地区，供暖能耗在居住建筑能耗中占较大比例，随着节能减排目标的提升及建筑热工性能的优化，本标准调整了新建居住建筑设计供暖能耗值。供暖能耗值的调整，对建筑工程的设计有指导意义并发挥了减少碳足迹的导向作用。

参考文献

［1］ 中华人民共和国住房和城乡建设部 . 严寒和寒冷地区居住建筑节能设计标准（JGJ 26—2018）［S］. 北京：中国建筑工业出版社，2018.
［2］ 北京市建筑设计研究院有限公司 . 居住建筑节能设计标准（DB 11/891—2012）［S］. 2 版 . 北京：北京市城乡规划标准化办公室，2013.

既有及新建节能和超低能耗
农宅技术规程编制要点

邓琴琴[1*]，敖　鑫[1,2]，王艺霖[1,3]，宋　波[1]

（1. 中国建筑科学研究院有限公司，北京　100013；2. 沈阳建筑大学，沈阳　110168
3. 北京建筑大学，北京　100044）

摘　要　本文阐述了农村建筑节能发展现状及发展趋势，介绍了《严寒和寒冷地区农村居住建筑节能改造技术规程》和《超低能耗农房技术规程》的编制背景、编制原则、主要技术路线、相关内容、保障措施以及编制过程中遇到的主要难点等，并展望了该规程所能达到的预期效果。该规程的编制以期对我国农村地区居住建筑节能具有一定指导意义。

关键词　超低能耗农宅；节能改造；技术规程；编制要点

1　编制背景

2016 年，中国建筑能源消费总量为 8.99 亿 tce，占全国能源消费总量的 20.6%，其中农村居住建筑能耗 2.14 亿 tce，占比 23.76%。农村居住建筑能耗由 2000 年的 3.51kgce/m² 上升到 2016 年的 8.86kgce/m²，增长了 2.5 倍，年均增长 5.96%。目前，我国农村地区既有居住建筑存量大，围护结构保温性能差，冬季室内温度较低且卫生环境状况也较差。现行国家标准《农村居住建筑节能设计标准》（GB/T 50824—2013）于 2013 年 5 月 1 日正式实施至今，农村居住建筑节能水平依然滞后，普遍存在建筑质量差、节能设计标准选用执行不明确等问题。相对于城市居住建筑而言，农民建造房屋属于农民的个人行为，且施工队伍多为本村村民自主组建，建筑过程多按经验施工。随着经济社会的快速发展，农村生活用能急剧增加，且能源商品化倾向日趋明显，相关研究表明，我国农村地区生物质能源消费占比从 2000 年的 71% 下降到 2010 年的 44%。因此，对于农村居住建筑节能，亟须探索新的路径、新的规划以及新的技术规程、标准进行指导。

自习近平总书记在中央财经领导小组第 14 次会议上发表"推进北方地区冬季清洁取暖"重要讲话后，北方清洁供暖工作日益突出。2017 年政府工作报告中也提出"坚决打好蓝天保卫战"重点工作任务。国家财政部、住房城乡建设部、环境保护部、国家能源局四部委于 2017 年 5 月 6 日共同发布了《关于开展中央财政支持北方地区冬季清洁取暖试点工作的通知》（财建〔2017〕238 号）文件，提出中央财政支持试点城市推进清洁方式取暖替代散煤燃烧取暖，并同步开展既有建筑节能改造。因此，当前农

---

* 通信作者：邓琴琴，女，1981 年生，博士/研究员，电子邮箱：dengqinqin@tsinghua.org.cn。

村居住建筑节能已成为全社会总体建筑节能的重要组成部分，是我国建筑节能工作的重点。

党的"十九大"提出，我国社会主要矛盾已经转化为人民日益增长的美好生活需要和不平衡不充分的发展之间的矛盾，在全面建成小康社会的基础上，城乡区域发展差距和居民生活水平差距显著缩小。因此，提升农村居住建筑节能水平也是我国全面实现小康社会进程中亟待解决的课题，需要同时思考既有农房的建筑节能改造，以及农房未来节能水平发展趋势。

从"十一五"开始，国家和地方逐渐开始重视农村建筑节能工作，在经济条件较好省市相继建设了一些农村节能建筑的示范工程。从2009年起，农村危房改造建筑节能示范工作已连续开展了多年。2009年6月，住房城乡建设部、国家发展改革委、财政部联合下发了《关于2009年扩大农村危房改造试点的指导意见》（建村〔2009〕84号），提出2009年，在东北、西北和华北等"三北"地区试点范围内，结合农村危房改造开展1.5万户农户的建筑节能示范。此后连续七年北方各省区市在住房城乡建设部指导下也都开展了农村危房建筑节能改造工作，其中北京市已全面施行。而建筑用能需求主要来源于用户侧建筑本体，对农房进行节能改造，提升农房的建筑能效水平，对降低供暖系统运行成本，从根本上解决供暖能耗高，冬季舒适性差，降低"返煤"风险，形成可持续发展的清洁取暖工作的长效机制，具有重要意义。

零能耗建筑正在成为世界建筑节能发展的方向标。近年来，国内陆续涌现出零能耗建筑、近零能耗建筑、被动式超低能耗建筑等示范工程，农村地区也开始有发展被动式超低能耗建筑的趋势。由于目前这些概念还处于发展初期，国内并无统一定义，相关技术路线、定义内涵尚不明确。对于农宅而言，更是如此。农宅的节能标准发展路线是否沿用城市标准也一直是行业内热点讨论问题。我国幅员辽阔，地域宽广，由于气候、人文、历史、资源、经济等因素的影响，农村地区建筑节能有别于城市被动式超低能耗建筑设计技术体系，需要立足农宅的基本现状，在传承当地农村特色风格的前提下，研究适合农宅的被动式超低能耗节能发展技术路线。当前国内与低能耗建筑相关的技术指导标准还较少，比较有影响力的有：国家标准《近零能耗建筑技术标准》（GB/T 51350—2019），住房城乡建设部印发的《被动式超低能耗绿色建筑技术导则（试行）（居住建筑）》，北京市住房和城乡建设委员会于2018年3月19日颁布的《北京市超低能耗农宅示范项目技术导则》以及河北省出台的中国第一个被动式房屋标准《被动式超低能耗居住建筑节能设计标准》。可以看到，上述标准、导则主要针对的是城市民用建筑，对建设超低能耗农宅虽有一定的指导意义，但从覆盖面和针对性来讲还有待进一步完善。因此，有必要进行超低能耗农宅的相关标准、导则编制工作。

2018年9月6日，住房城乡建设部总工程师陈宜明在咸阳市召开了农村被动式低能耗建筑技术座谈会，指出农村被动式低能耗建筑工作要以"辅以太阳能热利用的农村低能耗住房试点"为定位，以"清洁供、节约用"为目标，遵循"起点适当提高，技术先进可行，成本增量合理，村民受益明显，预留提升空间"五个基本原则，推动建筑节能和绿色建筑工作创新发展。整体上来看，超低能耗农宅有需求、有方向。

通过"十二五"期间对我国"三北"地区、长江流域以及西藏地区农村既有居住建筑的大量现状调研、实测以及现有农村地区开展的典型节能改造和新建超低能耗农宅建设的案例调研发现，应优先提升建筑本体节能水平，提高围护结构热工性能参数，在此基础上再因地制宜选择可再生能源利用技术等其他技术的应用，才能更好地降低农村既有居住建筑的能耗，从而减少能源消耗量。

因此，编制《严寒和寒冷地区农村居住建筑节能改造技术规程》《超低能耗农宅技术规程》具有重要现实意义。目前两个标准以中国建筑科学研究院有限公司为主编单位，联合国内长期从事农村工作的科研单位、设计院、高等院校、企业等单位共同参与编制，计划年底完成报批。本文主要介绍规程的编制目的、编制原则、主要技术路线、相关内容、保障措施以及编制过程中遇到的主要难点等。

2　编制目的

《严寒和寒冷地区农村居住建筑节能改造技术规程》，旨在进一步规范北方地区农村居住建筑节能改造技术、运行维护及改造效果评估等工作，保证农村居住建筑节能改造的有序进行、节能改造技术切实可行，对保持清洁供暖实施的长效机制有重要意义，对促进农村环境质量改善，具有显著的社会、经济和节能效益。

《超低能耗农宅技术规程》旨在针对农宅特点进行被动式超低能耗设计，为量大面广的农宅超低能耗节能建设提供有力的技术支撑和标准参考，进而有效指导被动式超低能耗技术在农村地区的推广与应用。

3　编制原则

基于农村居住建筑现状、当地经济条件、发展水平，本着因地制宜、对农户影响小、施工难度可承受、节能技术成熟、经济成本低、尊重农民意愿的原则，选取合理可行的节能改造方案和技术措施。指导严寒和寒冷地区农村居住建筑节能改造的诊断、设计、施工及验收等，促进农村居住建筑节能改造技术的应用。

新建超低能耗农宅方面，为适应国家建筑节能发展趋势，立足农村基本现状，提升农房室内环境品质和建筑质量，降低用能需求，提高能源利用效率，推动可再生能源建筑应用，引导农房逐步实现超低能耗。

4　技术路线

我国地域宽广、幅员辽阔，农村地区居住分散，而且南北差异巨大，并带有不同民族、气候特点导致的建筑文化差异等特点，在进行这两个技术规程的编制之前，编制组充分考虑以上问题，借助科研单位、高等院校、企业等编制单位自身的优势，结合以往在农村建筑节能方面的研究成果和大量实践案例，针对性地对目前我国广大农村地区的生产生活状况、居住建筑现状、室内舒适度以及农民对于节能改造的意愿等进行广泛调研，并分析整理了调研数据用以指导两个规程的编制，同时对其中相关条文、参数的设置提供了理论依据和实际支撑。

标准中农村居住建筑节能改造内容以主编单位及参编单位在"十二五"期间示范工程改造案例及近两年清洁取暖试点城市实施的具体改造技术及能效测试评估数据为参考基础。新建超低能耗农房方面，编制组调研了北京、张家口、河北等超低能耗农宅案例，并将对部分地区数栋超低能耗农宅进行实地测试，结合实际数据来给出适宜的推广技术。

5　主要内容

农村居住建筑节能改造方面，主要围绕外墙、门窗、屋面、地面等围护结构、生物质利用、空气源热泵、地源热泵、太阳能光伏利用、太阳能光热利用、多能互补系统等供暖系统、末端设备、采光与照明等改造原则、节能诊断、设计、施工与验收等环节进行规定。

新建超低能耗农宅主要围绕规划布局与建筑设计、外墙、门窗、屋面、地面、热桥处理、建筑气密性、新风热回收系统、太阳能利用系统、地源热泵系统、生物质利用、空气源热泵、风能利用、多能互补系统等供暖系统、末端设备、采光与照明等设计、施工与验收等环节进行规定。

6　编制难点与工作

由于农宅建筑节能水平低，加之气候、资源、经济、人文等因素影响，而各地农村情况差异性又较大，对农村节能改造及新建农宅的技术选择需要综合考虑，尤其对新建超低能耗农宅，还要兼顾到农户的生活习惯，因此，相关技术的提出要因地制宜，不沿用现行城市相关标准。如何与现有的城市标准区分开来，又能体现出农村用能特点，是一个难点。结合典型地区农村发展需求，针对性研究适宜的农村围护结构、用能系统等超低能耗建筑技术，确定设计标准和技术方法，提出适合工程的通用性技术和要求。主要难点及工作如下：

（1）确定不同地区典型农宅现状调研及基线标准。

重点研究确定超低能耗农宅的适用气候区，明确每个气候区农宅的参考建筑或典型建筑模型；以及与城市近零能耗建筑设计标准如何衔接或差异性分析等问题。

（2）确定超低能耗农宅节能标准。

从节能、舒适等角度，明确给出不同气候区超低能耗农宅的节能率、能耗限值以及围护结构传热系数限值等参数，以及可再生能源利用系统等的承担比例。

（3）农宅气密性设计必要性研究。

鉴于农民喜欢出入农户的生活习惯等，明确是否需要限定农宅的气密性。

（4）明确农村工程质量方面的质量控制、检查验收方法和验收过程。

围护结构、用能系统、关键节点等方面的施工质量控制等。

（5）进行实测验证。

选择一定农宅进行规程的实测验证。

7　保障措施

规程编制目的是为了更好地指导我国广大农村地区既有建筑节能改造及新建居住建筑建设，从而降低能源消耗，改善农民居住环境，其根本是给实际工程项目提供参考依据。当前农村地区的节能改造多依赖政府补贴才得以进行，适用于农村地区的低成本、低能耗建筑节能技术仍需持续的应用推广探索。

因此，在规程落地实施过程中，相关的保障措施必不可少。当前，我国农村地区建造队伍多按经验施工，缺乏专业指导，因此有必要对管理人员、设计团队、施工队伍进行节能技术、节能意识的宣传培训，同时也需要政府部门给予一定的政策支持，从而更好地保障规程的实施应用。只有将理论依据和实际工程结合起来，不断地相互促进提高，才能走出一条适用于我国农村地区的建筑节能发展之路。

参考文献

［1］ 中国建筑节能协会能耗统计专委会．中国建筑能耗研究报告（2018）［J］．建筑，2019（02）：26-31.

［2］ 清华大学建筑节能研究中心．中国建筑节能年度发展研究报告 2012［M］．北京：中国建筑工业出版社，2012.

［3］ 中华人民共和国住房和城乡建设部．近零能耗建筑技术标准（GB/T 51350—2019）［S］．北京：中国建筑工业出版社，2019.

建筑能耗在线监控系统通信技术分析

邱伟国[1]，王满利[2]，郝根培[1]，田子建[2]*

(1. 北京市住房和城乡建设科学技术研究所，北京　101160

2. 中国矿业大学，北京　100083)

摘　要　本文在介绍建筑能耗在线监控系统需求基础上，概括出了目前建筑典型的网络拓扑结构。依据典型的网络拓扑结构的各种模式，阐述了拓扑结构中下行段和上行段采用的典型通信技术；简析了各通信技术的物理层技术特点；重点解析了能耗监控系统下行段常用的 DL/T 645 通信规约和 CJ/T 188 通信协议数据链路层规范。通过对能耗监控系统的网络拓扑结构、通信技术物理层技术特点和通信协议的解析，使建筑能耗在线监控系统通信技术被深入理解。

关键词　建筑能耗；监控系统；网络拓扑；通信协议；数据链路

1　引　言

随着我国城市建设的飞速发展和经济水平的提高，民用建筑总面积、总能耗和单位面积能耗均迅速增长。2014 年北京市民用建筑能耗占到全市社会终端能耗的 45.6%，根据《北京市"十三五"时期建筑节能发展规划》能耗预测，"十三五"时期末，北京市民用建筑能耗将达到近 4100 万吨标准煤，占到全市社会终端能耗的 53.6%，建筑节能将成为北京市节能减排的重要领域。

建筑能耗监测是做好能耗双控工作的基础，有效的数据采集才能为能耗总量和强度的双控提供有力的数据支撑。为了保证建筑能耗数据的有效采集，本文介绍了民用建筑的能耗数据指标和能耗监控系统通信技术特点，总结出适用于建筑能耗在线监控系统的典型网络结构，解析了通信技术物理层技术特点和通信协议，全面分析了建筑能耗在线监控系统的通信方式。

2　能耗监控系统通信方式分析

建筑能耗在线监控系统需要采集的能耗指标包括：电能量、燃气量、热能使用量、用水量（给水和中水）；需采集的环境指标包括：温度、湿度、二氧化碳浓度和挥发性有机物（Volatile Organic Compounds，VOC）等。

建筑能耗在线监控系统实现的目标是：实时采集建筑的能耗指标数据和环境指标数据，并将采集的数据传输至与 Internet 相连的系统主站，实现采集数据的存储、查看、分析、数据挖掘以及综合应用。

---

* 通信作者：田子建，男，中国矿业大学（北京）教授，博导，电子邮箱：tianzj0726@126.com。

建筑能耗在线监控系统的通信连接关系是终端仪表及传感器经数据采集单元/网关与系统主站建立通信连接。目前，常用的几种能耗在线监控系统通信连接方式如图1所示。

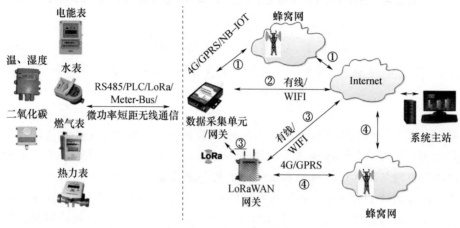

图1 能耗监控系统通信方式

图1中，虚线左侧为能耗监控系统的下行段，即计量表、环境监测传感器与数据采集单元之间的通信连接；虚线右侧为能耗监控系统的上行段，即数据采集单元与系统主站之间的通信连接。

建筑能耗在线监控系统的下行段的通信方式由计量表通信方式和环境监测传感器的通信方式决定，下行段常用通信连接方式：有线 RS-485、Meter-Bus、电力载波通信（Power Line Communication，PLC）、超远距离广域网（Long Range Radio，LoRa）和微功率短距离无线通信等。

图1中，上行段的数据单元/网关与 Internet 之间的通信连接模式有四种：模式1，数据单元/网关以 4G/GPRS/NB-IoT（Narrow Band Internet of Things，窄带物联网）通信形式通过蜂窝网与 Internet 连接，即图1中的①-①链路；模式2，数据单元/网关以有线或 WIFI 通信形式直接与 Internet 连接，即图1中的②链路；模式3，数据单元/网关以 LoRa 无线通信形式与 LoRaWAN 基站通信连接，LoRaWAN Gateway 通过有线/WIFI 与 Internet 通信连接，即图1中的③-③链路；模式4，数据单元/网关以 LoRa 无线通信形式与 LoRaWAN 基站通信连接，LoRaWAN Gateway 以 4G/GPRS 通信形式通过蜂窝网与 Internet 连接，即图1中的③-④-④链路。

3 不同通信技术特点

3.1 下行段通信技术

能耗在线监控系统下行段的通信方式由现场的计量表通信方式和智能环境监测传感器的通信方式决定。现场的计量表包括：电能表、水表、燃气表和热力表；环境监测传感器包括：温、湿度传感器，二氧化碳传感器以及 VOC 传感器等。

计量表和环境检测传感器普遍支持 RS-485 通信，除了 RS-485 通信外，其他通信方式部分计量表支持。电能表大部分支持 PLC 通信和微功率短距离无线通信；环境监测传感器、水表、热量表和燃气表基本支持 Meter-Bus，部分支持微功率短距离无线通信。此外，随着物联网技术的兴起，出现了支持 LoRa、NB-IoT 通信的物联网计量表和环境检测传感器。

RS-485 是由美国电子工业协会制定并发布的串行通信数据标准，采用差分传输，最多支持 32 个节点，最高传输速率为 10Mbps，最大通信距离约为 1219m，具有良好的抑制共模干扰的能力，组网时，仅需一对双绞线。RS-485 采用半双工主/从通信，该方式避免了总线竞争的发生。

Meter-Bus 也是一种半双工主/从通信总线，采用主叫/应答的方式通信。Meter-Bus 的特点：采用两线制总线，总线不需要区分正负极性，接口更加简单安全；总线供电方式，降低了运行维护难度和成本；Meter-Bus 独特的电平特征传输信号，具有优异的抗干扰能力和传输能力；Meter-Bus 的总线型拓扑结构，使网络扩展灵活、方便，且任何从站故障不影响整体总线工作；Meter-Bus 特有的报文格式，十分适合能耗计量仪表远程数据采集、联网。

PLC 以电力线缆作为通信传输介质，PLC 发送数据前，将通信数据调制到高频载波信号上，然后经过功率放大耦合到输电线缆，高频载波信号经输电线路传输到接收端，高频载波信号经过接收耦合分离与滤波放大，解调出通信所需的数字信号。PLC 避免了专用通信线路铺设，施工时间和成本显著降低。但是，由于变压器的初级线圈、次级线圈无直接电路连接，导致 PLC 只能在同一变压器区域下组网。

微功率短距离无线通信采用 GFSK（Gauss Frequency Shift Keying，高斯频移键控）方式调制，工作于微功率非授权频段：470～510MHz，共 33 个频道组，每个频道组 2 个频点，通信数据最大传输速率 10kbps，ERP（Effective Radiated Power）有效发射功率小于等于 17dBm，接收灵敏度 -106dBm（10kbps），使用微功率短距离无线通信无须额外授权或第三方支持。

LoRa 作为一种低功耗广域网技术，具有远距离、低功耗、低速率、低成本、标准化等特点。LoRa 是基于线性调频扩频调制，不仅保留了与 FSK 调制相同的低功耗特性，并增加了通信距离、提高了网络效率，以及消除了干扰，LoRa 的传输距离范围长达 10～15km，低功耗的特性使电池使用寿命最长可达 10 年。

NB-IoT 是一种基于蜂窝网络的窄带物联网技术，聚焦于低功耗广域网，支持物联网设备在广域网的蜂窝数据链接，可直接部署于 LET 网络，具有广覆盖、低功耗、低成本、大链接、信号稳定、安全性高等特点。具有三种部署方式：独立部署、保护带部署、带内部署。NB-IoT 主流工作频段是 800MHz 和 900MHz。中国电信部署在 800MHz 频段，中国联通和中国移动部署在 900MHz 频段。NB-IoT 属于授权频段，如同 2G/3G/4G 一样，是专门规划的频段，频段干扰少。

WLAN 网络技术属于无线局域网技术范畴，遵循 802.11 国际无线通信标准，主要工作模式有 AP 覆盖和桥接两种。其中，AP 覆盖普遍采用 2.4GHz 频率，覆盖半径 100～200m；桥接模式又叫无线网桥技术，采用 5GHz 频率，在视距传输下可实现 20～30km 的点对点或点对多点无线传输（覆盖半径受限于终端用户的数量和单点的带宽需求）。

ZigBee 是基于 IEEE802.15.4 标准的低功耗局域网协议，属于一种短距离、低功耗的无线通信技术。具有近距离、低复杂度、自组织、低功耗、低数据速率的特点，可以嵌入各种设备。表 1 为几种不同通信传输技术对比。

表 1　几种不同通信传输技术对比

技术特点	LoRa	NB-IoT	ZigBee
特点	线性扩频	蜂窝	跳频技术
通信协议	异步 ALOHA 协议	3GPP TR 45.820	遵循 IEEE802.15.4
频段	非授权频段	授权频段	非授权频段
带宽	125/500kHz	200kHz	2450MHz、868/915MHz
覆盖范围	城区 3～5km，郊区最多 15km	GSM 覆盖半径的 4 倍	10～75m
安全	AES128 加密	运营商认证及数据加密保护	采用 AES 加密，安全性高
速率	0.3～50kb/s	250kb/s	10～250kb/s
时延	基于 ALOHA 的协议，根据终端类型确定唤醒时延	10s	1s
优点	远距离、低功耗、低成本、多节点、标准化	海量连接、有深度覆盖能力、功耗低	低功耗、低复杂度、低成本、网络容量大
建设和维护成本	客户需投入网络建设及运营维护费用	客户无须建设和维护，但需向运营商支付网络使用费用	运营维护费用少

物联网终端计量表和环境检测传感器的功耗需要考虑两个重要的因素，即节点的电流消耗（峰值电流和平均电流）和协议内容。蜂窝网络设计理念是为了提高频谱的利用效率，终端需定期联网，具有较短的下行延迟，相应地牺牲了节点成本和电池寿命；LoRaWAN 采用异步 ALOHA 协议，需要定期唤醒终端，终端根据实际的需要进行时间不等的休眠，这样降低了节点成本和延长电池寿命，频谱利用效率有一定的欠缺。LoRa 与 NB-IoT 很难具体说哪个在技术上有绝对的优势，两者最大的区别是工作的频段是否授权。LoRa 与 NB-IoT 会分别在企业级和运营商级 LPWAN（Low Power Wide Area Network，低功耗广域网络）领域大放异彩，以 LoRa 为代表的非授权频谱和以 NB-IoT 为代表的授权频谱从各自优势出发，在物联网领域内开展商业应用。表 2 为 LoRa 与 NB-IoT 常见的应用领域实例。

表 2　LoRa 与 NB-IoT 常见的应用领域

LoRa 应用领域		NB-IoT 应用领域	
应用场景	应用案例	应用场景	应用案例
城市管理	城市灯光智能管理；城市环卫智能管理；城市绿化智能管理	智慧城市	智能路灯；智能窨井盖；智能垃圾桶；广告牌监督
平安城市	公共资产定位；交通工具防盗定位	智能交通	交通数据采集；智能停车；综合交通信息服务；公交诱导；共享单车
智慧社区	社区物业管理；智能停车管理；电车智慧充电	智能水务	智能河流实时监测；立交积水实时监测；智能消防；二次供水实时监测

续表

LoRa 应用领域		NB-IoT 应用领域	
应用场景	应用案例	应用场景	应用案例
智慧建筑	建筑环保监测；建筑的水电气热远程抄表	智能制造	工业、管道管廊、油田、风力发电、光伏发电、物联网；智能变电站
智慧农业	农场环境监测	智慧物流	冷链物流；智能集装箱锁；物品跟踪
		农业物联网	现代精准农业；智能节水灌溉；智慧农场
		智能建筑	电梯物联网；能耗分项计量；水电气热远程抄表

3.2 上行段通信技术

图 1 阐述的建筑能耗在线监控系统上行段的模式，无论是模式 1 通过蜂窝网连接 Internet，还是模式 2 通过有线或 WIFI 连接 Internet，都是十分成熟稳健的技术模式，不再赘述。

上行段的模式 3、模式 4 与模式 1、模式 2 最大的区别是能耗监控系统中的 LoRaWAN 的 Gateway，下面重点阐述新兴起的 LoRaWAN 技术。

LoRa 定义了无线通信的物理层或无线长距离通信链路层协议，而 LoRaWAN 则是定义了网络的通信协议和系统架构。LoRaWAN 是一种媒体访问控制（MAC）层协议，由 LoRa 联盟推出和维护，LoRaWAN 能够有效实现 LoRa 物理层支持的远距离通信，该协议和架构规定了网络终端的电池寿命、LoRaWAN 网络容量、LoRaWAN 服务质量、LoRaWAN 安全性以及适合的应用场景等。LoRaWAN 的拓扑架构如图 2 所示。

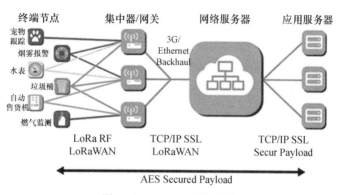

图 2　LoRaWAN 拓扑架构

由 LoRaWAN 拓扑图可知，终端节点（End Nodes）能够通过多台 Gateways 与后端 Network Server 连接，将采集数据传送至云端或应用服务器。在 LoRaWAN 网络中，每个终端节点互不相连，因此，终端节点必须先连 Gateways，才能连接 Network Server；或者 Network Server 经 Gateways 将通信数据传送到另一个终端节点。终端节点的通信数据，可以同时传给多个 Gateways，通信数据也可通过 Gateways 之间的桥接延伸传输距离。

4 通信协议规约

建筑能耗在线监控系统相应的通信协议规约，依据图1中的上、下行段划分为下行段通信协议规约和上行段通信协议规约。下行段的通信协议规约主要由计量表和环境监测传感器的通信规约决定，上行段通信协议规约与其他物联网系统的通信规约无显著差别，本文不再赘述。下文重点阐述能耗在线监控系统下行段常用的通信规约。

电能是建筑能耗的主要构成部分，首先阐述电能表的通信协议规约。电能表常用的规约是DL/T 645—2007通信协议规范。DL/T 645通信协议规范定义了多功能电能表与数据终端设备进行点对点的或一主多从的数据通信方式，包括：物理连接、通信链路以及相关的应用技术规范。

DL/T 645通信协议规范规定：通信链路由主站发出的信息帧决定建立或解除；信息帧包括起始符、从站地址域、控制码、数据域长度、数据域、信息纵向校验码和结束符7个部分，每部分由若干字节组成。DL/T 645通信协议规范定义的字节格式如图3所示。

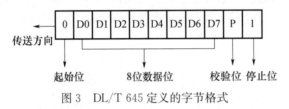

图3　DL/T 645定义的字节格式

每个数据字节包含8位二进制码，传输时8位数据位最低位后附加一位"0"作为起始位，8位数据位最高位前附加一位偶校验位、一位停止位"1"，共11位构成一个传输字节。其传输序列如图3所示。D0是数据字节的最低有效位，D7是数据字节的最高有效位。传输顺序是先低位，后高位。DL/T 645通信协议规范的信息帧格式见表3。

表3　DL/T 645规范信息帧格式

说明	帧起始符	地址域	控制码	数据域长度	数据域	校验码	结束符
代码	68H	A0 A1 A2 A3 A4 A5	C	L	DATA	CS	16H

68H表示一帧信息的开始，A0～A5六个字节构成地址域，两位BCD码组成一个地址码字节，寻址地址为12位十进制数。每块计量仪表设定唯一的通信地址，且与物理层信道无关。计量仪表地址不足6字节时，高位补"0"，构成六字节地址码。控制码C的格式如图4所示。

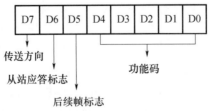

图4　DL/T 645控制码格式

D7＝0：由主站发出的命令帧，D7＝1：由从站发出的应答帧。D6＝0：从站对正确信息的应答，D6＝1：从站对异常信息的应答。D5＝0：无后续帧，D5＝1：有后续帧。D4－D0＝00000：保留，D4－D0＝00001：读数据，D4－D0＝00010：读后续数据，D4－D0＝00011：重读数据，D4－D0＝00100：写数据，D4－D0＝01000：广播校时，D4－D0＝01010：写设备地址，D4－D0＝01100：更改通信速率，D4－D0＝01111：修改密码，D4－D0＝10000：最大量清零。

数据域长度 L 决定数据域的字节数，读取数据时满足 L≤200，写入数据时满足 L≤50，L＝0 代表无数据域。

数据域 DATA 由数据标识、密码、操作者代码、数据、帧序号等组成，其具体结构由控制码功能决定。数据传输时，发送端按字节加 33H，接收端按字节减 33H。

校验码 CS 是从帧起始符到数据域结束的全部字节模 256 之和，即每个字节的二进制算术和，超出 256 的溢出部分不记入运算结果。16H 作为一帧信息的结束符号。

DL/T 645 通信规范传输规定：发送帧信息前，主站先发送 1～4 个字节 FEH，用来唤醒从站，数据项传输过程中低字节在前，高字节在后；通信总是从主站向信息帧地址域代表的从站发出查询命令帧开始，被查询从站判断命令帧的控制码并作出响应；响应命令帧的延时 Td：20ms≤Td≤500ms，字节之间的间隔时间 Tb：Tb≤500ms；字节校验采用偶校验，帧校验采用纵向信息校验和，上述两种校验中任一校验出错，接收方都选择放弃该信息帧，不做出响应；初始传输速率设置为 1200bps，可选择的标准速率有：600bps、1200bps、2400bps、4800bps、9600bps、19200bps。

除上述 DL/T 645 通信协议规范，作为水表、燃气表、热量表常用的通信协议规范 CJ/T 188，也是能耗监控系统常见的通信规范。CJ/T 188 仪表传输技术规定了户用计量仪表，包括水表、燃气表、热量表等计量仪表数据传输的基本规范、物理接口形式及物理特性、数据链路、数据标识、数据表达格式和数据安全性。适用于仪表主/从站间，一主一从或一主多从数据交换。支持的物理接口形式类型有：Meter-Bus、RS-485、无线收发接口和光电收发接口。本文仅阐述 CJ/T 188 的数据链路层规范。

CJ/T 188 规范的通信方式为主/从结构的半双工通信，字节格式与 DL/T 645 通信协议规定格式相同，帧格式略有差别，CJ/T 188 规定的帧格式见表 4。

表 4　CJ/T 188 规范数据帧格式

说明	帧起始符	仪表类型	地址域	控制码	数据域长度	数据域	校验码	结束符
代码	68H	T	A0 A1 A2 A3 A4 A5 A6	C	L	DATA	CS	16H

帧起始符也是 68H，仪表类型定义见表 5。A0～A6 共 7 个字节构成了地址域，每字节由两位 BCD 码组成，仪表的可寻址地址可达 14 位十进制数，地址域的低字节在前，高字节在后，地址域中 A5、A6 表示厂商代码。当地址码为 AAAAAAAAAAAAAAH 时，为广播地址，该地址仅适用于点对点通信。

表5 仪表类型及其代码

仪表类型	代码（T）	仪表
10H-19H：水表	10H	冷水水表
	11H	生活热水水表
	12H	直饮水水表
	13H	中水水表
20H-29H：热量表	20H	热量表（计热量）
	21H	热量表（计冷量）
30H-39H：燃气表	30H	燃气表
40H-49H：其他仪表	40H	如：电能表

CJ/T 188 规范控制码 C 的格式如图 5 所示。

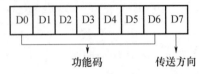

图 5 CJ/T 188 规范控制码 C 格式

D7＝0：由主站发出的命令帧，D7＝1：由从站发出的应答帧。D6＝0：通信正常，D6＝1：通信异常。D5－D0＝000000：保留，D5－D0＝000001：读数据，D5－D0＝000100：写数据，D5－D0＝001001：读密钥版本号，D5－D0＝000011：读地址（表号），D5－D0＝010101：写地址（表号），D5－D0＝010110：写机电同步数（置表底数），D5－D0＝1×××××：厂商自定义。

CJ/T 188 通信协议的数据域长度 L 决定数据域的字节数。读取通信数据时 L≤64H，写入通信数据时 L≤32H，L＝0 表示无数据域。CJ/T 188 通信协议的数据域 DATA 由数据标识、密码、操作者代码、数据、帧序号等组成，其具体结构由控制码的功能决定。CJ/T 188 通信协议的校验码 CS 从帧起始符开始到数据域结束每个字节按二进制算法累加，超过 256 的溢出部分不记入运算结果。CJ/T 188 通信协议的传输规定：发送帧信息前，发送方先发送 2～4 个字节 FEH，通信传输时先传送低字节，后传送高字节；每次通信都由主站发出查询命令帧开始，被查询的从站解析命令帧控制码，并作出响应；当检测到校验和错误、偶校验位错误或者格式错误，接收方都将放弃该信息帧，不做出响应；规范的标准速率有：300bps、600bps、1200bps、2400bps、4800bps、9600bps。

5 结 语

为更好地解析建筑能耗在线监控系统的通信技术，文中深入分析了建筑能耗在线监控系统的功能需求，并凝练出了系统典型的网络拓扑结构，清晰呈现了建筑能耗在线监控系统的主流框架。依据凝练的网络拓扑结构，详述了拓扑结构中下行段和上行段采用的典型通信技术，解析了各通信技术的物理层和数据链路层的特点，重点剖析了能耗在线监控系统下行段数据链路层的 DL/T 645 和 CJ/T 188 通信协议规范，使读者对建筑能耗在线监控系统的关键通信技术有全面深入的认识。

参考文献

[1] 李聪，曹勇，毛晓峰，等．被动式超低能耗建筑中智慧能源管理系统的应用 [J]．建筑技术开发，2016，43（2）：24-27.

[2] 王富谦，田靖，郭欢欢．能耗监测系统在被动式低能耗建筑中的应用 [J]．华北地震科学，2016，34（B07）：5-9.

[3] 徐伟，孙德宇．中国被动式超低能耗建筑能耗指标研究 [J]．动感：生态城市与绿色建筑，2015（1）：37-41.

[4] 于秋红．物联网技术在大型公共建筑能耗数据采集中的应用 [J]．现代电子技术，2018，41（11）：147-151.

[5] 王建华．物联网技术在建筑节能管理中的应用 [J]．建筑电气，2017，36（6）：69-72.

[6] 孙恒，胡艺涵．基于WIFI的低能耗建筑监测系统的设计与应用 [J]．通讯世界，2017（2）：68-69.

[7] 张恺，李祥珍，张晶，等．自动抄表系统应用模式的探讨 [J]．电网技术，2001，25（5）：41-45.

[8] 佚名．中国智能水表发展趋势及自动抄表系统实践 [J]．中国计量，2011（4）：77-79.

[9] 赵太飞，陈伦斌，袁麓，等．基于LoRa的智能抄表系统设计与实现 [J]．计算机测量与控制，2016，24（9）：298-301.

[10] 张恩满，赵春焕，钟晨，等．基于LoRaWAN的远程抄表系统 [J]．建设科技，2017（6）：41-43.

超低能耗技术在高速公路服务区中的应用研究

戎　贤[1]，矫立超[1*]，孔祥飞[2]，苑广普[3]

（1. 河北工业大学土木工程学院，天津　300401；

2. 河北工业大学能源与环境工程学院，天津　300901；

3. 天津华江工程建筑设计有限公司，天津　300380）

摘　要　本文首次将超低能耗技术引入高速服务区，将曲港博野服务区建成基本无需主动供应能量的生态建筑。文章围绕曲港高速公路博野超低能耗服务区，与周边传统服务区展开对比研究，通过调研周边服务区获得真实能耗基础数据，结合高速服务区建筑的用能特征，通过关键因素的解耦分析得出高耗能关键因素。然后，对相关技术要点进行分析，除包括外保温系统、高效节能门窗系统、外遮阳系统、新风系统、地源热泵系统 5 项关键技术外。还建立了面向高速服务区的适应性节能设计方法，同时研发了适用于高速公路附属建筑的清洁能源蓄供热技术。最后，采用 eQUEST 软件对建筑能耗进行逐时模拟，论证各项指标是否满足超低能耗设计要求，并对建筑加强参数和节能率进行分析。本文研究成果为高速公路沿线附属建筑的节能运营提供理论与实践依据，有利于推进高速公路附属建筑朝着绿色、低碳、低能耗的方向发展。

关键词　超低能耗技术；高速公路服务区；适应性节能；能耗模拟；应用研究

1　引　言

随着经济社会的不断发展，人们的生活水平日益提高，但伴随而来的是世界能源状况的日益严峻。人们的生产、生活离不开建筑，而建筑能耗逐渐成为影响国民经济发展的重要因素，有关研究表明，工业发达国家建筑物造成的能源消耗占能源消耗总量的 40%，我国在 30% 左右。随着建筑节能重要性不断凸显，新兴的超低能耗建筑——被动房，凭借其巨大的节能优势逐渐兴起，在全世界范围内不断推广开来。

高速公路服务区一般远离城市，供能等市政配套设施缺失。如今随着高速公路沿线大力建设，绿色节能型的新型服务区逐渐成为建设的新方向，超低能耗建筑正在不断兴起。本文以曲港高速公路博野服务区超低能耗建筑为研究对象，从节能设计的角度对其进行超低能耗节能设计与优化，并采用 eQUEST 软件建立模型进行能耗模拟，分析高速公路超低能耗服务区建筑是否能够满足相关设计标准，同时分析超低能耗高速公路服务区建筑的节能性、经济性和社会效益。

─────────────

*通信作者：矫立超（1978—），男，河北蠡县人，博士研究生，副教授，研究方向为建筑节能。承担基金项目：基于被动房技术的高速公路附属建筑绿色化设计评价研究与应用，电子邮箱：493035371@qq.com。

2 超低能耗高速公路服务区建筑关键技术

2.1 项目概况

博野北区被动房项目位于河北省保定市境内，属于曲阳至黄骅港高速公路曲阳至肃宁段。除公共厕所及连廊外，餐厅、超市、客房、会议室均属于被动房设计内容，建筑面积约 2300m²。公厕的人员流动过于频繁，建筑气密性无法保证，因此不宜设计成被动房，按照普通服务区建筑标准进行设计。博野区被动房在最大限度遵照德国标准的前提下，结合河北省规范和做法进行设计。项目方案由河北省交通勘察研究院设计，河北省廊坊设计院进行优化，河北省建筑科技研发有限公司、河北工业大学提供技术咨询并参与项目的整个过程，几家单位的通力协作对项目的顺利进行起到了重要作用。建筑平面图如图 1 所示。

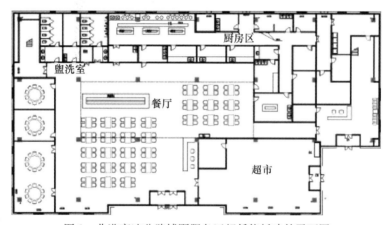

图 1 曲港高速公路博野服务区超低能耗建筑平面图

博野服务区综合楼自 2017 年 8 月份正式开工建设，于 2018 年 10 月完工，历时 14 个月，经曲港筹建处、河北工业大学、河北省建筑科学研究院、设计单位、施工单位的多方合作努力，实地测试，该项目作为被动式房屋的主要指标包括：红外热像仪和热敏风速仪综合检测能耗模拟、气密性指标均能满足 PHI（德国被动房研究所）认证标准的要求，并在 2018 年第五届全国被动式超低能耗建筑大会上被授予了"被动式超低能耗建筑示范项目"称号，也是入选的 31 个示范项目中唯一的高速公路项目，并由中建联被动式超低能耗建筑联盟颁发了标识和证书。

2.2 项目关键技术

通过调研周边服务区获得真实能耗基础数据，结合高速公路服务区建筑的用能特征，确定了室内热环境营造与能源消耗的关系，并通过关键因素的解耦分析得出高耗能关键因素。针对关键因素，开发适应性节能方法，除传统的超低能耗建筑措施外，主要包括：高热物性围护结构用于降低自然风环境下的热散失强度及冷热桥的热传导损失；多层门斗用于克服往来人流量过大造成的无组织通风渗透难题；高速公路附属建筑清洁能源蓄供热技术的引入。具体如下：

1. 高热物性 A 级防火围护结构用于降低不利风环境的热散失强度及冷热桥的热传导损失

寒冷地区冬季室内外温差大，采暖期较长，提高建筑外围护结构的保温性能对降低采暖能耗作用显著。为了达到良好的保温效果，保温层通常很厚，而且保温材料的防火等级必须达到要求。高速公路服务区要求必须采用 A 级防火材料，同时决策要求既要保持室内舒适的温度又不造成浪费，也就是说要在夏季和冬季室外外墙表面的温度分别达到极限时，室内温度还得满足在舒适的温度范围之内；建设外墙费用和后续调温的总费用尽可能低。这两个目标分别要达到自己的最优。通过线性规划分析，以及对国内市场上常用保温材料的保温性能和燃烧等级进行筛选，以经济性评价选定两种保温材料——挤塑聚苯板（普通 XPS，B2 级）和岩棉板（A 级）。由于高速公路服务区附属建筑防火等级较高，外墙和屋面保温材料均采用岩棉板。与模塑聚苯板相比，挤塑聚苯板具有更好的保温性能、更大的抗压强度、更好的防水性能以及更优的性价比，因此地面保温材料选用了挤塑聚苯板。

2. 多层门斗用于克服往来人流量过大造成的无组织通风渗透难题

外门窗应具有良好的气密、水密和抗风压性能。根据德国被动房标准的要求，外门窗的传热系数 K 不大于 $0.8\mathrm{W/(m^2 \cdot K)}$。外门窗面积一般占据整个外围护结构 20% 的比率，其保温隔热性能以及气密性直接关系到被动房的节能效果。本项目被动房外门窗采用外挂式，相比常规外门窗，预留洞口较小。外门窗采用断桥铝 85 型，采用三道耐久性良好的密封材料密封，每扇窗至少两个锁点，尽可能减少器材对透明材料的分隔。外门窗均采用 5 三银 Low-E＋12（暖边充氩气）＋5C＋12（暖边充氩气）＋5 单银 Low-E 全钢化，遮阳卷帘遮阳系数 0.4，可见光透射比 0.62。二层采暖天窗满足 K 不大于 $0.8\mathrm{W/(m^2 \cdot K)}$，承重构件采用木质结构，由专业厂家设计安装，保障结构和防火性能。高速公路服务区因其使用特点，造成无组织渗透硬性气密性的问题，我们采用多层门斗以解决此问题。

3. 主要节点无热桥设计

外墙、地面处节点设计如图 2（a）、（b）所示。

4. 外遮阳设计

遮阳对夏季降低建筑能耗，提高室内人员舒适度有显著的效果。本项目采用外遮阳，设计方案有两种：在东、西向采用固定遮阳或移动遮阳。采用固定遮阳时，用保温材料将固定遮阳设施完全覆盖，并使其传热系数与外墙外保温系统传热系数一致，或从固定遮阳悬挑处将热桥阻断；采用移动遮阳时，移动遮阳系统与外墙外保温系统相连时，采用构造措施防止形成结构性热桥。

5. 新风系统设计

合理的新风系统是被动房设计的关键。本项目采用风机盘管加新风系统，通过新风（进风）口将经过除尘、温度及湿度等多级处理的室外新鲜空气送入餐厅、超市、休息室等功能房间，平均每小时送入 $30\mathrm{m}^3$ 新鲜空气，再将室内污浊的空气由回风口排出回到全热回收新风机组，全热回收效率达到 75%。让室内全天候充满新鲜空气，并

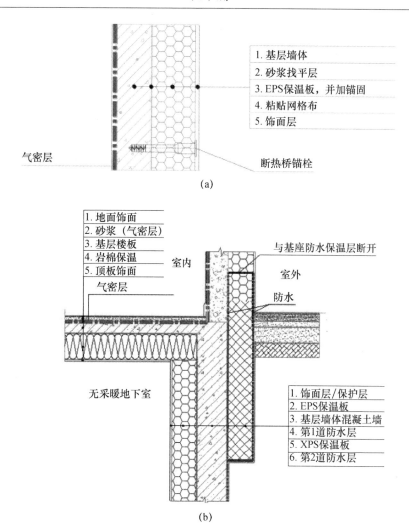

图 2　主要部位节点设计

保持湿度在 $30\%\sim60\%$，使室内人员始终处于舒适的范围内。有关研究表明，采用全热回收装置时，新风量取 $30\text{m}^3/(\text{h}\cdot\text{人})$，夏季新风负荷可降低 63%，冬季新风负荷可降低 67%，节能效果明显。

　　6. 高速公路附属建筑清洁能源蓄供热技术

　　高速公路附属建筑因其所处环境，其太阳能等清洁能源丰富。太阳能等可再生能源具有清洁廉价的优势，但是也存在低品位及不稳定的缺点。利用太阳能直接供暖，也具有供需侧不匹配的难题。将具有同样缺陷的太阳能与夜间谷价电作为热源，与相变蓄热模块系统联用，可进一步实现分布式供暖系统的能效和多能互补综合利用。多清洁能源互补蓄热供暖系统主要包括热源系统（太阳能和夜间电热锅炉）、输配系统（循环水泵、循环管路及热媒水）、相变蓄热模块系统及末端装置。如图 3 所示。

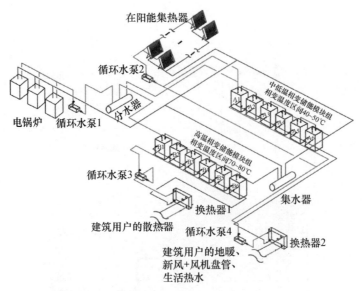

图 3 基于相变蓄热模块的多清洁能源互补供暖系统

3 超低能耗建筑能耗模拟

能耗模拟采用 eQUEST 能耗模拟软件，验证徐水服务区是否能够达到被动式低能耗建筑设计标准。

3.1 建筑地理位置及气象参数

模拟地点：保定地区；纬度：北纬 38°14′；经度：东经 114°48′。室外气象计算参数采用了保定地区典型气象年的室外气象参数，各天干球温度如图 4 所示。采暖度日数：2746.57；空调度日数：98.61；根据建筑热工分区，保定市属于寒冷地区。冬季空调室外计算干球温度：−11℃；冬季采暖室外计算干球温度：−9℃；采暖期为 11 月 13 日～下年 3 月 16 日；由于高速公路服务区人员流动较常规公共建筑不同，因此采暖期会稍作调整；夏季空调室外计算干球温度：34.8℃；夏季空调室外计算湿球温度：26.8℃。

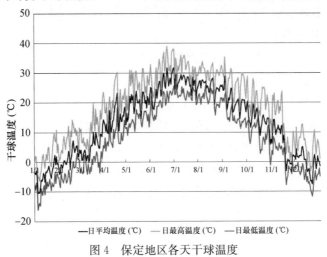

图 4 保定地区各天干球温度

3.2 参数设置

被动式低能耗建筑服务区采用能耗模型设置方法，除围护结构及空调系统参数设置外，其他参数设置基本相同，室内采用 LED 高效照明，灯光得热 $7W/m^2$。通过 eQUEST 构建的模型如图 5 所示。

图 5　eQUEST 构建模型

与常规服务区相比，超低能耗建筑服务区围护结构和空调系统加强参数设置见表 1。

表 1　被动式低能耗建筑加强参数

标准		普通节能标准要求		被动式低能耗建筑加强标准	
	设计	传热系数 K	遮阳系数 SC	传热系数 K	遮阳系数 SC
围护结构	外墙	0.6	—	0.15	—
	屋面	0.55	—	0.15	—
	地面	0.6	—	0.15	—
	外窗	2.5	0.7	0.8	0.4
	天窗	2.5	0.5	0.8	0.3
空调系统		无排风热回收		排风热回收效率80%	

采暖与制冷需求计算起止日期见表 2。

表 2　采暖与制冷计算起止日期

城市	采暖计算期		制冷计算期	
	起始日期（当年）	终止日期（次年）	起始日期（当年）	终止日期（当年）
保定	11 月 13 日	3 月 16 日	6 月 10 日	8 月 19 日

3.3 结果分析

能耗模拟结果见表 3，从模拟结果可以看出，博野服务区超低能耗建筑总一次能源需求为 $111.18kW \cdot h/(m^2 \cdot a)$，低于被动式低能耗建筑 $120kW \cdot h/(m^2 \cdot a)$ 的一次能源限值。通过模拟结果可以看出，博野超低能耗建筑能够满足建筑设计标准。与普通公共建筑节能标准相比，采用被动式低能耗建筑加强标准后，年制冷耗电量降低约42.8%，采暖耗电量降低约45.8%，风机耗电量降低58.2%，水泵耗电量降低47.7%，照明耗电量降低27.2%，其他电器设备耗电量降低55.4%，全年累计耗电量降低52.6%，节能效果十分显著。

表3　能耗模拟结果

项目统计	单位	eQUEST 模拟值
总建筑空调面积	m^2	2149.45
年采暖需求	$kW \cdot h$	25363.51
年制冷需求	$kW \cdot h$	45632.82
单位面积年采暖需求	$kW \cdot h/(m^2 \cdot a)$	11.80
单位面积年制冷需求	$kW \cdot h/(m^2 \cdot a)$	21.38
总一次能源需求	$kW \cdot h/(m^2 \cdot a)$	111.18

4　经济分析

对博野超低能耗建筑的经济性进行分析，通过增量投资回收期进行评价，考虑时间计算动态投资回收期，按以下公式所示。

$$P = \sum_{t=0}^{n} F_t (1+i) - t$$

式中，P 为投资现值；F_t 为第 t 年现金流量；i 为基准收益率；n 为动态投资回收期。

与普通公共建筑相比，被动式低能耗建筑由于采用了大量的节能措施如围护结构保温系统、新风热回收系统等，导致单位面积成本增加。

博野服务区低能耗建筑主要成本增量为 670 元/m^2，博野服务区超低能耗建筑建筑面积 2426m^2，主要成本增量为 162.54 万元。博野服务区年累计耗电量比常规满足公建节能标准的相同规模服务区节省电量 215760$kW \cdot h$，单位电价按 0.8 元/($kW \cdot h$) 计算，年节省费用 17.26 万元，计算动态回收期，基准收益率 i 取行业经验值 6%，投资回收期为 14.3 年。

博野北区超低能耗服务区年运行成本节约 17.26 万元，每年可减少 71.2t 标准煤的使用，环保方面能够减少 129.5t CO_2，6.5t SO_2 以及 3.2t 氮氧化合物的排放，不良气体的排放减少，极大地提高了室外环境质量，使人们在室外环境中患病的几率大大降低，环境效益显著。虽然超低能耗服务区具有较高的投资成本和较长的投资回收期，但它既能满足室内良好的舒适环境，又能降低对主动能源的需求，从而产生极高的附加效益，包括环境效益和社会效益两方面。其环境效益体现在，通过与服务区周边空旷的郊区环境完美融合，通过良好建筑形式获得建筑结构的最佳性能，在此基础上达到室内环境下人员的舒适条件，极大改善并调节了室内各环境参数对人体本身舒适的影响。在改善室内环境的同时，由于服务区采用先进的地源热泵作为冷热源，取消了燃煤、燃气锅炉的应用，从而降低了对化石能源（煤、天然气）的需求，减少了 CO_2、SO_2、氮氧化物等污染物的排放，减少了对室外空气环境的破坏，以此达到可持续发展的目的。其社会效益体现在，被动式低能耗服务区的建设及改造，为其室内工作人员及广大司乘人员提供了一个良好的室内环境，并在一定程度上提高了室内人员的舒适性，使人们得到极佳的工作和旅途休息环境，另一方面，其所带来的效益体现在对室内人员健康带来的收益。同时被动式低能耗服务区的建设和改造有利于引导社会关注建筑节能事业，同时对我国建筑建材以及建筑节能行业都将带来不同程度的效益。

参考文献

[1] 国家统计局固定资产投资统计司. 中国建筑业统计年鉴 [M]. 北京：中国统计出版社，2017.

[2] 住房和城乡建设部科技与产业化发展中心. 中国被动式低能耗建筑年度发展研究报告 [M]. 北京：中国建筑工业出版社，2017.

[3] Yearbook C S. National Bureau of statistics of China [J]. China Statistical Yearbook，2017.

[4] 房涛，管振忠，何文晶. 被动房住宅围护结构节能设计关键参数研究——以寒冷地区天津市为例 [J]. 山东建筑大学学报，2015，30（6）：558-563.

[5] 龚红卫，王中原，管超，等. 被动式超低能耗建筑检测技术研究 [J]. 建筑科学，2017（12）.

[6] 王选，孙峙峰，袁静，等. 被动式超低能耗居住建筑太阳能新风系统的应用分析及其优化设计 [J]. 建筑科学，2017，33（2）：107-112.

[7] 方修睦. 严寒、寒冷地区被动房建筑能耗指标研究 [J]. 建筑科学，2017，33（4）：158-163.

[8] 赵西平，王成林. 商业建筑冬季室内热舒适度研究分析 [J]. 西安建筑科技大学学报：自然科学版，2013，45（2）：264-268.

[9] 李利文，闫军威，周璇，等. 夏热冬暖地区商场冬季室内热舒适研究 [J]. 暖通空调，2015（6）：76-81.

[10] Figueiredo A，Figueira J，Vicente R，et al. Thermal comfort and energy performance：Sensitivity analysis to apply the Passive House concept to the Portuguese climate [J]. Building & Environment，2016，103：276-288.

[11] Mihai M，Tanasiev V，Dinca C，et al. Passive house analysis in terms of energy performance [J]. Energy & Buildings，2017，144：74-86.

[12] Kylili A，Ilic M，Fokaides P A. Whole-building Life Cycle Assessment（LCA）of a passive house of the sub-tropical climatic zone [J]. Resources Conservation & Recycling，2017，116：169-177.

"首堂·创业家"超低能耗住宅项目气密性工程实施重要节点及工程处理

牛汀雨[*]

（京冀曹妃甸协同发展示范区建设投资有限公司，河北唐山　063200）

摘　要　超低能耗住宅建筑在实际使用中，建筑的气密性与整个建筑能否实现超低能耗有直接的因果关系，也是被动式超低能耗建筑验收中，唯一通过实测获得的数据。本文中气密性实践探索基于河北省唐山市曹妃甸区"首堂·创业家"超低能耗住宅项目，总结提炼出该项目关于气密性实施过程中设计、施工以及使用环节的重要节点，并在实践研究的基础上进行了改进探索，形成一套施工重点控制策略。

关键词　超低能耗建筑；气密性；气密层

1　引　言

　　超低能耗建筑因其围护结构具有良好的保温气密性，有效地防止了室内外冷热空气频繁交流，从而降低建筑供暖和供冷需求，同时也阻止室外污染物进入室内，达到保持舒适环境的目的。对于建筑本身而言，完整有效的气密层，能够避免在建筑外围护结构内部产生冷凝水，从而避免对结构造成破坏，保证保温层的保温效果，避免过堂风现象以及局部冷区域，还能隔断声音在外围护结构的空气传播，是发挥被动式建筑功能以及有效性的基础。

　　本文基于河北省唐山市曹妃甸区"首堂·创业家"已建成超低能耗住宅项目工程实践情况（目前 PHI 气密性检测数据全国最佳），并且结合入住使用状况的调研数据，在全面整套的气密性实施工程中，总结提炼项目实践中重要关注节点及改进优化策略，以为超低能耗建筑气密技术的推广应用提供经验建议。

2　气密性工程实施重点

　　经过整个项目的实施，纵观设计、建成、投运三个重要环节，要达到超低能耗居住建筑各项指标，可以总结为细节决定成败。超低能耗建筑拥有良好气密性的前提是，合理有效的气密性设计，紧密有序的施工，合规的使用维护。具体要求为：全面设计前置，培训技术能力合格的实施人员（图1），合理统筹施工现场组织，符合设计的建材以及购房者的恰当使用。

---

　　[*]通信作者：牛汀雨（1980.10—），女，工程师，单位地址：河北省唐山市曹妃甸工业区中日产业园华林道7号，邮政编码：0663299，电子邮箱：jjcjt2015ghb@163.com。

图 1 人员培训和培训用工法间

2.1 气密性设计关键点

建筑气密性设计的重点在于气密层设计对采暖区的完整覆盖，气密层位于建筑外围内侧，与建筑外围护保温相辅相成（图 2），良好的气密性是保证外围护保温结构有效发挥作用的关键，而合理的外围护保温结构起着维护气密层完整的重要作用。因此每座超低能耗建筑都有一个完整的不间断的气密层，用于将整个建筑的采暖区和非采暖区区别开来。

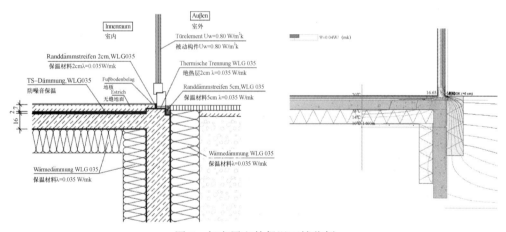

图 2 气密层和外保温互辅范例

在整个设计中，气密层的不间断性是最重要的，尤其是在被动式建筑发展的初期阶段，相关人员对于指导性文件的不同解读容易造成错误。气密层是整个气密性设计的基础，为了避免发生问题，建议在平、立、剖建筑图中用醒色线条进行显著标识（图 3），同时在关键的门窗部位做出被动门窗的型号标识，所有穿透气密性的施工要求有详图或者施工做法，同时汇总形成项目气密性大样图集，便于掌握设备安装节点，尽可能全面设计前置，防止相关设计变更。

整个设计建议由建筑专业全面统筹考虑，结构设计专业加强和暖通设计等其他专业的提前沟通，预留足够孔洞，预防出现施工期不可预计的建筑外围护破坏。

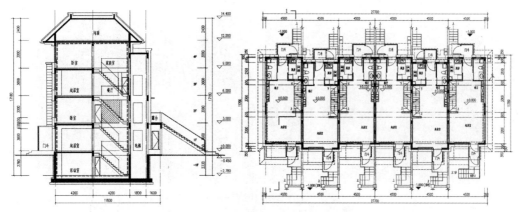

图 3　设计图气密层红色标识（加粗）

2.2　气密性施工重点

超低能耗建筑的气密层宜位于外围护结构内侧，并应连续完整。不同材料围护结构交界处、穿外墙和出屋面管线、套管等部位应采取气密性处理措施。

2.2.1　外围护施工

（1）在外围护施工中，所有穿透气密层的孔洞全部提前在图纸中标注，并按照施工要求做好预留。尽可能采用一次成型浇筑技术，平层误差控制在 3mm 以内，门窗洞口采用模板加固定型施工技术，杜绝门、窗洞口的二次砌筑和修整。防止空鼓和裂缝，节约费用，降低成本，减轻荷载，增加空间（图 4）。

图 4　门窗洞口、面层浇筑一次成型现场效果

（2）外墙外侧，混凝土浇筑时产生的穿墙孔洞，扩孔填充微膨胀细石混凝土＋抗裂砂浆封堵（图 5）。

图 5　外墙浇筑穿墙孔洞扩孔处理和填充效果图

（3）外墙保温施工前，门窗安装完毕，防水透气膜粘贴完好；穿墙洞口处理完毕，外侧防水透气膜黏贴完好（图6）。

图6　外墙保温施工图

2.2.2　细部节点施工

（1）被动门窗的安装。

首先保证门窗预留洞口的平整度、水平度以及垂直度，满足门窗安装的要求。因为采用外挂式安装，需要预先安装木质或其他材质性能相当的支撑。

窗户整装入场，窗户、门槛内侧粘贴防水隔汽膜，室内侧宽度大于5cm。门、窗外侧粘贴防水透气膜，用专用的胶粘剂粘接到结构洞口上，粘接要牢固，不能有断点，保证水密性及气密性（图7）。

图7　门窗安装气密性处理图

（2）穿孔气密性处理。

穿墙管道，内外两侧采用B1级憎水密实保温材料，中间采用A级防火保温材料塞实，后采用B1级聚氨酯发泡填充缝隙。外侧采用挤塑聚苯保温材料白色防水透气膜及胶，内侧采用隔气膜进行密封（图8）。

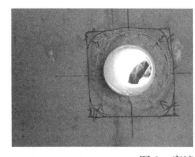

图8　穿墙洞口处理图

（3）结构间气密性处理。

二次结构的气密性处理，首先对结构结合处进行至少 20mm 的水泥砂浆抹面，后用气密性胶带结合处进行粘贴处理（图9）。

图 9　二次结构气密性处理图

2.2.3　材料的选择

面的气密性——墙面、地板等，采用内侧涂层、密实混凝土、石膏板等予以保证。

连接处的气密性——墙体和屋面、挑檐和墙体、门窗与门窗框、一次结构和二次结构的交界处等，采用内侧涂层、气密薄膜、压力板条、挠性材料、密实混凝土、20mm 以上厚度的抹灰层等予以保证。

穿孔的气密性——管线贯穿处、电线盒等，采用气密薄膜、气密胶带、连接处的柔性材料（橡胶圈等）、气密胶、工程密封胶等材料予以保证。

选择符合国家和地方规范的被动门窗。部分气密性材料设备如图 10 所示。

图 10　部分气密性材料设备示例图

2.3　施工组织要点

超低能耗住宅建筑的现场施工中，工程监理人员的作用要大于普通工程项目，具有超低能耗建筑建造师能力的监理决定着项目的品质。

施工工人需要有外墙外保温施工经验，且施工前需经过系统的被动房外墙外保温施工培训；进场前对设计方以及施工方进行施工培训和技术交底，规范工人的操作。

建筑主体施工完成，并且门窗、穿墙管道安装完成以后才能开始进行外保温安装；

外保温施工尽可能避开雨季，防止潮气进入保温层，影响使用能耗和发霉。

各层要保证足够的养护时间，不能因为赶工期，忽视施工质量；施工过程中，可选择指派分专业项目监理对工地进行施工管理，监督施工单位的施工，监督是否偷工减料，检查是否按国家规范、行业规程和设计要求施工。

施工组织过程中成品保护非常关键，在使用后期造成的一些气密性问题通常都是由成品保护不力和施工过程疏忽造成的，同时由于复工会造成施工时间、经济成本增高，因此需要对分项施工单位进行交接确认管理。

2.4 气密性检测过程中的重要完善点

气密性检测是目前超低能耗建筑唯一检测验收标准。现场通过吸排风机营造被检测对象室内外分别是±10Pa、±20Pa、±30Pa、±40Pa、±50Pa压差的情况，测量风机抽吸的空气体积流量，从而计算出每小时的换气次数。目前所有超低能耗被动式建筑的气密性指标均为统一的 $N_{50} \leq 0.6h^{-1}$。

为保证气密质量过关，建议检测两次，每栋楼的每种户型各抽检一套，装修施工前、后各检测一次。其中第一次检测，可以使用一次性密封材料封闭装修预留孔洞和线盒线缆穿线孔，该次检测能够发现一些隐藏孔洞的封堵问题或者被动窗的安装问题，甚至一些工程施工的质量薄弱点，可进行修补型加强。施工末次检测要按照房屋使用状态进行检测，根据检测情况完善装修对于气密层的破坏以及电箱电线开关等遗漏封堵。因各地要求不同，有对建筑整体气密性进行检测的，也有要求以户为单位进行检测和整体气密性检测并行。整个过程门窗严禁密封（图11）。

图11 气密性检测鼓风门和检测合格证书

3 使用过程中常见问题及处理建议

（1）室内升降温不力（2d以上没有明显温度升降），通常存在气密性漏点，具体位于窗户、入户门、阳台穿线及穿层管井检修口，依照孔洞处理方法重新处理，手触有风感，可用火苗检测或红外测温仪检测有明显温降区。

（2）室内达到设定温度后，制冷制热设备频繁启停机，住宅单平方米电耗要高于同期使用套户20%～60%，通常为橱柜内部穿墙孔洞采取聚氨酯发泡封堵，材料发生性变或者卫生间业主二次装修灯具穿孔未处理好，手触有风感，依照孔洞处理方法重新处理气密性问题，处理后耗电归于正常。

（3）厨房开启抽油烟机时，入户门开启困难，重新处理厨房补风气流组织系统，防止阻塞而造成的室内负压。

（4）制作用户手册，其中明确住户不得随意破坏外层涂料，不得对外墙体穿孔或有任何钉入物体行为，对已有的孔洞不得扩孔，明确被动门窗的专人维修以及住户深入维修对于气密性的破坏行为。

4 结 论

本文根据项目实践探索，超低能耗建筑的精髓在于组织实施过程中的细节把控，其中建筑气密性是用较低的能耗实现对室内热湿环境及空气品质的保障。为保证项目达到应有的预期效果，通过全面设计前置，气密层覆盖设计的重点实施，施工过程关键点控制及常见问题解决，使用过程中出现问题再次完善，形成一套完整的施工重点控制策略，为超低能耗住宅建筑的高气密性实现提供保障，该项目气密性检测结果为 $n_{50}=0.14h^{-1}$，为超低能耗住宅建筑的推广实施提供了经验建议。

参考文献

[1] Passive House Institute. 德国被动房研究所建造师培训 [M]. 2018，05：32-37.

[2] 叶睿等. 被动式超低能耗住宅新风一体机节能优化策略研究 [J]. 世界建材，2017，05：15.

[3] 张建伟. 被动式建筑的设计要点与核心技术 [J]. 世界建材，2019，05：82-83.

[4] 王臻等. 被动式超低能耗住宅运行能耗实测及其影响因素分析 [J]. 建设科技，2015，07：42-45.

森鹰铝包木被动窗在被动房项目中的实践

郭春瑞[1]，那洪繁[2*]，王靖宇[1]，张子阁[1]

（1. 北京住总第六开发建设有限公司，北京　100050；

2. 哈尔滨森鹰窗业股份有限公司，哈尔滨　150088）

摘　要　本文介绍被动式铝包木窗及专业施工安装在酒店项目施工中的应用。结合项目本身的特点对被动式窗的品类选择、性能要求、施工工法以及施工具体工艺等进行详细论证，使之切实满足特定项目管理需要，从而实现被动窗性能、施工质量、安全、工程进度等各项管理目标。

关键词　被动式铝包木窗；悬挂安装

1　项目成果背景

1.1　工程概况

本项目位于天津市武清区，项目基地位于泉州路东侧、新华路西侧以及北财源道北侧。东侧为京津公路，邻近北运河，交通十分便利。本项目总用地面积为 23541m²，可建设用地面积 16967.3m²。项目总建筑面积 50787.8m²。

其中超低能耗示范建筑为酒店功能，总建筑面积 7966.6m²，地上 12 层，首层和二层具有大堂、咖啡厅、展览、商务等功能，以上各层均为客房（含大床房、标间、套房及高级套房），总客房数为 127 间（其中套房 22 间）。如图 1 所示。

1.2　被动式铝包木窗安装工程介绍

本工程我公司承揽的被动窗采用森鹰 PASSIVE 120N-T 系列，并配制进口圣戈班玻璃 6＋18Ar＋4Low-E＋18Ar＋4Low-E，以满足 PHI 认证的各项性能要求。安装形式上，窗体采用外悬挂被动式建筑新式安装形式，以达到窗体与外墙保温处于同一等温线上，以满足被动式窗体安装的传热系数≤0.85W/(m²·K)。

1.3　选择背景

为贯彻落实国家推广超低能耗示范建筑，统筹节能减排，支持推动超低能耗示范

---

　　* 通信作者：那洪繁（1979.3—），男，哈尔滨森鹰窗业股份有限公司项目总监。哈尔滨市双城区新兴工业园松花江路与兴安路交叉口，邮编：100050。**社会成就：黑龙江省科学技术二等奖，河北省土木建筑学会第二届绿色建筑与超低能耗建筑学术委员会委员，宁夏《被动式超低能耗绿色建筑技术标准》参编人员、《夏热冬冷地区被动式建筑技术指南（居住建筑）》团体标准参编人员。**

　　郭春瑞（1982.6—），男，北京市东城区龙须沟北里 1 号，邮编：100050。

图 1　示范项目 2 号酒店

建筑发展，意义深远。

1.4　实施时间

本工程项目门窗施工计划详见表 1。

表 1　门窗施工计划表

门窗总实施时间	
2019 年 5 月—2019 年 11 月	
分阶段实施时间	
窗体支撑挂件固定	20 天
窗框安装及固定	20 天
室外侧防水透汽膜施工	30 天
室内侧防水隔汽膜施工	10 天
窗体执手安装及验收	7 天

2　被动窗的性能要求

2.1　整窗性能要求

PASSIVE 120-NT 整窗的性能要求详见表 2。

表 2　PASSIVE 120N-T 整窗的性能参数表

PASSIVE 120N-T 整窗的性能参数		
性能指标	级别/要求	所达到性能参数
整窗的传热系数（Uw 值）	Uw≤0.80W/(m^2・K)	Uw＝0.76W/(m^2・K)
整窗的传热系数（Kw 值）	10 级（最高级）	Kw≤1.0W/(m^2・K)
整窗安装边部传热系数	Uw；installed≤0.85W/(m^2・K)	Uw；installed＝0.77W/(m^2・K)
整窗气密性能	8 级（最高级）	q_1≤0.5/q_2≤1.5；N_{50}<0.6^{h-1}
整窗雨水渗透性能	6 级（最高级）	q_2≤1.5
整窗抗风压性能	9 级（最高级）	P3≥5.0
整窗隔声性能	3 级	30≤Rw＋Ctr<35

2.2　玻璃性能参数

为满足此项目玻璃各项性能参数（详见表3），本项目选用欧洲进口的圣戈班玻璃，为"6＋18Ar＋4Low-E＋18 Ar ＋4Low-E"结构，并采用进口暖边间隔条，中空玻璃腔体填充惰性气体氩气等措施，以提高玻璃边部保温性能。

表 3　玻璃性能参数表

玻璃性能参数		
性能指标	级别/要求	所达到性能参数
玻璃传热系列（Ug 值）	EN673-2011	Ug=0.5 W/（m^2・K）
玻璃 g 值	EN410-2011	g=0.52
可见光透过率	EN410-2011	70％
太阳能透过率	EN410-2011	43％

3　森鹰铝包木被动窗技术与施工管理创新

3.1　铝包木被动窗的技术创新特点

本项目方案设计难点在于对被动式铝包木窗的保温性能提出了更高的要求，整体建筑也要做 PHI 最高级别的认证，虽然森鹰原有标准 P120C 被动窗产品自身的性能均满足 PHI 认证的设计要求，但达不到本项目对被动窗超保温的要求，这就需要森鹰的研发团队针对此项目开发新的适合于本项目要求的被动窗产品。为了满足各项性能的要求，森鹰研发团队从产品的结构、窗体保温材料的选择等多方面进行研发与认证，终于推出了 PASSIVE 120N-T 这一新款被动式铝包木复合窗，此款产品通过将复合塑型材的腔体内填充 PU 材质，同时将框体边部进行石墨保温条辅助设计，以提高窗体 Uf 的保温性能，最终攻克了这一课题，打了一个完美的攻坚战。结构详见 PHI 认证证书，如图 2 所示。

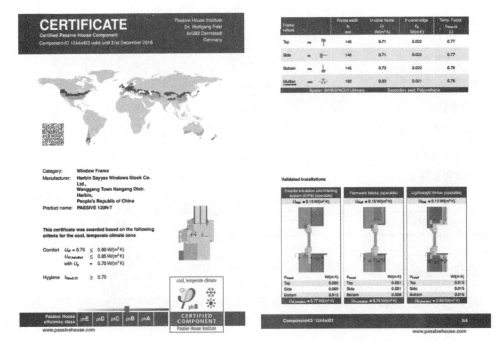

图 2　PASSIVE 120N-T 被动窗 PHI 认证证书

3.2　项目安装施工及管理创新

1. 被动窗安装节点创新

森鹰被动窗采用独特的外挂式安装方式，窗体由专用外挂连接钢件进行固定，外窗与墙体的连接，室内侧有防水隔汽膜、室外侧有防水透汽膜，内外两道防水膜和密封胶组成了完整密封的连接系统，同时外侧保温结构需将框体完全包裹，使窗体与保温层处于同一等温线上，以满足安装 Uw，installed≤0.85W/（m²·K）的要求。本项目更是将原窗体四周均采用"L"型镀锌角钢固定的形式，更改为下侧采用支撑木块结构的安装方式，同时对角钢与墙体连接处增加了橡胶隔热垫片（性价比最优）的结构设计，进而最大限度地降低了因固定角钢造成的热桥影响。具体详见图 3 安装节点图。

2. 被动窗安装设备的创新

因本项目被动窗采用外挂式安装，需要安装人员在外侧进行安装支撑件的固定、对窗体进行安装固定以及进行防水透汽膜的施工，都需要楼体外侧有脚手架或吊篮措施等，对门窗的专项安装带来困难。所以对于楼体外侧的施工安全性，因施工降效而导致的工期控制将是本项目的施工难点之一。本项目为了规避电动吊篮而造成的安全及施工效率的不良情况，采用了更便于被动窗安装的提升机（提升平台），来确保外侧施工安全，如图 4、图 5 所示。

3.3　项目管理重点及难点

1. 对楼体预留洞口精度的控制

被动窗安装精度要求较高，对于土建洞口的施工精度要求要高于常规建筑要求，

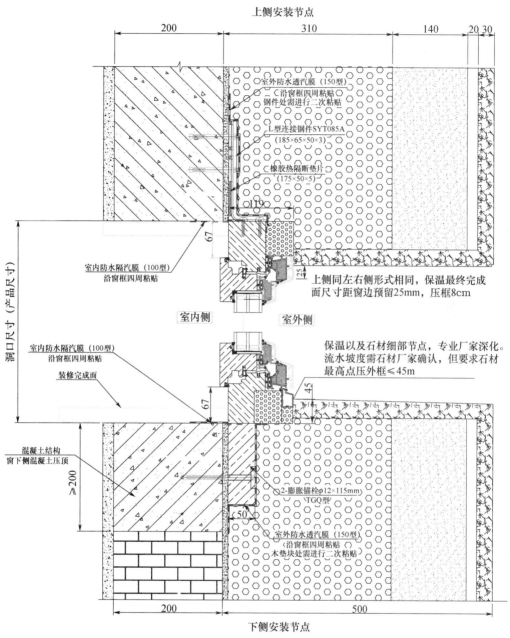

图 3　安装节点图

也是现场施工控制的重点环节之一。本工程应结合现场提供的洞口中线、水平标高线进行建筑洞口尺寸的清理复检，实际测量的洞口宽度及高度尺寸应符合"洞口宽度或高度尺寸的允许偏差"的要求（详见表4）。对于尺寸过小或过大的建筑洞口需进行清剔或修补，建筑洞口修补湿作业完工且在固化前，不应进行成品窗的安装作业。

图 4　普通电动吊篮施工　　　　图 5　本项目新式提升机施工

表 4　洞口宽度或高度尺寸的允许偏差（单位：mm）

洞口类型＼洞口宽度或高度		＜2400	2400～4800	＞4800
精洞口	未粉刷墙面	±5	±5	±5
	已粉刷墙面	±2	±2	±2
外墙平整度		≤5	≤5	≤5
洞口四边结构柱要求		侧边≥200	上边≥200	下边≥200

2. 洞口侧面及室外侧视面光滑度要求

被动窗需要在室内侧及室外侧进行两道防水膜的施工，所以需要在现场洞口的侧面及室外侧距洞口边部 200mm 以内的范围，保证表面光滑平整，如果为水泥灰层面，需采用高强度等级水泥进行压光处理（图 6）。

洞口侧边压光　　　　　　　洞口外墙面压光

图 6　洞口光滑度示例

3. 施工进度保证措施

森鹰项目经理协助总包方负责组建本项目门窗分包的管理架构，针对本项目进行专题会议部署并落实项目各环节的施工进度计划，提前组织协调现场施工措施设备按计划安装到位，并顺利通过安全检测投入使用，可根据计划，提前进行被动窗固定钢件及支撑块的安装。

（1）技术措施。

森鹰设计师与设计院及建设方按项目进展情况进行有效的沟通，并出具合理的门窗制作分格优化方案及相关配套的安装节点、平面图等技术文件，此技术经过确认后，为下续备料采购与制作的依据，此确认时间需各方积极配合完成，是总工期的关键环节之一。

（2）森鹰材料采购、制作、运输措施。

森鹰采购部、品管部、生产部及订单部等多部门联动，分别根据图纸进行相应的材料采购、材料的进场检验，直到门窗的制作入库，整合全流程的有效运转，按工期要求，完成产品的制作环节，按现场的进度要求，将产品运输到现场进行安装，保证工程项目竣工验收的顺利完成。

4　铝包木被动窗施工工法详解

4.1　施工工序

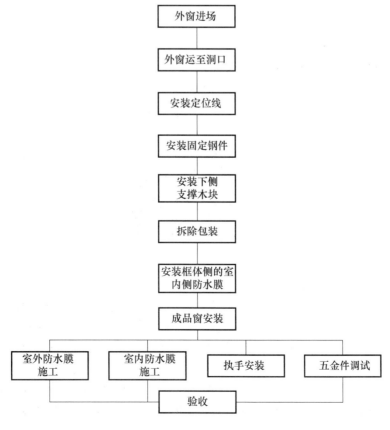

4.2 被动窗的安装准备

（1）拆除窗体的外包装，在拆除时避免刀片划伤窗体的木材及铝材面，同时检查窗体是否有损伤，检查成品窗是否符合相关要求，等待安装。

（2）用毛刷将精洞口进行清扫，将多余的杂质清除，对不符合要求的洞口进行修整，以便于防水膜的施工与粘接。

（3）按照图纸核对窗型及安装材料的种类和数量，确认符合设计和施工要求。

4.3 被动窗的安装

（1）两侧钢件定位安装：按照窗体边线，将窗体固定所需的镀锌角钢，用号笔确定安装位置，采用冲击钻进行预打孔，孔深需满足膨胀螺栓的安装要求（深度需≥100mm），采用膨胀螺栓将镀锌角钢固定在洞口外墙，钢件与结构外墙间需采用橡胶垫片（标配）/仿生木板（选配）进行防热桥处理。

（2）被动窗的下侧采用木支撑垫块（标配）/节能仿生木支撑垫块（选配）进行固定，可避免因采用角钢而导致冷桥的产生，提高安装的线性传热系数，安装方式与侧面相同，采用膨胀螺栓进行有效的固定。

（3）室内侧防水隔汽膜与窗体安装：将成品窗框体四框清理干净，将室内侧防水隔汽膜的自带粘贴胶带的一侧与窗体四周进行紧密的粘贴，角部需预留足够的转角空间（1~2cm），雨布对接处叠加量为≥50mm，以确保完整的密闭性能，用专用工具将胶带处滚压严密，如图7所示。

图7　室内侧防水隔汽膜与窗体安装施工

（4）成品窗固定：将窗体旋置已固定好的镀锌角钢上，调整水平、垂直等技术参数要求，用木螺钉将窗体与固定的镀锌角钢进行紧密连接固定，如图8所示。

（5）室内侧防水隔汽膜与墙体安装：如图9所示，将室内侧已粘接好的防水隔汽膜另一端用专用的粘接剂进行粘接，防水隔汽膜粘接要牢固，不许有断点、起鼓、脱胶等现象。防水膜在窗体与结构墙体间需预留空间余量，不易过紧。

（6）室外侧防水透汽膜安装：如图10所示，将已安装固定完成的窗体外侧框体与相邻墙面采用毛刷进行清扫，保证粘贴面干净无浮灰等杂质，将室外侧防水透汽膜自带胶层的一面粘贴在窗体四周的木材框体上，另一端用专用的粘接剂进行粘接，防水雨布粘接要牢固，不许有断点，保证水密性及气密性能。角钢处及角部需进行二次密封处理。

图 8　现场成窗施工

内侧墙体清洁　　　　　　　涂胶、压平　　　　　防水隔汽膜粘贴完成

图 9　室内侧防水隔汽膜与墙体安装施工

图 10　室外侧防水透汽膜安装施工

（7）成品窗保护：室外侧防水透汽膜安装完毕后，需采用塑膜将成品窗体外铝及玻璃进行整体保护处理，方可进行后续保温层及装饰面层的施工，如图11所示。

图11　成品保护

（8）窗执手及锁具安装：在项目验收前，将成品窗的执手及锁具安装完毕，并每樘窗扇进行五金件的使用调试，保证窗扇开启灵活、密闭效果符合要求。

5　施工质量管理措施

森鹰产品在安装环节中，采用安装队自检、公司工程部巡检及公司生产部、品管部、售后部等各相关部门进行现场施工联合检查的形式，对施工质量进行全面的控制，以确保森鹰产品每樘窗的安装质量。

5.1　成品窗施工的安装自检

安装队对成品窗的各加工及安装的工序均需进行100％自检，做自检表记录，具体自检项如下：

（1）所用门窗的规格、开启方向及安装位置符合设计要求。

（2）所用材料、配件及辅助件符合相应的要求或检验标准。

（3）角钢安装牢固、成品窗安装牢固，水平度和垂直度符合施工要求。

（4）防水膜的施工符合设计及工艺工法要求。

（5）开启部位启闭灵活，五金件齐全，位置正确无误，各自达到使用功能，开启扇关闭后胶条处于压缩状态。

（6）安装后窗表面洁净，大面无划痕、碰伤、脱漆现象。

5.2　成品窗安装施工的巡检

安装队对成品窗的各加工及安装的工序均进行自检合格后，报现场质检员及项目经理进行复检，复检项目与自检项目相同。

现场质检员及项目经理对成品窗进行全面检查，对于不合格的产品，现场质检员及时要求安装人员进行整改，直至合格。

5.3 成品窗施工的联合检查

公司除工程部现场进行监督检查及巡检外，公司品管部门组织公司各相关部门对现场施工进行联合检查。

5.4 接受甲方、监理方的检查

在每道工序结束时请工程监理及甲方工程部人员进行检查，对不合格项目及时进行整改，直至合格。

5.5 被动式门窗施工质量标准

被动式门窗安装的允许偏差应符合表5要求。

表5　被动式门窗安装的允许偏差（单位：mm）

检验项目		检验方法	作业及检验判定标准
门窗定位	水平精度	用红外线水平仪及卷尺检查，测量单樘窗下边两侧水平高差	±3mm并且≤0.002倍窗宽
	倾覆精度	用垂直靠尺及卷尺检查，测量单樘窗左右边框的内外倾斜量	内开无内倾，外开无外倾且倾斜量≤0.001倍窗高
	门窗内口三线尺寸	用拉线及卷尺检查，测量框体内口上、中、下三位置的尺寸	≤2mm
	窗墙平行	用垂直靠尺及卷尺检查，测量单樘窗左右边框的内外倾斜量	≤3mm
	门窗对角线	用卷尺检查，测量框体内口对角线尺寸	≤2mm
	一致进深	用卷尺检查，测量不同洞口门窗同一底角处进深的差值	≤3mm
角钢	间距	用卷尺检查	端部150mm，间距为≤600mm
	连接强度	目测、触摸	膨胀螺栓安装牢固，无松动

5.6 被动式门窗的现场保护管理措施

1. 保护的基本要求

（1）施工前，项目经理编写被动式门窗保护文件，做好成品保护计划。

（2）安装结束后、工程验收前应进行保护交接，要求下一工序施工方采取防护措施，不得污损门窗。

（3）保护重点为门窗开启扇、固定窗框、下槛、玻璃等部位。

（4）已安装完毕门窗的洞口不得再作运料通道。

（5）严禁在门窗框、扇上安装脚手架、悬挂重物，外脚手架不得顶压在框、扇或窗的其他部件上。严禁蹬踩门窗框、窗扇或其他窗部件。

（6）在进行其他作业时，严禁碰撞、损伤门窗及其表面。

（7）项目经理应经常进行巡视和检查，当门窗被破坏时应及时向相关单位反映和沟通及进行修复。

2. 被动式门窗外铝保护

（1）外铝保护膜在进行外墙胶施工工序时进行清除，应注意保护膜的使用周期，防止保护膜老化脱胶后不能撕下。

（2）采取湿法安装时，需对成品窗外部进行整合保护，以防止外铝表面及玻璃表面损伤。

3. 被动式门窗内木及玻璃保护

（1）玻璃及内木保护膜从安装到验收前需保持完整，不许有破坏及撕损等现象发生，同时应注意保护膜的使用周期，防止保护膜老化脱胶后不能撕下。

（2）对于开启的门，需有专用的木质保护罩对下槛进行保护，如图12所示。

图 12　开启门的保护

4. 被动式门窗五金保护

（1）五金传动部分在施工时，避免进入砂粒导致五金传动失效。

（2）五金扣盖牢固，避免脱落丢失。

（3）执手安装后，在后续施工时，提醒施工方对执手进行保护，避免造成执手的划伤。

（4）给业主提供五金操作使用手册，让业主能够正确使用五金。

5. 被动式门窗保护检验表

被动式门窗保护施工需符合表6要求。

表6　被动式门窗保护检验表

检验项目	检验方法	作业及检验判定标准
窗面保护	目测	未发生框体不可修复损毁，可修复碰损窗比率≤1%
玻璃保护	目测	玻璃表面无污染物，玻璃表面划痕满足国家规范要求
五金保护	目测	五金无砂粒污染，无生锈现象，传动自由无阻力

5.7 竣工验收标准

验收前及验收时如发现窗出现质量问题，由项目经理进行记录及质量分析，并根据不同情况进行相应的处理，以达到验收要求。

门窗安装质量要求及检验方法符合表7规定。

表7　门窗安装质量要求和检验方法表

项目	质量要求	检验方法
外观质量	满足国标/行业标准规定	观察
安装误差	满足国标/行业标准规定	量尺、观察
密封质量	窗关闭时，扇与框间无明显缝隙，密封面上的密封条应处于压缩状态。玻璃密封条与玻璃间接触平整，不得有卷边、开口及脱槽现象	观察
操作性能	开关灵活，30N≤执手开关力≤80N	实际操作
	设计开启功能实现良好	观察
	关闭时锁紧彻底	观察
排水性能	排水孔通畅，位置正确	观察
框与墙体连接	窗框应横平竖直，高低一致，专用固定钢件安装位置正确，框与墙体连接牢固，缝隙间聚氨酯发泡材料充填饱满，室内外侧的防水膜施工符合要求	局部破坏，观察

6 结束语

从以上论述情况看，被动式门窗要想通过项目的认证，不仅产品自身通过相关被动窗的认证，产品的相关性能也要达到计算值的要求，才符合项目的整体要求，同时更要强调现场施工的重要性，监督指导被动窗的标准化安装，强化产品安装定位，防热桥处理、现场气密层等各工序的质量控制，确保产品自身品质与安装质量完美体现，最终顺利通过项目验收，并在设计施工中，为被动房推广积累宝贵的施工经验，为被动房事业深耕前行。

参考文献

［1］ 河北省住房和城乡建设厅.被动式低能耗居住建筑节能构造（DBJT02-109—2016）［S］.北京：中国建筑工业出版社，2016.

［2］ 河北省住房和城乡建设厅.被动式低能耗建筑施工及验收规程［DB13（J）/T 238—2017］［S］.北京：中国建材工业出版社，2017.

［3］ 河北省住房和城乡建设厅.被动式超低能耗居住建筑节能设计标准［DB13（J）/T 273—2018］［S］.北京：中国建材工业出版社，2018.

［4］ 河北省住房和城乡建设厅.被动式超低能耗公共建筑节能设计标准［DB13（J）/T 263—2018］［S］.北京：中国建材工业出版社，2018.

［5］ 中华人民共和国住房和城乡建设部.近零能耗建筑技术标准（GB/T 51350—2019）［S］.北京：中国建筑工业出版社，2019.

昌平沙岭新村农宅被动房示范项目
能耗和费用分析

高 庆*

（北京康居认证中心，北京 100037）

摘 要 本文介绍了昌平沙岭新村农宅被动房示范项目，通过采用被动式性能设计，结合对被动式农宅能耗计算和分析，得出农宅优化设计方案。通过农户入住后的体验和实际耗电与消耗燃气记录分析，同时分析了采暖用燃气的消耗量和费用，证明被动式农宅在室内环境、节能和费用方面都达到了良好效果。

关键词 农宅被动房；室内环境；能耗；费用

1 项目概况

昌平沙岭新村农宅被动房示范项目是我国寒冷地区第一个农宅被动式低能耗建筑示范项目，如图1所示。项目位于北京市昌平区，共18栋36户，每户面积为200m²，一栋2户，每栋被动房处理面积为400m²，总建筑面积达7198.38m²。建筑共2层，首层层高3.3m，第二层层高3.0m，建筑高度为7.65m，建筑体形系数为0.46，建筑为框架结构。

图1 沙岭新村被动房农宅项目

---

* 通信作者：高庆，北京康居认证中心工程师，主要从事被动低能耗建筑项目能耗分析和建筑产品认证工作，电子邮箱：gaoqing0818@126.com。

该项目由住房和城乡建设部科技与产业化发展中心提供全面的被动房设计施工指导和技术方案的制定。该项目不仅很大程度上体现了被动房农宅的节能效果，而且极大提高了居住环境质量和舒适度。

该示范项目建设单位是北京长鑫建筑有限公司。项目的建设得到被动式低能耗建筑产业技术创新战略联盟的大力支持，供应商见表1。

表1 参与建设单位供应商

供应商名称	供应产品
德尉达（上海）贸易有限公司（德国威达）	防水卷材
大连华鹰玻璃股份有限公司	门窗玻璃
温格润节能门窗有限公司	外窗型材
大连实德科技发展有限公司	外窗型材
北京北方京航铝业有限责任公司	门窗制作安装
德国博仕格有限公司	门窗密封材料和保温隔热垫板
博乐环境系统（苏州）有限公司	新风系统
中亨新型材料科技有限公司	真空保温板
青岛科瑞新型环保材料有限公司	隔汽膜
利坚美（北京）科技发展有限公司	外墙外保温系统

该示范项目气密性测试结果表明：在50Pa压差下，其换气次数为0.49，符合被动房 $N_{50} \leqslant 0.6$ 的换气次数要求。

2 建筑各系统主要技术措施

2.1 外墙外保温系统

该项目一层采用聚苯板外墙外保温系统，外墙采用250mm厚石墨聚苯板做保温层，石墨聚苯板导热系数为0.031W/(m·K)，墙体传热系数0.123W/(m²·K)；二层采用40mm厚HVIP真空绝热板，保温板均是两层错缝铺设，并采用专用锚固件和专用抹面砂浆，铺压耐碱玻纤网格布和增强网加以防护配备系统必需的所有配件，如窗口连接线条、滴水线条、护角线条、伸缩缝线条、预压防水密封带，从而提高了外保温系统保温、防水和柔性连结的能力，保证了系统的耐久性、安全性和可靠性。

2.2 外门窗系统

外窗采用高效保温塑钢窗，整窗传热系数 K 为0.90W/(m²·K)，玻璃使用双Low-E中空充氩气的三玻两腔中空玻璃，玻璃结构为4+14（TPS）+4单银Low-E+14（TPS）+4单银Low-E，玻璃 K 值为0.71W/(m²·K)，得热系数 g 值为0.5。整个外门窗系统采用了无热桥构造系统安装，窗框2/3被包裹在保温层里，形成无热桥的构造，窗框与外墙连接处采用防水隔汽膜和防水透气膜组成的防水密封系统，应用了门窗连接线和成品滴水线条作为防水，窗台设计了金属窗台板，窗台板设有滴水线造型，既保护保温层不受紫外线照射老化，也能导流雨水，避免雨水对保温层的侵蚀破坏。

2.3 防水系统

底板和屋面均使用德国威达公司改性沥青防水卷材，底板保温层使用 250mm 厚 XPS 保温板，与地上保温连续，向下延伸至 −1.00m 处，地板传热系数为 0.128W/(m²·K)，屋顶采用 300m 厚 EPS 保温材料，传热系数为 0.107W/(m²·K)。室内侧和室外侧都使用防水卷材，并且两层防水卷材包裹保温材料后交圈连接。

2.4 新风系统和供暖系统

新风系统采用博乐环境系统（苏州）有限公司高效新风热回收设备，通过回收利用排风中的能量降低供暖制冷需求，实现超低能耗的目标，机组最大新风量为 450m³/h，可实现按需分档控制，满足室内人员对新风量的需求。机组设置全热交换芯，显热交换效率 85%。冬季采用燃气壁挂炉加热地暖的方式供暖，燃气壁挂炉配置温度控制器可以自主设定室内温度。

3 建筑主要参数

该项目建筑计算条件见表 2。

表 2 建筑计算条件

项目		冬季	夏季
环境参数	室内设计温度（℃）	20	26
	空气调节室外计算温度（℃）	−9.9	33.5
	极端温度（℃）	−18.3	41.9
	室外空气密度（kg/m³）	1.3112	1.1582
	最大冻土深度（cm）	66	—
采暖/制冷期参数	计算日期（月/日）	10/25—4/5	6/1—8/31
	采暖/制冷计算天数（d）	163	92
	计算方式	采暖、制冷期连续计算热、冷需求	
设备参数	设备工作时间（h）	24	24
	通风系统回收率（%）	75	50
换气参数	通风系统换气次数（h⁻¹）	0.19	0.19
	换气体积（m³）	940	940
	小时人流量（次/h）	4	4
	开启外门进入空气（m³/次）	3	3
内部热源参数	套内人数（人/套）	男2，女2，儿童2	男2，女2，儿童2
	人体显热散热量（W）	男：90；女：76.50	男：61；女：51.85
	人体潜热散热量（W）	男：47；女：39.95	男：73；女：62.05
	灯光照明密度（W/m²）	7（同时使用系数0.5）	7（同时使用系数0.5）
	设备散热密度（W/m²）	1	1

4　能耗计算结果分析

通过对项目建筑逐时热平衡能耗计算与分析,得出建筑能耗指标见表3。

表3　建筑能耗指标表

项目	热/冷负荷(W/m²)	热/冷需求[kW·h/(m²·a)]
采暖	14.36	16.10
制冷	20.92	22.18

如图2所示,通过能耗分析计算得出最大制冷负荷为20.92W/m²,其中由外墙屋面楼板传热、外窗传热、外窗辐射、人体、灯光照明、电热设备、新风建筑各组成部分构成总制冷负荷。经分析,其中外窗辐射值对整个制冷负荷影响最大,为14.61W/m²,占比70%,由此得出外窗和玻璃对整个建筑热负荷的影响很大,见表4。

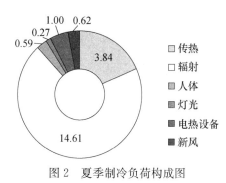

图2　夏季制冷负荷构成图

表4　制冷负荷构成表

项目	出现时点	组成	计算值(W/m²)
峰值冷负荷	12:00	传热	3.84
		辐射	14.61
		人体	0.59
		灯光	0.27
		电热设备	1.00
		新风	0.62
		得热总计	20.93
		冷负荷	20.93

图3为制冷期能量构成,计算得出总的制冷需求为22.19kW·h/(m²·a),外窗辐射得热为13.55kW·h/(m²·a),占比61%,表5给出了夏季冷需求建筑各系统能量得失参数表。

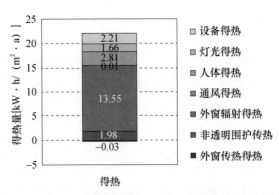

图 3　制冷需求建筑各系统构成图

表 5　夏季冷需求建筑各系统能量得失参数表

得热 [kW·h/(m²·a)]	占比（%）	
外窗传热得热	−0.03	0
非透明围护传热	1.98	9
外窗辐射得热	13.55	61
通风得热	0.01	0
人体得热	2.81	13
灯光得热	1.66	7
设备得热	2.21	10
总得热	22.22	100
总散热	−0.03	
散热利用率	95.2%	
冷需求	22.19	

　　通过通风和外围护传热损失热量与内部热源得热量分析，如图 4 所示，计算得出冬季采暖期热负荷为 14.36W/m²，其中外围护结构失热为 14.51W/m²，占比最大，通风失热 1.56W/m²（占比较小，新风系统主要使用热回收功能，损失热量较少），计算内部热源供热为 1.71W/m²，见表 6。

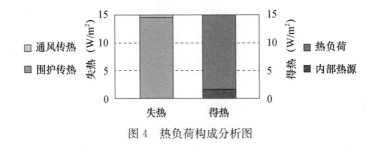

图 4　热负荷构成分析图

表 6 热负荷参数表

失热（W/m²）		得热（W/m²）	
围护传热	14.51	内部热源	1.71
通风传热	1.56	—	—
失热总计	16.07	得热总计	1.71
热负荷		14.36	

图 5 为采暖期热需求构成图，通过计算得出总的制热需求为 16.10kW·h/(m²·a)，其中外窗传热失热为 14.11kW·h/(m²·a)，外墙传热失热为 8.74kW·h/(m²·a)，屋顶传热失热为 5.37kW·h/(m²·a)，地板失热为 5.16kW·h/(m²·a)，通风失热为 3.45kW·h/(m²·a)，见表 7。通过计算数据，分析得出冬季热需求构成中，外围护结构传热因素影响较大，通风失热因素影响较小。

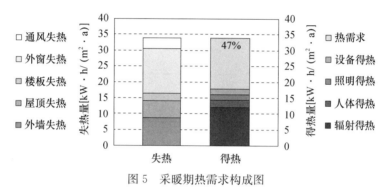

图 5 采暖期热需求构成图

表 7 冬季采暖期热需求各系统能量得失参数表

失热〔kW·h/(m²·a)〕		得热〔kW·h/(m²·a)〕	
外墙传热	8.74	辐射	26.42
屋顶传热	5.37	人体	5.04
地板传热	2.32	照明	3.44
外窗传热	14.11	设备	3.91
通风失热	3.45	得热利用率	46.1%
失热总计	33.99	得热总计	17.89
热需求		16.10	

5 各入住农户用电和燃气数据及费用分析

表 8 为各入住农户用电和燃气数据记录分析表，分析了各住户每天用电度数和费用及每天用燃气与费用分析，日期是 2017 年 11 月 11 日至 2018 年 3 月 20 日。加粗列为各住户每天用电和燃气（包括采暖和炊事、生活热水用燃气）的费用，表中给出了平均每天用电和燃气数及费用。表 9 为春夏季非制暖期（2018 年 3 月 20 日至 2018 年 8 月 25 日）每天用电和燃气数及费用。表 10 给出了 2018 年 1 月 26 日至 2019 年 1 月 26 日年用电和燃气数及费用。

表 8　冬季采暖期每天用电和燃气数及费用参数分析表

昌平沙岭村被动房农宅入住农户调查表——冬季采暖期（2017 年 11 月 11 日—2018 年 3 月 20 日）

户号	人数	入住时间（开始用电时间）	开暖气时间	登记时间	电（kW·h）	燃气（m³）	电炕（个）	控制温度（℃）	入住情况	日均用电（kW·h/d）	日均燃气数（m³/d）	日均电费（元/d）	日均燃气费（元/d）	日均电费＋燃气费（元）	备注
8	4	2017.10.29	2017.11.11	3 月 20 日	1225	785		20	入住	8.69	6.09	4.17	13.87	18.04	家用电器多，有时用电褥
9	3		2017.11.11	3 月 22 日	1101	1134			入住	7.70	8.66	3.70	19.74	23.43	常开窗开门
11	2	2017.10.29	2017.11.11	3 月 21 日	1397	877	1	21	入住	9.84	6.75	4.72	15.38	20.10	施工期间常接家电，经常使用电炕
12	2	2017.11.5	2017.11.11	3 月 21 日	434	779	1	23	入住	3.21	5.99	1.54	13.66	15.21	间断性使用电炕
13	2	2017.11.5	2017.11.11	3 月 21 日	1205	481	4		入住	8.93	3.70	4.28	8.44	12.72	出差 1 个月开电炕忘关了，平常只周末住，电炕使用率高，常来客人，春节人多
15	4	2017.10.29	2017.11.11	3 月 20 日	1500	755	1	21	入住	10.64	5.85	5.11	13.34	18.45	
16	8	2017.10.29	2017.11.11	3 月 20 日	2380	844		21	入住	16.88	6.54	8.10	14.92	23.02	有新生小孩、电热水器 24 小时开，使用率高，工程施工也会使用家里电
17	1	2017.10.29	2017.11.11	3 月 20 日	622	785	1	21	入住	4.41	6.09	2.12	13.87	15.99	
27	2	2017.11.1	2017.11.11	3 月 21 日	114	1995		20	入住	0.83	15.35	0.40	34.99	35.39	
28	2	2017.10.29	2017.11.11	3 月 21 日	550.2	847		18	入住	3.99	6.52	1.91	14.86	16.77	
29	1	2017.11.1	2017.11.11	3 月 20 日	629.7	951	4	20	入住	4.60	7.32	2.21	16.68	18.89	4 个电炕，平时用 1 个
30	2	2017.10.29	2017.11.11	3 月 20 日	995	778		20	入住	7.06	6.03	3.39	13.75	17.14	

表 9　非采暖期每天用电和燃气数及费用参数分析总表

昌平沙岭村被动房农宅入住户调查表（2018 年 3 月 20 日—2018 年 8 月 25 日）

户号	人数	入住时间（开始用电时间）	上次登记时间	登记时间	电（kW·h）	煤气（m³）	空调（电暖）	最高温度（℃）	入住情况	日均电耗（kW·h/d）	日均燃气消耗（m³/d）	日均电费（元/d）	日均燃气费（元/d）	日均电费＋燃气费（元/d）	备注
8	4	2017.10.29	3 月 20 日	8 月 25 日	3142	897	刚装 1	29	入住	12.21	0.71	5.86	1.63	**7.49**	家用电器多
9	3		3 月 22 日	8 月 25 日	2106	1260	刚装 1		入住	6.48	0.81	3.11	1.85	**4.97**	新风循环不好
10	5	2018.6.1		8 月 25 日	354	143	刚买电扇 1	29	新入住	4.12	1.66	1.98	3.79	**5.77**	家里有 1 个小孩儿
11	2	2017.10.29	3 月 21 日	8 月 25 日	2871	946	1		入住	9.45	0.44	4.54	1.01	**5.54**	反映湿度大时较热
13	2	2017.11.5	3 月 21 日	8 月 25 日	1904	522	刚装 1	29	入住	4.48	0.26	2.15	0.60	**2.75**	电热水器洗澡
30	2	2017.10.29	3 月 20 日	8 月 25 日	1900	860	刚装 1	29	入住	5.76	0.52	2.77	1.19	**3.96**	

表 10　年用电和燃气总数与每天用电和燃气数及费用参数表

昌平沙岭村被动房农宅入住户调查表（2018 年 1 月 26 日—2019 年 1 月 26 日）

户号	人数	入住时间（开始用电时间）	2018 年 1 月 26 日记录电表数（kW·h）	2018 年 1 月 26 日记录燃气数（m³）	2019 年 1 月 26 日记录电表数（kW·h）	2019 年 1 月 26 日记录燃气数（m³）	年用电总数（kW·h）	年燃气总数（m³）	入住情况	日均电耗（kW·h/d）	日均燃气用量（m³/d）	日均电费（元/d）	日均燃气费（元/d）	日均电费＋燃气费（元/d）
8	4	2017.10.29	741	471	4842	1228	**4101**	**757**	入住	11.24	2.07	5.39	4.73	**10.12**
15	4	2017.10.29	961	468	4094	1282	**3133**	**814**	入住	8.58	2.23	4.12	5.08	**9.20**
30	2	2017.10.29	620	530	2805	1298	**2185**	**768**	入住	5.99	2.10	2.87	4.80	**7.67**

以 8 号和 30 号农户为例，分析得出住户冬季采暖用燃气数和费用，见表 11。根据下列计算公式得出 8 号和 30 号住户的年采暖用燃气数和费用。

年采暖燃气费用＝（年用燃气总数－非采暖期日均用燃气数×365）×燃气价格

表 11　采暖用燃气数和费用分析表

户号	非采暖期日均用燃气数（m³）	非采暖期年共用燃气数（m³）	年采暖用燃气数（m³）	燃气价格（元/m³）	年采暖燃气费用（元/年）
8	0.71	259.15	497.85	2.28	**1135**
30	0.52	189.8	578.2	2.28	**1318**

以 8 号住户情况的入住后室内环境和能耗调查数据为例，其中包括温度、湿度、CO_2、$PM_{2.5}$、VOC 等（表 12）。农户每天填写记录表，其中截取了冬天采暖期的一周内每天用电数和燃气数。通过记录表分析出冬天室内温度能保持在 20～21℃，湿度在 50％～60％，CO_2 浓度≤1000，$PM_{2.5}$ 处于 1～100，VOC 处于优良状态。实际记录证明冬天的室内环境处于优化和舒适的状态。

表 12　昌平区延寿镇沙岭村超低能耗农宅项目室内环境调查表

日期	分段时间	温度（℃）	湿度（％）	CO_2	$PM_{2.5}$	VOC	人数	新风是否开启
2017 年 12 月 19 日	早 8：00	20.5	59	550	2	0.18	2	开
	中 12：00	21.5	57	501	17	0.18	2	开
	晚 20：00	21.4	52	471	29	0.18	3	开
2017 年 12 月 20 日	早 8：00	20.5	53	507	0	0.15	2	开
	中 12：00	21.2	55	554	2	0.18	2	开
	晚 20：00	21.3	57	554	1	0.18	3	开
2017 年 12 月 21 日	早 8：00	20.7	59	615	20	0.20	2	开
	中 12：00	21.5	55	618	37	0.17	4	开
	晚 20：00	21.8	66	674	90	0.30	6	开
2017 年 12 月 22 日	早 8：00	20.9	59	649	6	0.20	3	开
	中 12：00	21.6	63	791	12	0.50	2	开
	晚 20：00	21.5	62	790	35	0.30	5	开
2017 年 12 月 23 日	早 8：00	20.8	57	872	42	0.43	4	开
	中 12：00	21.0	56	543	18	0.23	3	开
	晚 20：00	20.9	58	740	69	0.25	3	开
2017 年 12 月 24 日	早 8：00	20.5	57	669	0	0.21	3	开
	中 12：00	21.1	59	651	19	0.37	5	开
	晚 20：00	21.1	57	604	8	0.21	3	开
2017 年 12 月 25 日	早 8：00	20.6	55	588	1	0.21	3	开
	中 12：00	21.2	56	608	25	0.36	5	开
	晚 20：00							开

6 总　结

该农宅被动房示范项目通过采用被动式性能化设计，结合对被动式农宅能耗计算和分析，得出农宅优化设计方案，其中采暖需求为 16.10kW·h/(m²·a)，制冷需求为 22.18kW·h/(m²·a)。通过农户入住后的体验和实际耗电与消耗燃气记录分析，同时分析了采暖用燃气的消耗量和费用，其中得出两户年采暖燃气量为 497.85m³ 和 578.2m³，年采暖费用分别为 1135 元和 1318 元，证明被动式农宅从室内环境、节能和费用上都达到了很好的效果。

农村住宅室内环境的突出问题是冬季室内温度较低，农村住宅以独立式单体建筑为主，体型系数较大，再加上保温普遍不良及采暖方式落后，造成大量农宅能耗大且室温低，也成为家庭经济负担。在农村地区建造被动式超低能耗住宅，或将现有农宅改造成被动式超低能耗建筑，可以妥善解决农村冬季室内温度较低等问题。

被动式低能耗建筑从材料和构造上对整体建筑质量有多方面的保障措施；经过严格的冷凝防潮测算，必须采用系统供应商提供的配套完整的、相容性良好的外墙外保温系统。以上保障措施使房屋内部结构受到了较好的保护，免受风雨侵蚀，且建筑结构基本上全年处于 20~26℃，从而大大延长了房屋使用寿命，大大减少了翻修等问题。这样既减少了资源的浪费，也减轻了农民翻新房子的负担，还提高了农民的生活质量。

参考文献

[1]　河北省住房和城乡建设厅 . 被动式低能耗居住建筑节能设计标准 [DB 13 (J)/T 177—2015] [S]. 北京：中国建筑工业出版社，2005.

超低/近零能耗建筑多能互补系统
设计及案例解析

尹宝泉*，伍小亭，宋 晨，王 琪

（天津市建筑设计院，天津 300074）

摘 要 超低/近零能耗建筑具有用能需求低、热惰性大的特点，利于采用基于可再生能源的多能互补系统进行供冷供热。本文以多个超低/近零能耗建筑项目为例，提出了超低/近零能耗建筑多能互补系统设计流程、多因素综合评价方法、典型多能互补能源系统模式，可为超低/近零能耗建筑能源系统设计提供指导。

关键词 超低能耗建筑；近零能耗建筑；多能互补；可再生能源；综合评价

1 引 言

由于用能需求较低，超低/近零能耗建筑易于采用可再生能源实现供能，同时相关标准也明确了这类建筑应优先利用可再生能源，在国家《近零能耗建筑技术标准》（GB/T 51350—2019）中，明确提出了能效指标及可再生能源利用率。单一的可再生能源往往存在不稳定性，为此需要采用多种可再生能源，或者可再生能源与非可再生能源的耦合，保证建筑供能系统的稳定性，降低建筑的化石能源消耗。而这期间，如何切实地提高可再生能源的利用率、贡献率，降低系统的一次能源消耗，是系统设计及运行优化的核心，也是超低/近零能耗建筑发展的重要内容。

基于可再生能源的多能互补系统，最主要的设计原则即满足建筑用能需求，充分利用场地能源资源条件，降低化石能源消耗，保证建筑能源系统的供应。为此，系统容量、系统设计参数的确定最为重要，首先应明晰建筑的用能需求、场地的能源资源条件，再考虑充分合理地利用可再生能源，这其中最为核心的要素是各种能源方式的容量、设计参数、末端形式，辅助系统容量及形式，保证系统运行的可靠性、经济性，在保障建筑室内舒适环境的前提下，切实降低建筑的能耗。

2 超低/近零能耗建筑的性能要求

从世界范围看，美国、日本、韩国等发达国家和欧盟盟国为应对气候变化和极端天气、实现可持续发展战略，都积极制定建筑物迈向更低能耗的中长期（2020、2030、2050）发展目标和政策，建立适合本国特点的技术标准及技术体系，推动建筑物迈向更低能耗正在成为全球建筑节能的发展趋势。

---

* 通信作者：尹宝泉（1984.1—），男，博士，高级工程师，单位地址：天津市河西区气象台路95号，邮政编码：300074，电子邮箱：yinyou1984@163.com，本论文由国家重点研发计划项目"近零能耗建筑技术体系及关键技术开发"（项目编号：2017YFC0702600）资助。

北美被动房联盟（PHIUS）开发了适应气候特征的被动式建筑标准，满足该标准的建筑可直接获得美国能源部的准零能耗住宅认证。PHIUS标准强调气候适宜性，技术指标是利用建筑节能优化对典型建筑进行经济性分析确定的经济最优点，并考虑了光伏技术在近零能耗建筑技术体系中应用的经济性问题。技术指标主要约束年累积供暖负荷、年累积供冷负荷、峰值热负荷、峰值冷负荷、年一次能耗以及气密性指标要求。技术指标因地而异，以数据库的形式体现。表1列举了不同气候区典型城市的技术指标情况。美国地域辽阔，不同地域气候差异大，其适应气候特征的近零能耗建筑技术体系对我国有很好的参考价值。

表1 北美典型城市的技术指标

城市	迈阿密	新奥尔良	亚特兰大	纽约	盐湖城	明尼阿波利斯	魁北克	费城
所属气候区	1	2	3	4	5	6	7	8
年供暖负荷 [kW·h/(m²·a)]	3.2	6.3	8.8	13.6	15.8	21.7	27.1	37.8
年供冷负荷 [kW·h/(m²·a)]	61.8	41.0	23.6	15.4	10.1	9.8	3.2	3.2
推荐外窗 [W/(m²·K)]	—	1.5	1.1	1.0	1.1	0.7	0.7	0.6
气密性指标	≤0.05 CFM50① 和 0.08 CFM75②							
总一次能耗 [kW·h/(m²·a)]	≤6000							

注：①CFM50 即当建筑物内外压差为50Pa时单位围护结构面积空气渗透率，单位时间内室内外空气交换量与围护结构面积的比值。

②CFM75 即当建筑物内外压差为75Pa时单位围护结构面积空气渗透率，单位时间内室内外空气交换量与围护结构面积的比值。

欧盟在建筑能效指令中定义近零能耗建筑为具有极高的能效，极低或者近似零的能耗中的绝大部分可由建筑自身或周边的可再生能源产能供应的建筑。由于气候和建筑形式的多样性，欧盟没有规定实现近零能耗建筑的路径和技术指标体系，为了提高灵活性，欧盟要求各成员国根据各国国情、地域特征制定适合本国国情的近零能耗建筑的发展路线和技术体系。时间节点上要求2019年新建公共建筑实现近零能耗，2021年，所有新建建筑实现近零能耗。在欧盟范围内，已有自愿性标准的近零能耗建筑概念推广，已经比较有影响力，例如被动房（Passive house）、零能建筑（Zero-energy）、3升房（3-litre）、正能建筑（Plusenergy）、低能耗建筑（Minergie）、节能建筑（Effinergie）等，已有的自愿性标准为各国官方近零能耗建筑技术体系的建立积累了宝贵的经验。

欧盟现有28个成员中一半以上的国家已经建立了近零能耗建筑定义及技术体系，在大多数国家，一次能源消耗量被作为一个主要的技术指标，欧盟部分国家技术指标见表2。对于居住建筑，大多数国家要求近零能耗建筑一次能源消耗量小于50kW·h/(m²·a)，并对独栋别墅和高层公寓制定不同的技术指标要求，少数较冷的国家的技术指标略有提高，例如法国和罗马尼亚。对于非居住建筑，不同建筑类型的技术指标差异很大，部分国家仅对办公、学校等小部分类型近零能耗建筑的性能进行了规定。总体来说，受气候特征、建筑形式、计算方法差异的影响，欧盟各国近零能耗非居住建筑的一次能源消耗量限值在 $0\sim270\mathrm{kW\cdot h/(m^2\cdot a)}$ 的范围内。大部分国家技术指标的能耗计算范围为供暖、生活热水、供冷、通风、照明（非居住建筑），与EPBD 的要求一致。极少数国家考虑了家电和电梯的能耗。与其同时，部分国家还制定了近零能耗既有建筑的技术指标，其中一部分国家既有建筑改造同新建近零能耗建筑的要求一致。

表 2 欧盟部分国家技术指标

国家	实施年代		一次能源消耗指标 $[\mathrm{kW\cdot h/(m^2\cdot a)}]$				其他要求数据
	公共建筑	非公共建筑	新建建筑		既有建筑		
			居住建筑	非居住建筑	居住建筑	非居住建筑	
奥地利	1/1/2019	1/1/2021	160	170	200	250	EP[①]、CO$_2$
比利时布鲁塞尔中央区	1/1/2015	1/1/2015	45	90	54	108	EP、OH[②]
塞浦路斯	1/1/2019	1/1/2021	100	125	100	125	EP
丹麦	1/1/2019	1/1/2021	20	25	20	25	EP、OH、TS[③]
爱沙尼亚	1/1/2019	1/1/2021	20~100	90~270			
爱尔兰	1/1/2019	1/1/2021	45		75~100		
罗马尼亚	1/1/2019	1/1/2021	93~217	50~192			CO$_2$

注：①EP 为围护结构性能；②OH 为过热指标；③TS 为技术系统的性能。

2015 年中国政府发布《被动式超低能耗绿色建筑技术导则》（居住建筑），导则定义的被动式超低能耗绿色建筑实际上是近零能耗建筑，其定性的定义是指适应气候特征和自然条件，通过保温隔热性能和气密性能更高的围护结构，采用高效新风热回收技术，最大限度地降低建筑供暖供冷需求，并充分利用可再生能源，以更少的能源消耗提供舒适室内环境的建筑，其指标见表 3。

表 3 《被动式超低能耗绿色建筑技术导则》（居住建筑）能耗指标[①]及气密性指标

气候分区		严寒地区	寒冷地区	夏热冬冷地区	夏热冬暖地区	温和地区
能耗指标	年供暖需求 $[\mathrm{kW\cdot h/(m^2\cdot a)}]$	≤18	≤15	≤5		
	年供冷需求 $[\mathrm{kW\cdot h/(m^2\cdot a)}]$	≤3.5+2.0×WDH$_{20}$[②]+2.2×DDH$_{28}$[③]				
	年供暖、供冷和照明一次能源消耗量	≤60kW·h/(m^2·a) [或 7.4kgce/(m^2·a)]				
气密性指标	换气次数 N_{50}[④]	≤0.6				

注：①表中 m^2 为套内使用面积，套内使用面积应包括卧室、起居室（厅）、餐厅、厨房、卫生间、过厅、过道、储藏室、壁柜等使用面积的总和；

②WDH$_{20}$（Wet-bulb degree hours 20）为 1 年中室外湿球温度高于 20℃时刻的湿球温度与 20℃差值的累计值（单位：kKh，千度小时）；

③DDH$_{28}$（Dry-bulb degree hours28）为 1 年中室外干球温度高于 28℃时刻的干球温度与 28℃差值的累计值（单位：kKh，千度小时）；

④N_{50} 即在室内外压差 50Pa 的条件下，每小时的换气次数。

我国《近零能耗建筑技术标准》（GB/T 51350—2019）明确了超低能耗建筑、近零能耗建筑、零能耗建筑的定义。超低能耗建筑、近零能耗建筑的技术指标，见表 4 至表 7。

表 4　超低能耗居住建筑能耗指标及气密性指标[①]

	气候分区	严寒地区	寒冷地区	夏热冬冷	夏热冬暖	温和地区
能耗指标	供暖年耗热量 $[kW \cdot h/(m^2 \cdot a)]$	≤30	≤20	≤10		≤5
	供冷年耗冷量 $[kW \cdot h/(m^2 \cdot a)]$	$≤3.5+2.0×WDH_{20}[②]+2.2×DDH_{28}[③]$				
	一次能源消耗量 $[kW \cdot h/(m^2 \cdot a)$ 或 $kgce/(m^2 \cdot a)]$	$≤65kW \cdot h/(m^2 \cdot a)$ 或 $≤8.0kgce/(m^2 \cdot a)$				
气密性指标	换气次数 N_{50}	≤0.6			≤1.0	

注：①本表适用于居住建筑中的住宅类建筑，表中 m^2 为套内使用面积，套内使用面积应包括卧室、起居室（厅）、餐厅、厨房、卫生间、过厅、过道、储藏室、壁柜等使用面积的总和；②，③同表3。

表 5　超低能耗公共建筑能耗指标及气密性指标

	气候分区	严寒地区	寒冷地区	夏热冬冷地区	夏热冬暖地区	温和地区
能耗指标	建筑能效提升率（%）	≥25%		≥20%		
	建筑综合节能率（%）	≥50%				
气密性指标	换气次数 N_{50}	≤1.0		—		

表 6　近零能耗居住建筑能耗指标及气密性指标

	气候分区	严寒地区	寒冷地区	夏热冬冷地区	夏热冬暖地区	温和地区
能耗指标	供暖年耗热量 $[kW \cdot h/(m^2 \cdot a)]$	≤18	≤15	≤8	≤5	
	供冷年耗冷量 $[kW \cdot h/(m^2 \cdot a)]$	$≤3+1.5×WDH_{20}+2.0×DDH_{28}$				
	一次能源消耗量 $[kW \cdot h/(m^2 \cdot a)$ 或 $kgce/(m^2 \cdot a)]$	$≤55kW \cdot h/(m^2 \cdot a)$ 或 $≤6.8kgce/(m^2 \cdot a)$				
	可再生能源利用率（%）	≥10%				
气密性指标	换气次数 N_{50}	≤0.6			≤1.0	

表 7　近零能耗公共建筑能耗指标及气密性指标

	气候分区	严寒地区	寒冷地区	夏热冬冷地区	夏热冬暖地区	温和地区
能耗指标	建筑能效提升率（%）	≥30%		≥20%		
	建筑综合节能率（%）	≥60%				
	可再生能源利用率（%）	≥10%				
气密性指标	换气次数 N_{50}	≤1.0		—		

这些指标为后续近零能耗建筑多能互补系统设计提供了指导，同时为评价不同系统形式提供了依据。

3 近零能耗建筑多能互补系统设计

3.1 典型项目的能源系统分析

超低/近零能耗建筑多能互补系统的设计，受到场地能源资源条件、建筑形体特性、使用功能、建筑用能需求及市场接受度等多因素的综合影响，同时还与建筑的业态及管理水平等密切相关。通过文献阅读的方式对不同地区近零能耗建筑多能互补系统模式进行了梳理和分析，如表8、图1、图2所示。

表8 超低能耗建筑可再生能源利用方式分析

可再生能源形式	土壤源	空气源热泵	太阳能空调	太阳能热水	光伏发电	生物质	风力发电
公共建筑17	12	6	2	10	4	0	1
公建占比分析	70.59%	35.29%	11.76%	58.82%	23.53%	0.00%	5.88%
居住建筑8	1	6	0	3	0	1	0
居建占比分析	12.50%	75.00%	0.00%	37.50%	0.00%	12.50%	0.00%
合计25	13	12	2	13	4	1	1
占比	52.00%	48.00%	8.00%	52.00%	16.00%	4.00%	4.00%

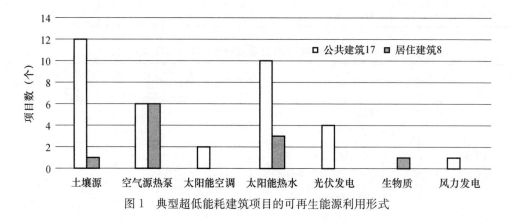

图1 典型超低能耗建筑项目的可再生能源利用形式

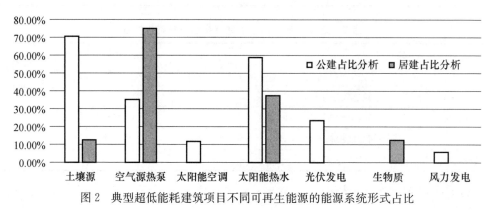

图2 典型超低能耗建筑项目不同可再生能源的能源系统形式占比

通过超低能耗建筑案例集、发展报告等的 40 个典型项目统计分析，其中 30 个项目均采用一种可再生能源方式，10 个项目采用 2 种及以上，如图 3 所示。

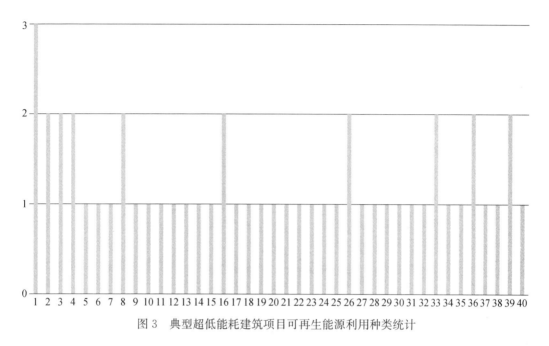

图 3　典型超低能耗建筑项目可再生能源利用种类统计

经项目案例解读，不同地区近零能耗建筑主要的多能互补系统形式如下所述：

1. 公共建筑

（1）严寒地区：①空气源（太阳能）热泵＋地源热泵＋蓄能；②地源热泵＋太阳能热水＋蓄能；③燃气锅炉＋间接冷却蒸发冷水机组制冷（空气能）；④生物质锅炉＋地源热泵/分体。

（2）寒冷地区：①地源热泵＋太阳能吸收式制冷＋蓄能；②空气源热泵（风冷多联机）＋太阳能吸收式制冷＋太阳能供热；③空气源热泵＋太阳能吸收式制冷；④地源热泵＋蓄能；⑤地源热泵＋空气源热泵。

2. 居住建筑

（1）严寒地区：生物质锅炉＋地源热泵；燃气壁挂炉＋太阳能。

（2）寒冷地区：①空气源冷暖一体机＋太阳能生活热水；②低温空气源热泵；③燃气壁挂炉＋分体空调。

3.2　超低/近零能耗建筑多能互补系统的综合评价

针对超低/近零能耗建筑项目，可依据其所在气候区、建筑功能及面积、能源资源条件等，筛选确定其可采用的可再生能源方式，通过分析不同组合方式的节能性、经济性、可靠性、环保性及可再生能源利用等，可对多能互补系统进行评价，如图 4 所示。

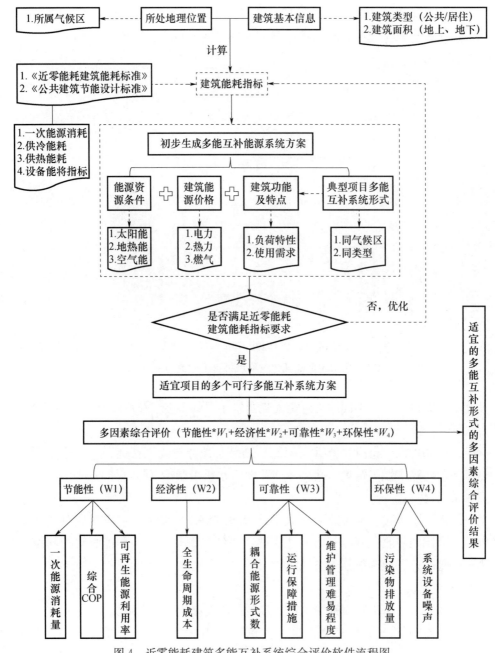

图 4　近零能耗建筑多能互补系统综合评价软件流程图

4　典型超低/近零能耗建筑案例分析

4.1　沈阳建筑大学中德节能示范中心

4.1.1　项目概况

沈阳建筑大学中德节能示范中心，建筑面积 1600m²，共 3 层，地上 2 层，面积为 1040m²，地下一层，面积 559m²。该项目以"被动式技术优先、主动式技术辅助"为设计原则，全面展示了被动式超低能耗建筑设计理念和绿色建筑集成技术的系统结合，实现了严寒地区超低能耗绿色建筑的设计目标，目前已经获得我国绿色建筑三星级设计认证标识。

4.1.2 项目能源系统

该项目采用了空气源-地源双源热泵系统，由土壤源、空气源（太阳能）双源热泵提供冷热源，均为可再生能源。根据室内外参数和冷热平衡要求，切换运行。在机房出口处加装冷（热）计量表，对能源消耗进行监测、分析和管理。土壤源部分由土壤深井地埋管系统提供冷热源；空气源（太阳能）部分由建筑南向外侧悬挂太阳能光伏板密闭空腔幕墙提供热源。末端夏季采用风机盘管加热回收新风空调系统，冬季采用低温热水地面辐射供暖系统。该项目同时还采用了相变蓄热技术，容积为 $6m^3$，以 46 号石蜡为相变材料，水箱的有效蓄热量为 493650kJ（137.2kW·h）。白天，PV/T 热泵一边为建筑供暖，一边将热量蓄存在水箱中，使相变材料融化；建筑夜间依靠相变水箱供热。

4.2 哈尔滨辰能·溪树庭院 B4 号楼

4.2.1 项目概况

2011 年 4 月，辰能·溪树庭院项目被确定为第一批中德合作"中国被动式超低能耗建筑示范项目"。哈尔滨市南岗区哈西地区，是由黑龙江辰能盛源房地产开发有限公司开发实施，总占地面积 22.87 万 m^2，总建筑面积 54 万 m^2，分三期开发。被动式超低能耗居住建筑 B4 号楼属于第三期新建项目，总面积 $7800m^2$，11 层，上有一层阁楼作为生活使用空间，地下室为新风机房层，地下一层与车库相连通，剪力墙结构，体形系数为 0.25。该楼三个单元，每单元共 11 户，均为二室二厅和三室二厅户型，南北通透，使用面积约为 $82m^2$。该项目 2012 年开工，2014 年竣工。

4.2.2 项目能源系统

哈尔滨辰能·溪树庭院 B4 号楼采用生物质（木屑）锅炉，为新风预热和冬季室内采暖的补充热源。锅炉热效率为 90%，燃料木屑颗粒热值为 4500kcal/kg，燃料消耗量 6～60kg/h。同时，采用地源热泵系统辅助供冷并为地下车库供热。在车库混凝土底板以下埋设地源井，井深 120m，井间距 6m。末端是天棚柔和式微辐射系统，通过埋设在楼板中的 PB 管，利用冷热水为介质调节室内温度，常年保持在 20～26℃。冬季供回水温度为 30℃/28℃，夏季制冷供回水温度为 18℃/20℃左右。地源热泵夏季为房间供冷，冬季为车库供热，从而保持地源热泵的冷热平衡。

4.3 中新天津生态城公屋展示中心

4.3.1 项目概况

2012 年年底，中新天津生态城公屋展示中心建成投入使用，项目占地面积 $8090m^2$，建筑面积 $3467m^2$，其中地上 $3013m^2$，地下 $454m^2$。一部分为公屋展示、销售；另一部分为房管局办公和档案储存，是中国北方第一座以零能耗为设计目标的建筑，已获得中国绿色建筑三星级设计标识、运营标识，并荣获 2015、2017 年度全国绿色建筑创新奖二等奖，2013 香港建筑师学会四地建筑设计大奖，2013 年度天津市优秀设计一等奖，2012 全国人居经典建筑规划设计方案竞赛建筑、科技双金奖。

4.3.2　建筑供冷供热系统设计

1. 冷、热源系统

空调冷、热源形式为：高温地源热泵耦合太阳能光热系统＋溶液调湿系统，实现高温供冷（16℃/21℃），低温供热（42℃/37℃）。该机组供冷 COP 为 5.93，供热 COP 为 4.5。

2. 冷、热负荷

总冷负荷为 193kW，冷指标为 55W/m²，冷水机组负担 175kW；VRF 负担 18kW；总热负荷为 173.5kW，热指标为 49.6W/m²，冷水机组负担 168kW，VRF 负担 5.5kW。

溶液调湿新风机组在为建筑提供新风的同时，夏季消除系统湿负荷，冬季作为新风机组为建筑提供新风。对于部分需 24h 供冷、热的电气房间及室内要求无"水隐患"的档案库则采用 VRF 机组全年供冷、供热。

3. 末端系统

利用干燥新风通过变风量方式调节室内湿度，用高温冷水通过独立的末端调节室内温度。大厅：采用单区变风量全空气空调系统，送风机变频，空气处理设备为组合式空气处理机。小开敞房间：采用干式风机盘管加新风系统。新风机组集中设置，新风经溶液调湿新风机组处理后，由集中新风竖井及各层水平新风管道独立送入室内。各新风管道分支均安装定风量调节器，与室内 CO_2 传感器联动以保证新风量的实时按需分配。

4. 系统控制

风机盘管采用联网控制系统，系统自带温度传感器。房间无人时，延时断开室内的照明和风机盘管的供电；当下班时，在确定无人后延时断开室内所有供电回路，包括照明、插座、风机盘管等。建筑设备节能控制系统对用电、用水和冷/热量等能源消耗情况进行分项监测及计量。建筑能源管理平台整个系统分为三层：现场测控层、通信管理层和系统管理层。设置空调、动力、照明插座和特殊用电等分项计量，并按照功能区分别进行计量。其他带远传功能的计量装置接入统一的后台管理软件平台，实现能效监管，如图 5 所示。

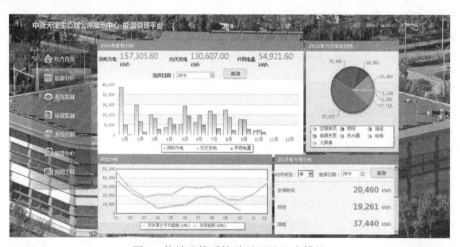

图 5　能效监管系统首界面及七大模块

4.3.3 能耗计算

项目经被动式、主动式系统优化设计后，单位面积建筑能耗降低到 62.5kW·h/（m²·a），建筑总能耗为 220.5MW·h，光伏发电年理论可提供电力约 299MW·h，可满足建筑年用电需求，如图 6 所示。

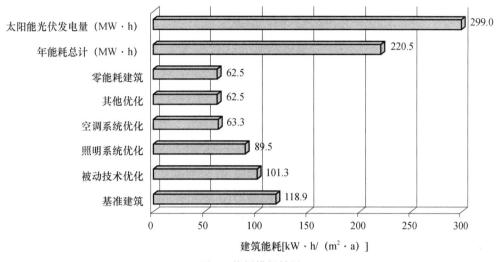

图 6　能耗模拟结果

1. 用电总体特征

本项目 2015 年的能耗数据，如图 7 及表 9 所示。

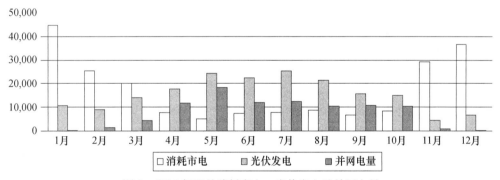

图 7　2015 年逐月消耗市电、光伏发电及并网电量

表 9　2015 年总用电耗汇总表　　　单位：kW·h/(m²·a)

年份	内容	全时段
2015	总用电量（kW·h/a）	210395.20
	总发电量（kW·h/a）（于 2015 年 2 月并网发电）	188342.00
	并网电量（kW·h/a）	94673.80
	单位面积（包括地下室面积，含光伏）用电量［kW·h/(m²·a)］	60.69
	单位面积（包括地下室面积，不含光伏）用电量［kW·h/(m²·a)］	6.36
	单位面积（包括地下室面积）碳排放量［kg/(m²·a)］	5.62

2. 用电分项特征

公屋展示中心用能主要包括暖通空调系统能耗、办公和其他用电设备能耗、照明系统能耗、热水系统能耗，通过对 2015 年能耗的分析，其中空调及新风能耗合计占比为 48.28%，插座照明为 37.38%，热水器为 12.10%，如图 8 所示。

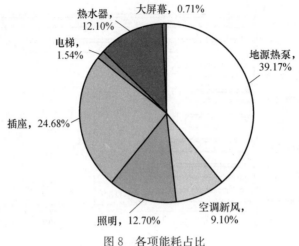

图 8　各项能耗占比

项目在可再生能源利用方面采用了地源热泵供冷供热系统，太阳能生活热水系统及太阳能光伏发电系统。由于采用地源热泵及生活热水系统，降低了供冷供热能耗及热水能耗，反映在建筑整体能耗上的就是能耗需求降低了，因此在计算了建筑总体能耗后，不再单独计算地源热泵及生活热水系统的可再生能源贡献率，只计算光伏发电系统替代的电量。2015 年消耗市电电量为 210395.2kW·h，光伏发电量：188342kW·h，可计算本项目可再生能源的贡献率为：188342/210395.2＝89.52%。

5　结　语

超低/近零能耗建筑多能互补系统的设计，受到场地能源资源条件、建筑形体特性、使用功能、建筑用能需求等多因素的综合影响，同时还与建筑的业态及管理水平等密切相关。从系统参数优化模型的角度，重点考虑的是可控要素及指标的确定对既定系统的影响，为此，系统重点就集中典型的近零能耗建筑多能互补系统模式的参数确定进行了相应分析，最终提出了参数优化模型，不同的系统形式，相应的优化模型应是不一样的。本研究成果，可供其他近零能耗建筑多能互补系统设计参考借鉴。

已有工程实践表明，小型非住宅类建筑的超低能耗和近零能耗目标比较易于达成，随着建筑体量的增加和功能的多样化，建筑冷负荷强度变大，单位建筑面积可利用场地内的可再生能源资源变小，实现超低能耗建筑和近零能耗建筑的难度加大，此时在充分降低建筑自身能量需求的前提下，建筑需要更多的可再生能源以达到近零能耗的目标，在建筑设计时，应充分考虑多种技术方案，通过综合比较确定最优的技术路线。

参考文献

［1］ 中华人民共和国住房和城乡建设部 . 近零能耗建筑技术标准（GB/T 51350—2019）［S］. 北京：中国建筑工业出版社，2019.

［2］ 住房和城乡建设部科技与产业化发展中心（住宅产业化促进中心），被动式低能耗建筑产业创新战略联盟，江苏南通三建集团股份有限公司 . 中国被动式低能耗建筑年度发展研究报告2017 版［M］. 北京：中国建筑工业出版社，2017.

［3］ 住房和城乡建设部科技与产业化发展中心（住宅产业化促进中心），北京康居认证中心，江苏南通三建集团股份有限公司 . 中国被动式低能耗建筑年度发展研究报告 2018 版［M］. 北京：中国建筑工业出版社，2018.

［4］ 北京市住房和城乡建设委员会，天津市城乡建设委员会，河北省住房和城乡建设厅 . 京津冀超低能耗建筑发展报告 2017［M］. 北京：中国建材工业出版社，2017.

被动式住宅暖通设计中常见问题分析

高建会*，崔智宇，邓昊璠

（河北绿色建材有限公司，河北高碑店　074000）

摘　要　在传统住宅建筑中采暖与制冷是分开考虑的，但被动式住宅则采取了一体式新风机进行采暖与制冷，一体式新风机采用风管送风的方式将风送到各个房间。在传统建筑中一般是公共建筑等高大空间采用风管送风的形式，因此在被动式住宅的暖通设计中便会出现空间不足、层高过低等一系列问题。本文就被动式住宅暖通设计中出现的问题进行了分析与说明。

关键词　被动式住宅；常见问题；暖通设计；预防措施

与传统的住宅相比较而言，被动式住宅更节能，被动房采用各种节能技术来建造最佳的建筑围护结构。传统住宅需要空调和暖气来调节室温，现如今在被动式住宅中采用一体式新风机，告别了传统住宅中采暖与制冷分开布置的形式，一体式新风机更方便，使室内环境更舒适。被动式住宅对每户进行独立的暖通设计的形式，在传统住宅中更是没有。随着新鲜事物的诞生，问题也随之而来。暖通设计的好坏直接体现了暖通的整体设计水平，还影响着住宅建筑的质量。

1　设备间空间较小

在被动式住宅中，为了保证室内环境的舒适性，需要保证室内有足够的新鲜空气，一体式新风机与传统的室内空调不同之处就是有新风进入，在设备间连接一体机的管道相对于传统住宅所用的空调会增多。一体机有送风口、回风口、排风口、新风口等风口。这些风口均需要连接风管，虽然一体机设备与风管尺寸不是很大，但是在公共建筑等高大空间中设备安装空间不会紧张，但是对于住宅建筑而言设备安装位置有限，仅仅只能安装在厨房、储物间等不影响休息的房间，而在住宅建筑中这些房间的空间往往很小，所以设备间的安装空间小的问题便随之而出。示例设备间中管道撞墙如图1所示。

为了保证被动式住宅的质量，需要解决设备间空间小的问题，而解决这个问题便需要建筑设计的专业人员，在设计被动房时要考虑到设备安装的问题，适当地将厨房等房间的空间设置得大一些。设备间空间变大，有利于提高被动房暖通设计的质量。

---

　　*通信作者：高建会，男，工程师，德国PHI认证被动房设计师，国家一级建造师，从事被动房设计与技术咨询工作。通信地址：河北高碑店东方路1号门窗科技大厦，邮编：074000，电子邮箱：jianhuigao@low-carn.com。

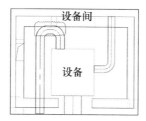

图1 设备间管道撞墙示意图

2 住宅建筑层高较低

《住宅设计规范》（GB 50096—2011）中规定，卧室、起居室的室内净高不应低于2.40m，且局部净高不应低于2.10m，此为强制性条文，必须执行。现有普通住宅层高一般在2.80～3.00m，普通住宅建筑一般无须布置风管，故此经装修后的室内净高一般均可满足要求。但被动式住宅建筑因良好的气密性，室内主要功能性房间需要供给新风，故主要房间需要布置风管，这就大大影响了建筑室内净高。另一方面，现在住宅建筑多为框架结构，梁身高度一般在400mm左右，且一般不允许穿梁，这就对住宅建筑新风系统的布置提出了巨大的挑战。虽然使用矩形风管相较于圆形风管可以在一定程度上节省建筑净高，但是对于层高为2.80～3.00m的普通住宅建筑来说，此方法所起到的实际效果并不大，如果遇到管道交叉的情况，那基本上就难以满足了。所以在建筑方案设计阶段，可以适当地增大层高至3.10～3.20m，也可以在建筑设计阶段将暖通设计意图考虑在内，在不影响建筑设计概念的同时合理设计户型，尽量避免管道交叉。

住宅建筑的室内净高直接影响建筑后期使用效果。如果室内净高过低，会大大拉低建筑整体品质，使室内居住人员产生视觉上的压抑感，长期如此，会影响居住者的身心健康。

3 室外机与室内机位置关系

室外机与室内机距离不宜过大，主要考虑冷媒管的长度要求，冷媒管过长不但会影响空调的工作效率，而且会减少空调的使用寿命。所以在进行暖通设计时不但要考虑室内机放置的位置，还要考虑室外机的位置。室外机距离室内机不宜过远。

以洛卡恩环境一体机为例。

洛卡恩环境一体机三个型号的设备对于冷媒管的高差与冷媒管长度的要求，见表1。这就需要在进行暖通设计时充分考虑这些问题，为了维持良好的被动房室内环境，为了保证设备的正常使用，室内机与室外机不能距离太远。

表1 洛卡恩环境一体机冷媒管长度要求

分项	LCN-36BP-100（SC）	LCN-52BP-200（SC）	LCN-72BP-250（SC）
最大配管长度（m）	20	30	30
室内机与室外机最大高差（m）	15	15	15

4 预留洞的气密性

前面说到被动式建筑与传统建筑最大的区别之一就是气密性，被动式建筑有超高的气密性，而被动式住宅所用的一体机必须将室内污浊的空气排出，将室外新鲜的空气引入，从而保证室内环境的舒适，因此需要在外墙上开洞将风管引到室外。在外墙上开洞后会破坏建筑原有的整体气密性，所以后期必须采取措施以保证建筑一个整体的气密性。管道穿越外围护结构时，预埋套管与管道之间采用保温岩棉进行封堵，之后外墙外面上的套管周边 200mm 用防水透气膜粘贴，外墙内面上采用防水隔气膜粘贴。如图 2 所示。

图 2　通风管道穿外墙气密性做法示意图

5 风管尺寸对噪声的影响

被动式建筑对室内生活环境要求高，要求室内舒适不仅仅是对于空气的要求，声音也是有要求的。查《民用建筑供暖通风与空气调节设计规范》（GB 50736—2012）得到噪声与流速的关系，见表 2。

表 2　风管内的空气流速（m/s）

室内允许噪声级 dB（A）	主管风速	支管风速
25～35	3～4	≤2
35～50	4～7	2～3

被动式住宅要求卧室、起居室、书房的噪声要≤30dB（A），放置新风机组的设备用房要≤35dB（A）。因此在对被动式住宅进行暖通设计时主管风速要≤3m/s，支管风速要≤2m/s。为了保证被动式住宅室内环境的舒适度，在风管设计时应严格控制风管风速，以便控制噪声。

6 软连接的必要性

为了降噪，既要控制风管流速，也要注意其他方面，风管与一体机的连接处要以帆布进行软连接，帆布软连接有消声减震的作用，纤维物质具有消声减震的作用，能有效地减少风机等系统的噪声和振动。同时软连接无反向推理，能有效保护设备，延长设备使用寿命。软连接材料的防火性能需满足《建筑设计防火规范》（GB 50016—

2014）的有关规定，应使用不燃材料，当使用难燃材料时，应得到消防部门的认可。查阅《民用建筑供暖通风与空气调节设计规范》，其中规定风管与通风机及空气处理机组等震动设备的连接处，应装设柔性接头，其长度宜为 150～300mm。

7 风管局部管件接口进入墙内的问题

由于住宅建筑空间小，在暖通设计风管时容易将三通、弯头等局部构件设计到墙里。但是在《通风与空调工程施工规范》（GB 50738—2011）中规定连接阀部件的接口严禁安装在墙内或者是楼板内，在以后暖通设计中应严格按照规范要求进行设计。

8 结束语

通过对以上问题的分析与总结，在被动式住宅的暖通设计中应该严格按照规范要求。整体来说，被动式住宅建筑需要特别注重气密性，设计时尽量减少管道穿墙、穿楼板的现象。为了更好地推动被动房的发展，应该将这些常见问题一一消灭，问题解决了，才能使被动式住宅室内环境更舒适。

参考文献

［1］ ［德］贝特霍尔德·考夫曼，［德］沃尔夫冈·费斯特. 德国被动房设计和施工指南［M］. 徐智勇，译. 北京：中国建筑工业出版社，2015.

［2］ 中华人民共和国住房和城乡建设部. 民用建筑供暖通风与空气调节设计规范（GB 50736—2012）［S］. 北京：中国建筑工业出版社，2012.

［3］ 中华人民共和国住房和城乡建设部. 通风与空调工程施工规范（GB 50738—2011）［S］. 北京：中国建筑工业出版社，2011.

［4］ 中华人民共和国住房和城乡建设部. 住宅设计规范（GB 50096—2011）［S］. 北京：中国建筑工业出版社，2011.

［5］ 陆耀庆. 实用供热空调设计手册［M］. 2版. 北京：中国建筑工业出版社，2008.

关于如何合理确定超低能耗住宅新风量的研究

高建会*，邓昊璠，崔智宇

（河北绿色建材有限公司，河北高碑店　074000）

摘　要　超低能耗住宅建筑具有超高的气密性，超低能耗住宅中的新风也越来越受到重视，在超低能耗住宅建筑中既要考虑节能，又要考虑室内环境的舒适与健康。而新风又是建筑能耗很重要的一部分，因此合理确定新风量会适当降低建筑的能耗。本文就新风的作用、合理确定新风量方法的优缺点以及合理的气流组织对新风量的影响进行了分析与讨论。

关键词　新风量；超低能耗住宅；节能舒适

1　新风的作用

对于超低能耗住宅建筑而言，它的优势之一就是其超高的气密性，与此同时，新风在超低能耗住宅中就显得格外重要，超低能耗住宅建筑打造的是舒适与健康的居住环境。新风不仅要满足人员的生理需求，还要满足超低能耗住宅的卫生要求，使室内环境处于一个健康的状态。而室内环境的健康与否与室内污染物、污染源、污染强度等都有关系。随着现代社会的发展，人们对于居住环境美观性的追求，使得室内装饰涂料得以广泛应用，同时也带来了一系列健康隐患。挥发性有机化合物（主要为甲醛、苯类化合物）作为装饰涂料的有害物质，长期居住在其浓度超标的环境中，会诱发神经或血液性疾病。而新风起着稀释室内污染物的作用，对室内污染物浓度稀释的速度在很大程度上则取决于新风量的多少。

2　新风量确定方法及原因

在计算一座超低能耗住宅的负荷时，新风量的大小是影响其建筑负荷的重要因素之一，合理设计新风量则显得格外重要。新风量小，会使室内居住环境恶化，降低IAQ，降低建筑的使用品质；新风量大，会增大建筑负荷，造成能源浪费，过多的新风量会增大室内换气次数，造成室内空气过于干燥，室内人员不舒适感增加。

纵观国际暖通领域，不少国家和组织对住宅新风量均做出了相关规定。查阅相关规范可以发现，不同地域对其规定方法或有不同，有的是以单一因素确定其新风量，有的是以多种影响因素共同确定。

在传统民用建筑中，理论上可以采用CO_2浓度、含尘浓度以及检测的污染物浓度

---

　　*通信作者：高建会，男，工程师，德国 PHI 认证被动房设计师，国家一级建造师，从事被动房设计与技术咨询工作。通信地址：河北高碑店东方路 1 号门窗科技大厦，邮编：074000，电子邮箱：jianhuigao@lowcarn.com。

来控制室内空气品质，在目前居住建筑中一直采用控制 CO_2 的浓度来确定新风量，从而控制室内空气品质，其理论基础是：由于人体产生 CO_2 浓度与人体产生或散发的其他污染物浓度的变化是正相关的，故理论上认为控制了 CO_2 浓度也就控制了其他人体散发的污染物浓度。

下面就以 CO_2 浓度法、换气次数法、人均最小新风量法来进行说明确定新风量的常见方法中所考虑的因素有哪些。

①CO_2 浓度法：稀释室内人员所散发的 CO_2 所需要的新风量按稳定状态下的稀释方程式计算：

$$G = \frac{M}{C_n - C_w}$$

式中　G——按室内 CO_2 允许浓度为标准的所需新风换气量，$m^3/(人 \cdot h)$；

　　　M——室内人员 CO_2 的散发量，$m^3/(人 \cdot h)$；

　　　C_n——室内允许的 CO_2 浓度，L/m^3，$0.1\% = 1L/m^3$；

　　　C_w——室外新风的 CO_2 浓度，L/m^3，一般可取 $0.3L/m^3$。

由上述计算新风量的公式可以看出，CO_2 浓度法确定室内所需的新风量，考虑的因素过于单一。众所周知，CO_2 无色、无味、无毒，单从 CO_2 对人体的危害来说，虽然很多国家将 CO_2 的含量规定为 0.1%，但即使其浓度达到 0.5%，也不会有明显危害。而且室内的污染物并不全部来自人员，其中很大一部分是来源于建筑本身、家具、涂料等。散发的 CO_2 与其他污染物并不是成固定比例的。在控制 CO_2 时，其他污染物浓度不一定能降低到规定的范围内。CO_2 浓度并不是空气品质可靠的指标，空气中一些低浓度的污染物及一些未探明的污染物，在其综合影响下使人感到空气污浊等。由此可见，CO_2 浓度法是以人为研究和计算对象，以 CO_2 浓度作为控制标准，并未考虑建筑本身的因素。以 CO_2 的浓度来确定新风量，控制室内空气品质并不是可靠的。

②换气次数法：《民用建筑供暖通风与空气调节设计规范》（GB 50736—2012）中规定设置新风系统的民用建筑所需最小新风量宜按照换气次数法确定，按照人均居住面积不同换气次数不同，详细规定见表1。

表1　不同居住面积的换气次数

人均居住面积 F_p	每小时换气次数
$F_p \leq 10m^2$	0.7
$10m^2 < F_p \leq 20m^2$	0.6
$20m^2 < F_p \leq 50m^2$	0.5
$F_p > 50m^2$	0.45

《民用建筑供暖通风与空气调节设计规范》规定的换气次数法是综合考虑了人员污染和建筑污染对人体健康的影响。建筑功能不同，人员污染与建筑污染所占比重也不相同。但本规范认为居住建筑的建筑污染部分比重一般要高于人员污染部分，其中居住建筑的换气次数参照 ASHRAE Standard62.1 确定的。ASHRAE62 标准在国际暖通领域所起到的作用不容忽视，它首次强调控制化学污染浓度在新风设计中的重要性，并一直沿用至今。

③人均最小新风量法：《近零能耗建筑技术标准》规定可以直接采用设计建议值

$30m^3/(h \cdot 人)$。

人均最小新风量指标是综合考虑了人员污染和建筑污染对人体健康的影响。居住建筑的人均居住面积按照 $32m^2/人$ 核算，约相当于新风 0.5 次换气。

以上几种确定新风量的方法各有利弊，CO_2 浓度法以人为研究对象，相对于换气次数法计算的新风量较小，由此新风负荷较小，更加节能。人均最小新风量的方法是综合考虑了人员与建筑对于室内空气品质的影响。相对于健康指标来说人均最小新风量法则更趋向于室内环境的健康。

3 新风量的合理性

关于新风量的多少对人体、对建筑有何影响，在《住宅通风设计及评价中》提到：R. Menzies 等人曾对两栋健康的大楼做过问卷调查，结果表明在新风量为 $34m^3/(h \cdot 人)$ 时，有病态建筑综合征症状的人员占 7.12%～14.9%。然而当新风量增加到 $85m^3/(h \cdot 人)$ 时，有病态建筑综合征症状的人员占 11%～14.5%。由以上数据说明，单纯的增加新风量对于改善室内环境并无明显的作用，还会增大建筑能耗。自然，为了降低建筑能耗而一味地减小新风量也是不合理的，工程设计中常常采用最小新风量。由此可见，新风量只是影响建筑室内舒适性的因素之一，若想改善居住环境的舒适性，一味地增大新风量是不科学的，只能从多方面综合考虑来提高居住环境的舒适性。

均匀合理的气流组织使室内气流分布更均匀，合理的气流组织不仅可以快速地处理室内负荷，使室内温度降低和升高到指定温度，人体所需新风可以准确快速地到达空调区域。准确快速有效的新风会节约能源，有益于超低能耗建筑的节能。本文就 Airpak 气流组织模拟软件说明送回风口的位置对于气流组织的影响。

案例介绍：此户型共二层，共用一台空调设备，每层均有送、回风口。以下两种方案的户型均是第二层。客厅送风口位置不改变，只是改变回风口的位置。

其中方案一如图 1、图 2 所示，方案二如图 3、图 4 所示。

以上方案可以看出，方案一的回风口作用不大，气流绝大部分会从楼梯间到达一层，不能通过回风口回到设备，会导致一层与二层的温差较大，二层的新风也会减少，

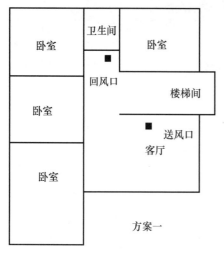

图 1　方案一风口布置平面图

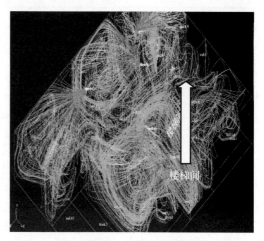

图 2　方案一气流组织模拟图

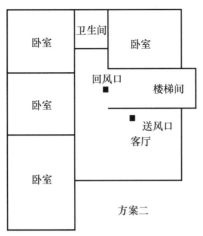
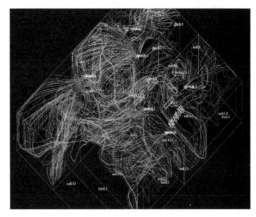

图3 方案二风口布置平面图　　　　图4 方案二气流组织模拟图

若二层各个房间要达到设计温度，达到舒适的环境，则必须增大送风量，从而增加新风量，这样不仅会造成能源浪费还会增大一层与二层的温差。在冬季一层温度会比较高，夏季则会比较低，室内人员会感到不舒服。

按照方案二布置，气流通过回风口回到设备，只有很少一部分通过楼梯间到一层，这样二层的气流循环良好，空气品质提高，新风量合理的情况下节约了能源，更符合超低能耗住宅建筑节能舒适的理念。

4　结论与展望

超低能耗居住建筑在能源消耗、居住环境改善、应对气候变化、资源保护等方面具有重要意义。在超低能耗居住建筑中新风占据很大的比例，对于超低能耗居住建筑新风能耗的控制更是意义重大。合理控制新风量是超低能耗居住建筑节能的重要方法之一。合理确定新风量不仅要考虑节能，更要保证室内的舒适与健康。这就要求设计师在确定新风量时综合考虑人员需求和卫生需求，既要保证人体所需又要稀释建筑污染物，以保证室内环境的健康标准，降低新风能耗。影响新风量合理确定的因素很多，合理化的设计对于节能意义重大。

在现如今被动房的发展中，只有将各个方面都考虑在内，才能使超低能耗住宅建筑更节能、更健康、更舒适，这也是我们共同追求的目标。

参考文献

[1]　［德］贝特霍尔德·考夫曼，［德］沃尔夫冈·费斯特.德国被动房设计和施工指南［M］.徐智勇,译.北京：中国建筑工业出版社，2015.

[2]　中华人民共和国住房和城乡建设部.民用建筑供暖通风与空气调节设计规范（GB 50736—2012）［S］.北京：中国建筑工业出版社，2012.

[3]　中华人民共和国住房和城乡建设部.住宅设计规范（GB 50096—2011）［S］.北京：中国建筑工业出版社，2011.

[4]　陆耀庆.实用供热空调设计手册［M］.2版.北京：中国建筑工业出版社，2008.

[5]　中华人民共和国住房和城乡建设部.近零能耗建筑技术标准（GB/T 51350—2019）［S］.北京：中国建筑工业出版社，2019.

被动式超低能耗住宅内新风系统的气流组织模拟

王英琦*，果海凤，钱嘉宏，刘郁林，宋昂扬

（北京市住宅建筑设计研究院有限公司，北京　100005）

摘　要　本文以通州首开被动房某住宅楼内标准户型为计算模型，通过对房间内部气流组织模拟，着重研究新风系统送风口、回风口及排风口的布置位置对各房间气流速度场的影响。采用基于控制容积法的 ANSYS 计算流体力学软件建立三种房间模型：送风口位于房间最远端；送风口位于房间中部；送风口位于房间最近端（门上方），并在稳态条件下对三种模型进行了仿真计算。模拟结果可知，对卧室而言，三种方案都能在卧室内形成均匀气流。对起居室而言，因其面积和距离较大，所以其新风系统设计对气流组织的影响较大。因此在进行送风管路设计时，除管路长度和配合精装外，更应首先考虑室内气流组织分布，寻求最经济最合理的管路设计方案，并保证最佳的室内气流组织、最大的舒适感和最优的节能特性。

关键词　被动房住宅；新风系统；气流组织模拟；能耗模拟

1　引　言

随着被动式住宅项目的逐渐增多，新风系统在住宅建筑中的应用也逐渐增多。住宅内的新风管路设计尤其是新风口的布置对室内舒适性、节能性及精装吊顶等影响较大。本文以通州首开被动房某住宅楼内标准户型为计算模型，建立了典型户型的三种新风管路布置方式，通过对房间内部气流组织模拟，着重研究新风系统送风口、回风口及排风口的布置位置对各房间气流速度场的影响。本文采用基于控制容积法的 ANSYS 计算流体力学软件建立三种房间模型：①送风口位于房间最远端；②送风口位于房间中部；③送风口位于房间最近端（门上方），并在稳态条件下对三种模型进行了仿真计算。对室内主要功能房间室内空气的流速进行模拟分析，验证其室内通风效果的均匀性和舒适性。

2　项目概况

本文以首开通州共有产权房某住宅楼为研究对象，选取典型户型进行新风系统管路设计。分别设计三种方案：风口位于房间最远端（图 1）；风口位于房间中部（图 2）；风口位于房间最近端（图 3）。

每户设计一台新风空调一体机，新风量按照 30m³/(h·人) 设计，总新风量120m³/h，新风机组分 55%/80%/100% 三挡运行。采用全热回收装置，设备显热回收效率不低于 75%，

---

*通信作者：王英琦，男，1994 年 1 月 7 日生，毕业院校：英国诺丁汉大学，暖通工程师，被动房认证设计师，工作单位：北京市住宅建筑设计研究院有限公司，电子邮箱：1272890947@qq.com。

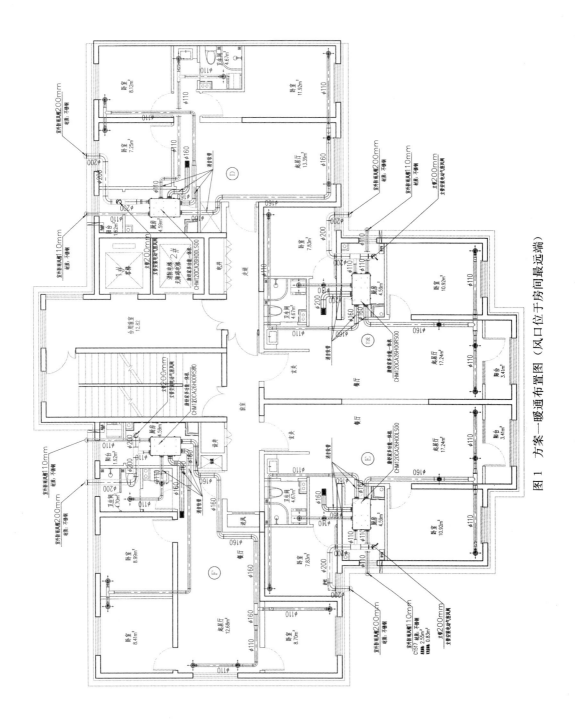

图 1 方案一暖通布置图（风口位于房间最远端）

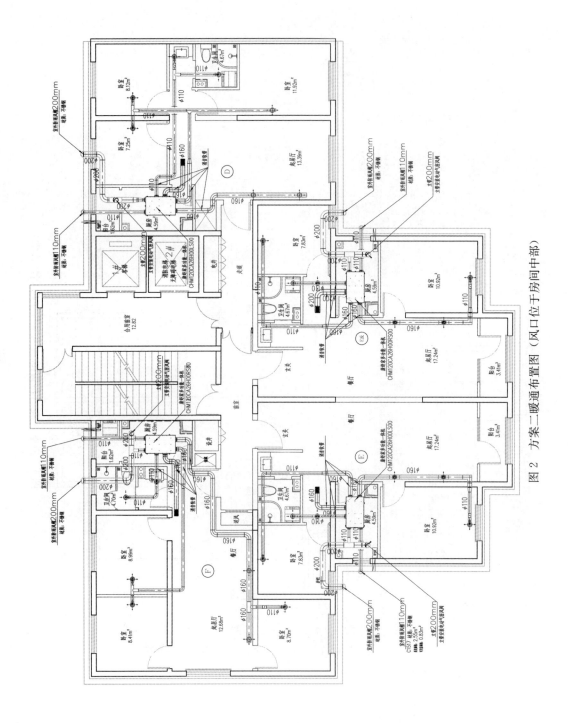

图 2 方案二暖通布置图（风口位于房间中部）

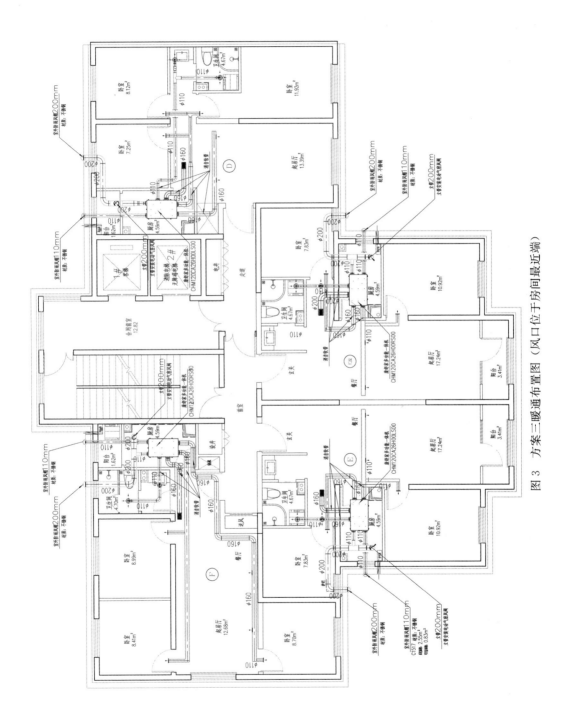

图 3 方案三暖通布置图（风口位于房间最近端）

全热回收效率不低于 70%，整个系统单位风量耗功率约小于 $0.45\text{W}/(\text{m}^3/\text{h})$。

新风系统送回风组织方式为：卧室、起居室、餐厅等功能房间为送风区，卫生间为排风区，走廊设回风口，厨房既不设送风也不设回风。新风送入卧室、起居室等房间，通过门缝进入走廊等过渡区，最后从卫生间排风口或回风口由新风系统统一排走。

3 CFD 模拟

3.1 分析方法

目前，建筑室内通风的预测方法主要有区域模型、模型实验以及 CFD 模拟方法。

区域模型是将房间划分为一些有限的宏观区域，认为区域内的相关参数如温度、浓度相等，通过建立各区域的质量和能量守恒方程得到房间的温度分布以及流动情况，实际上模拟得到的还只是一种相对"精确"的集总结果，且在机械通风中的应用还存在较多问题。

模型实验属于实验方法，需要较长的实验周期和昂贵的实验费用，搭建实验模型耗资很大，且对于不同的条件，可能还需要多个实验，耗资更多，周期也长达数月以上，难以在工程设计中广泛采用。而且，为了满足所有模型实验要求的相似准则，其要求的实验条件可能也难以实现。

CFD 模拟是从微观角度，针对某一区域或房间，利用质量、能量及动量守恒等基本方程对流场模型进行求解，分析其空气流动状况。采用 CFD 对房间内部气流组织模拟，着重研究新风系统送风口、回风口及排风口的布置位置对各房间气流速度场的影响。通过 CFD 提供的直观详细的信息，便于设计者对特定的房间或区域进行策略调整，使室内气流组织达到更好的效果。

本文采用 CFD 模拟手段，以首开通州共有产权房某住宅楼为研究对象，综合考虑新风系统流场、风速等设计并对被动式超低能耗住宅内气流组织分布、风速大小及均匀性进行模拟计算。

3.2 湍流模型

模拟中采用标准 $\kappa-\varepsilon$ 模型求解本项目室内机械通风状况，其控制方程主要包括：连续性方程、动量方程、能量方程，可以写成如下通用形式：

$$\frac{\partial(\rho\phi)}{\partial t} + div(\rho\vec{U}\phi) = div(\Gamma_\phi grad\phi) + S$$

该式中的 ϕ 可以是速度、湍流动能、湍流耗散以及温度等。针对不同的方程，其具体表现形式见表 1。

表 1 计算流体力学的控制方程

名称	变量	Γ_ϕ	S_ϕ
连续性方程	1	0	0
x 速度	u	$\mu_{\text{eff}} = \mu + \mu_t$	$-\frac{\partial P}{\partial x} + \frac{\partial}{\partial x}\left(\mu_{\text{eff}}\frac{\partial u}{\partial x}\right) + \frac{\partial}{\partial y}\left(\mu_{\text{eff}}\frac{\partial v}{\partial x}\right) + \frac{\partial}{\partial z}\left(\mu_{\text{eff}}\frac{\partial w}{\partial x}\right)$
y 速度	v	$\mu_{\text{eff}} = \mu + \mu_t$	$-\frac{\partial P}{\partial y} + \frac{\partial}{\partial x}\left(\mu_{\text{eff}}\frac{\partial u}{\partial y}\right) + \frac{\partial}{\partial y}\left(\mu_{\text{eff}}\frac{\partial v}{\partial y}\right) + \frac{\partial}{\partial z}\left(\mu_{\text{eff}}\frac{\partial w}{\partial y}\right)$

名称	变量	Γ_ϕ	S_ϕ
z 速度	w	$\mu_{\text{eff}} = \mu + \mu_t$	$-\dfrac{\partial P}{\partial z} + \dfrac{\partial}{\partial x}\left(\mu_{\text{eff}}\dfrac{\partial u}{\partial z}\right) + \dfrac{\partial}{\partial y}\left(\mu_{\text{eff}}\dfrac{\partial v}{\partial z}\right) + \dfrac{\partial}{\partial z}\left(\mu_{\text{eff}}\dfrac{\partial w}{\partial z}\right) - \rho g$
湍流动能	k	$\alpha_k \mu_{\text{eff}}$	$G_k + G_B - \rho\varepsilon$
湍流耗散	ε	$\alpha_\varepsilon \mu_{\text{eff}}$	$C_{1\varepsilon}\dfrac{\varepsilon}{k}(G_k + C_{3\varepsilon}G_B) - C_{2\varepsilon}\rho\dfrac{\varepsilon^2}{k} - R_\varepsilon$
温度	T	$\dfrac{\mu}{Pr} + \dfrac{\mu_t}{\sigma_T}$	S_T

表 1 中的常数如下：

$$G_k = \mu_t S^2, \quad S = \sqrt{2S_{ij}S_{ij}}, \quad S_{ij} = \frac{1}{2}\left(\frac{\partial u_j}{\partial x_i} + \frac{\partial u_i}{\partial x_j}\right), \quad G_B = \beta_T g\frac{\mu_t}{\sigma_T}\frac{\partial T}{\partial y}, \quad \mu_t = \rho C_\mu\frac{k^2}{\varepsilon}, \quad C_\mu =$$

0.0845，$C_{1\varepsilon} = 1.42$，$C_{2\varepsilon} = 1.68$，$C_{3\varepsilon} = \tanh\left|\dfrac{v}{\sqrt{u^2 + w^2}}\right|$，$\sigma_T = 0.85$，$\sigma_C = 0.7$，$\alpha_k = \alpha_\varepsilon$

由 $\left|\dfrac{\alpha - 1.3929}{\alpha_0 - 1.3929}\right|^{0.6321}\left|\dfrac{\alpha + 2.3929}{\alpha_0 + 2.3929}\right|^{0.3679} = \dfrac{\mu}{\mu_{\text{eff}}}$ 计算。

其中 $\alpha_0 = 1.0$。如果 $\mu \ll \mu_{\text{eff}}$，则 $\alpha_k = \alpha_\varepsilon \approx 1.393$。

$R_\varepsilon = \dfrac{C_\mu\rho\eta^3\ (1 - \eta/\eta_0)}{(1 + \beta\eta^3)}\times\dfrac{\varepsilon^2}{k}$，其中 $\eta = Sk/\varepsilon$，$\eta_0 = 4.38$，$\beta = 0.012$。

尽管室内机械通风流速较低，但在复杂的边界条件下，室内气流呈现为湍流状态。本文采用 k-ε 湍流模型，该模型已经得到了大量工程应用的验证，可靠性高。

3.3　几何模型

本次模拟计算，室内机械通风模型中通风开口尺寸按照可开启部分有效面积设置，并默认模型为封闭模型，不考虑空气渗透对气流组织产生的影响。

本文主要分析标准层典型户型的室内气流组织，建立了三种新风管路布置方式，模型如图 4 至图 6 所示。

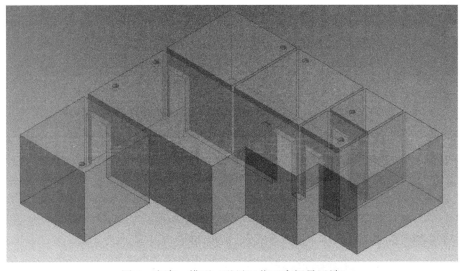

图 4　方案一模型（送风口位于房间最远端）

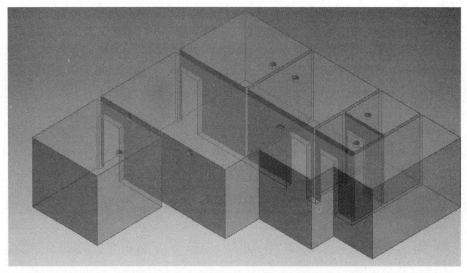

图5　方案二模型（送风口位于房间中部）

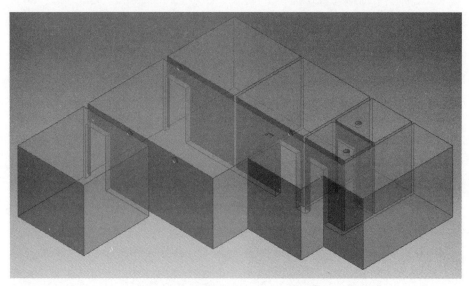

图6　方案三模型（送风口位于门上方）

3.4　网格设定

模型网格的设定直接影响计算结果，画好的网格将为分析房间里的空气内流场做准备，从而为提高房间舒适度设计提供优化建议。在这个模型中，对于一个单元体（body），设定单个网格尺寸为0.3m，并在此基础上对研究部位（送风口、回风口）周围细化网格，设定其网格尺寸为0.05m。

4　参数设置

4.1　空气参数设定

计算中，新风系统的室内送风温度为24℃，其参数见表2。

表 2 送风参数

温度	24℃	Unit
密度	1.1885	kg/m³
动力黏度	1.8396×10^{-5}	kg/(m·s)
运动黏度	1.5295×10^{-5}	m²/s
比热	1006.2	J/(kg·K)
热传导性	0.025895	W/(m·K)
热膨胀系数	3.3653×10^{-3}	1/K

4.2 边界条件设定

由于被动房要求送风口风速小于等于1m/s，所以设置送风口风速为1m/s，湍流强度为5%，水力直径为0.2m。回风口按照质量流量计算，每个回风口质量流量为0.086kg/s。送、回风口设定如图7、图8所示。

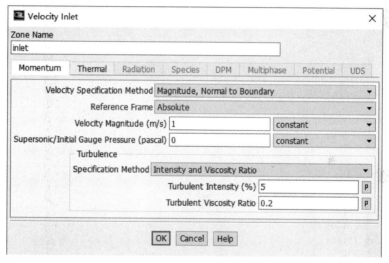

图 7 送风口参数设置

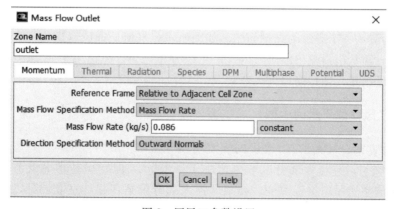

图 8 回风口参数设置

5 模拟结果分析

5.1 方案一送风口位于最远端

图 9 为方案一中气流在 1m 高度的气流组织分布图，图中箭头表示气体流动方向，颜色代表气流流速。由图可见三个卧室和起居室内的气流组织比较均匀，并且大部分区域风速小于 0.1m/s。卫生间风速在 0.3m/s 到 0.5m/s 之间。厨房气流分布较少，空气流通性差。这主要是因为新风系统设计中，厨房内未设计任何风口，空气完全靠开门或门缝流通，而大部分气流在流入厨房前直接进入回风口和排风口，从而导致厨房气流组织不均匀、空气流通性差。

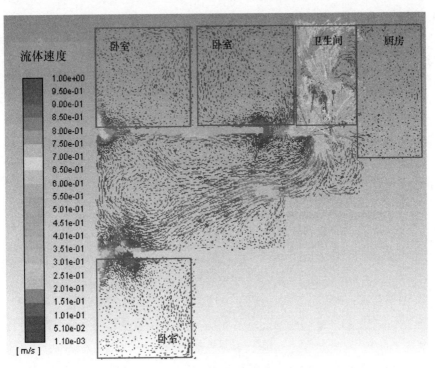

图 9 方案一 1m 高度的气流组织分布图

图 10 为其中一个卧室的纵剖面图。如图所示，气流从送风口送出，在房间顶部形成贴附射流，再从门口流出。卧室内气流组织分布均匀，风速小于 0.1m/s，但气流会在卧室门口处聚集，使得门口处风速较大。

5.2 方案二风口位于房间中部

图 11 为方案二气流在 1m 高度的气流组织分布图。由图可见，该户型中大部分房间气流组织均匀，并且大部分区域风速小于 0.1m/s，但厨房基本无气流。在此方案中，由于起居室送风口位置改变，导致气流大部分聚集在起居室北墙处，并流向卫生间由排风口排出，从而导致厨房无气流组织流入，空气流通性差。

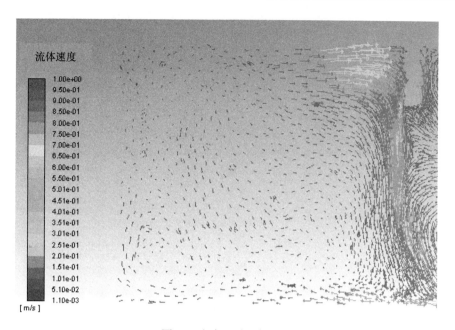

图 10　方案一卧室剖面图

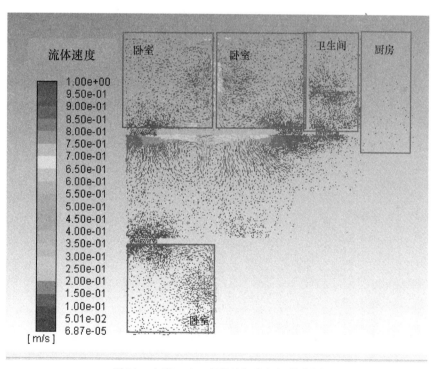

图 11　方案二 1m 高度的气流组织分布图

　　图 12 为其中一个卧室的纵剖面图。如图所示，卧室内气流组织分布均匀，风速小于 0.1m/s。房间无明显气流死角。

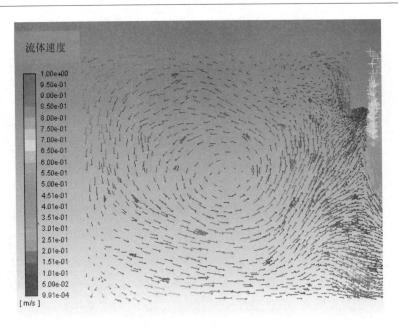

图 12　方案二卧室剖面图

5.3　方案三送风口位于门上方

图 13 为方案三气流在 1m 高度的气流组织分布图。由图可见，该户型中大部分房间气流组织均匀，并且大部分区域风速小于 0.1m/s，但起居室东南角和厨房基本无气流。

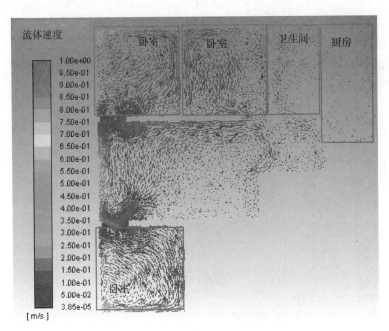

图 13　方案三 1m 高度的气流组织分布图

图 14 为其中一个卧室的纵剖面图。如图所示，气流从送风口送出，在房间顶部形成贴附射流，再从门口流出。卧室内气流组织分布均匀，风速小于 0.1m/s，但气流会

在房间角落处聚集，形成死角，尤其在卧室门口处。

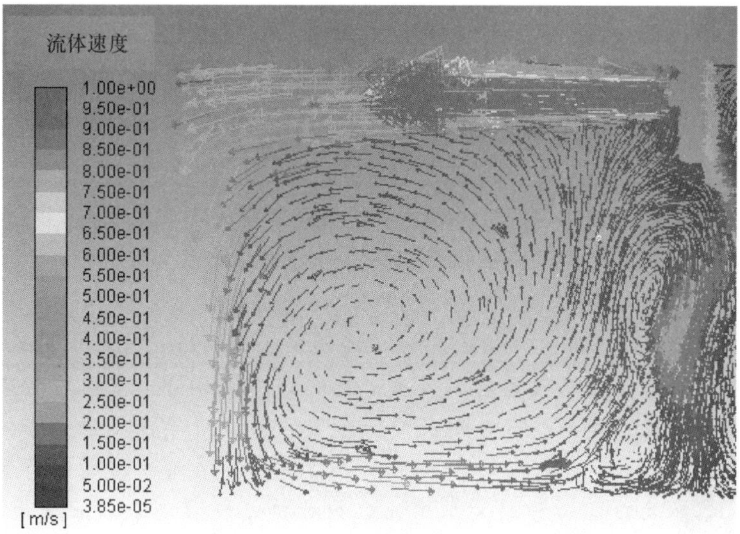

图 14　方案三卧室剖面图

6　结　论

通过 CFD 模拟软件模拟三种方案下某户型室内气流组织，对比发现：对卧室而言，三种方案都能形成贴附射流，并且卧室内气流分布均匀，主要是因为卧室面积一般较小，送风口的安装位置和风速对室内气流组织的影响不大，基本都能形成很好的贴附射流。对起居室而言，因其面积和距离较大，所以其新风系统设计对气流组织的影响较大。当送风口位于最远端时，起居室内气流组织分布均匀。当起居室送风口位于中部或东南角时，起居室内气流组织分布均匀性较差，明显有气流死角。由此可见，当房间面积较小时，送风口位置对于室内气流组织影响较小，此时送风管路可采取最短长度的设计方法。当房间面积较大，送风气流较长时，送风管路不能只考虑最短长度，必须考虑气流组织的均匀性，否则可能会引起室内气流组织不均匀、空气质量较差。因此在进行送风管路设计时，除管路长度和配合精装外，更应首先考虑室内气流组织分布，寻求室内新风系统最经济最合理的管路设计方案，并保证最佳的室内气流组织、最大的舒适感和最优的节能特性。

参考文献

[1]　陆耀庆．实用供热空调设计手册 ［M］．2 版．北京：中国建筑工业出版社，2007.

[2]　中华人民共和国住房和城乡建设部．民用建筑供暖通风与空气调节设计规范（GB 50736—2012）［S］．北京：中国建筑工业出版社，2012.

[3]　［德］贝特霍尔德·考夫曼，［德］沃尔夫冈·费斯特．德国被动房设计和施工指南 ［M］．徐智勇，译．北京：中国建筑工业出版社，2015.

[4]　中华人民共和国住房和城乡建设部．被动式超低能耗绿色建筑技术导则（试行）（居住建筑）［EB/OL］．（2015-11-10）．http：// www.mohurd. gov. cn/wjfb/201511/t20151113 _ 225589. html.

民用建筑用小型新风系统实际效果与新风量检测方法研究

李培方*，邱 旭，刘建鹏，丁海涛，魏晨晨

（北京建筑材料检验研究院有限公司，北京 100041）

摘 要 本文从新风量入手，主要针对民用建筑用小型新风系统，采用套帽式风量罩、小型风量罩、风速仪等检测设备对新风量进行测试，最终得出室内总新风量，并且与新风量设计值相对比，明确新风系统的实际效果，并分析导致风量衰减的原因。实验过程中几种检测设备相对比，研究针对不同建筑类型、不同类型风口的最适合的新风量测试方法，最终将这一方法引入民用建筑用新风系统新风量的测试中。结果表明：一、所测项目民用建筑室内实际新风量均未达到设计要求，原因主要有风管沿程阻力和局部阻力较大、通风系统施工过程粗糙、新风口形式选择不当、管路中未设置风量调节阀等；二、新风口尺寸及现场条件满足风量罩测试要求时，应优先采用风量罩进行新风量测试，不满足要求时，可采用风速仪测试法，但应保证风速测点数量及均匀性。目前针对民用建筑的小型新风系统虽满足了室内部分新风需求，但大多达不到机组明示的新风量，实际使用问题较多，改善目前的状况需要设备厂家、设计方、施工方的共同努力。

关键词 新风量；民用建筑；检测方法；风量罩；风量衰减

1 引 言

目前，随着人们生活水平的提高，对现代建筑的各项节能环保要求也逐步提高，但环境问题却日益突出，特别是雾霾问题已严重影响了人们的日常生活。现代建筑，特别是近年来发展快速的被动式超低能耗建筑具有极佳的气密性，但因建筑物自身通风能力的减弱，家具、地毯上的灰尘，皮屑、二氧化碳、甲醛，抽烟的烟雾等的异味，无法正常排出室外，给人体健康造成极大危害，而新风系统作为解决此类问题的设备得到了快速发展。

新风系统是通过主机将室外新鲜空气过滤净化后，送入卧室及客厅等最需要新鲜空气的地方，同时将室内的污浊空气通过布置在卫生间和走廊的排风口排放到室外，并对污浊空气中的能量进行回收，既提供了高品质的室内空气，又节约了能源。

目前，小型新风系统广泛应用于家庭装修、中小学校等与人们密切相关的生活环境中，但国内外针对小型新风系统的现场检测方法不完善，《公共建筑节能检测标准》对于大型公共建筑的通风系统风量检测方法已很成熟，但应用于小型新风系统时存在

───────────────

*通信作者：李培方，男，工程师，北京建筑材料检验研究院有限公司主任，联系电话：010-88751756。

一定的缺陷。《室内空气质量标准》（GB/T 18883—2002）规定了新风量的指标，但作为推荐标准，其执行力度不够，因此现场新风量不足问题突显。《民用建筑工程室内环境污染控制规范》（GB 50325—2010）首次提出新风量作为民用建筑工程验收指标，并没有提出具体的新风量检测方法。《公共场所卫生检验方法　第1部分：物理因素》（GB/T 18204.1—2013）给出了公共场所的室内新风量检测方法——示踪气体法和风管法，但是这种方法相对于民用建筑中独立小型新风系统的新风量测试而言过于复杂，而且破坏风管结构，不易操作。

因此，本文拟研究不同的风口检测法对民用建筑新风系统的适用性，总结民用建筑新风系统的特点，以期为民用建筑新风系统的检测和质量控制提供借鉴，并且通过分析测试数据检验民用建筑新风系统的通风效果并分析原因，为改进民用建筑现场新风系统提供数据支撑和建设性意见。

2　项目选址

该项目选取北京市和上海市两个具有全国性代表的城市作为研究对象，北京市在建筑气候分区里属于寒冷地区，上海市属于夏热冬冷地区。被测建筑为北京市某幼教中心、上海市某别墅、上海市某幼儿园，涵盖小型商业、住宅和学校典型场所。

3　项目概况

3.1　北京幼教中心概况

该项目位于北京市朝阳区，建筑面积 $1000m^2$，建筑类型为商用建筑，专为儿童教学、生活、娱乐用。外窗类型为双玻推拉，外墙保温性能良好。新风系统为独立新风系统，气流组织形式为上送上回，设计总新风量为 $6000m^3/h$，共安装有 12 个尺寸为 370mm×300mm 的新风口，新风口位置见设计图纸。该项目建筑示意图如图 1 和图 2 所示。新风系统设计图纸如图 3 所示。

图 1　舞蹈教室示意图

图 2　建筑中庭示意图

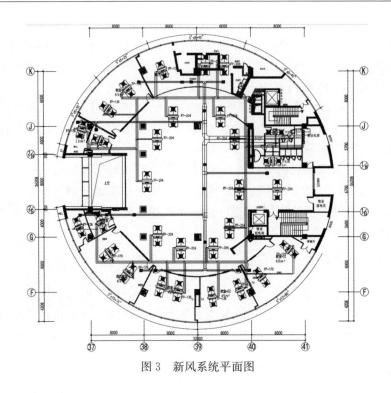

图 3　新风系统平面图

由图 3 可知该项目共安装有 1 套新风系统，新风机组安装于物业机房，控制整个楼层活动区域。

3.2　上海某别墅概况

该项目位于上海市，建筑面积为 800m²，建筑类型为别墅，外窗类型为双玻推拉，外墙保温性能良好。新风系统形式为双向流新风系统，新风机组明示送风量和排风量均为 500m³/h，气流组织形式为上送上回。设计总新风量为 2500m³/h，整个项目共安装有 5 套新风系统，每套有 7 个 φ=75mm 的送风口加 3 个 φ=110mm 的回风口。该项目系统设计图纸如图 4～图 6 所示。

由图 4、图 5、图 6 可知该项目共安装有 5 套新风系统，其中一层 2 套，编号分别为 1F-1、1F-2，新风机组各安装于车库和厨房，1F-1 系统控制大活动室和客房，1F-2 系统控制会客厅和餐厅休闲厅；二层有 2 套，编号分别为 2F-1、2F-2，新风机组各安装于西侧卫生间和东侧卫生间，2F-1 控制老人房、书房、儿童房和活动区，2F-2 控制走廊、主卧和衣帽间；三层有 1 套，编号为 3F-1，新风机组安装于阳台，控制整个三层。

3.3　上海幼儿园概况

该项目位于上海市，建筑面积为 500m²，建筑类型为学校，新风系统形式为双向流新风系统，新风机组明示送风量和排风量均为 350m³/h，设计总新风量为 1400m³/h，整个项目共安装有 4 套新风系统，每套有 6 个 φ=75mm 的送风口加 1 个 φ=110mm 的回风口。系统设计图纸如图 7 和图 8 所示。

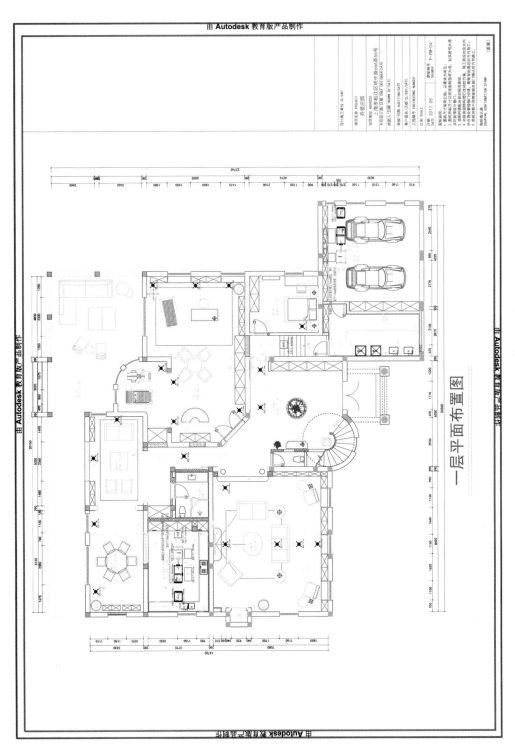

一层平面布置图

一层新风系统平面图

图 4 一层新风系统平面图

图 5　二层新风系统平面图

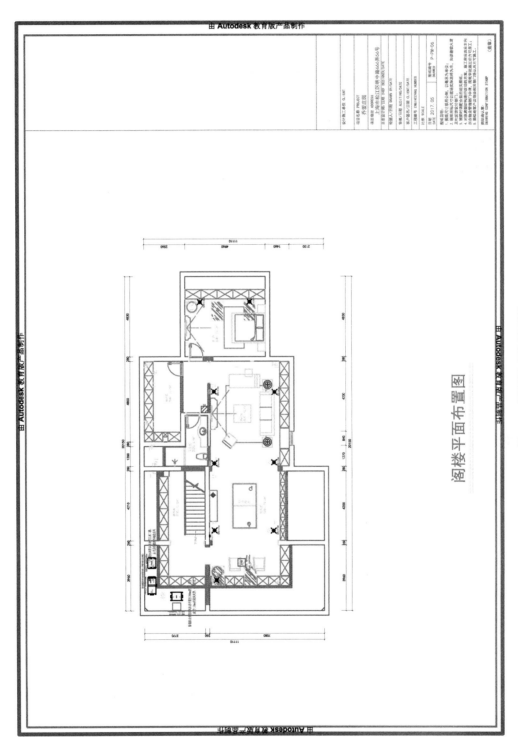

图 6　三层新风系统平面图

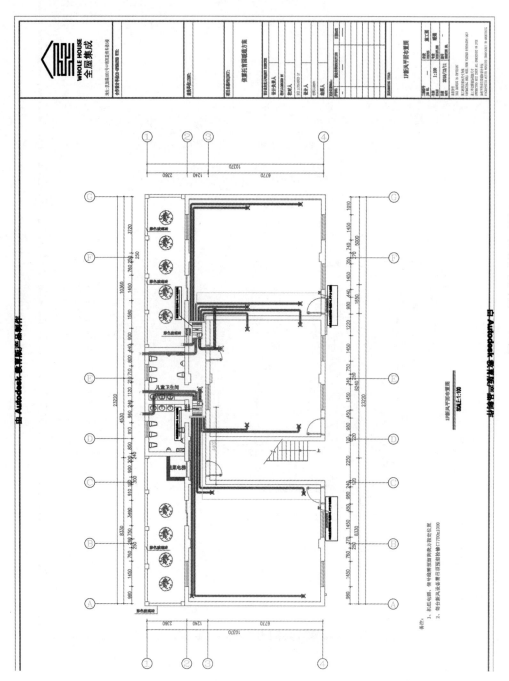

图 7 一层新风系统平面图

图 8　二层新风系统平面图

由图 7 和图 8 可知该项目共安装有 4 套新风系统，其中一层 2 套，编号分别为 1F-1、1F-2，新风机组均安装于走廊，1F-1 系统控制一层东侧教室和中间教室东侧，1F-2 系统控制一层西侧教室和中间教室西侧；二层有 2 套，编号分别为 2F-1、2F-2，新风机组各安装于活动室内，2F-1 控制二层中间活动室、办公室和隔间，2F-2 控制二层东侧活动室。

4 测试方法选择及分析

4.1 北京幼教中心测试方法

根据该建筑的新风系统设计图纸与现场实际安装的新风口位置，利用套帽式风量罩测试每个新风口的风量，最后将所有风口的风量数据汇总得出整个建筑新风系统的总风量。风口布置示意图如图 9 所示。

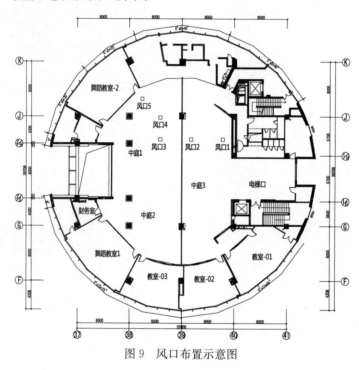

图 9 风口布置示意图

由于现场施工条件的限制，设备与系统的现场安装与设计图纸存在一定的差距，因此我们在测试过程中首要的是根据系统的实际安装进行测试。前期需要研读设计图纸，确定建筑形式、房间布局、新风系统形式和系统的总设计风量等与测试相关的参数，制定初步的测试方案。然后进行现场勘查，核实现场与设计图纸的差异，包括新风口的数量、新风口的位置等重要参数，制定出详尽的测试方案，最后根据方案实施测试。测试过程如图 10～图 13 所示。

从图 10 中可知，新风口类型为散流器，尺寸为 370mm×300mm，气流组织为上送上回。从图 11 中可以看出，风口 3 安装在吊顶内部，被遮挡，无法测试，也严重影响了实际新风量，原因为设计与施工均未考虑现场情况，不能根据实际情况变更设计或者施工，导致实际新风量达不到设计值。从图 12 和图 13 可知，由于现场测试空间宽敞，各风口设计风量为 500m³/h，总风量为 6000m³/h，测试人员选用了套帽式风量罩，逐个对风口风量进行测试，最后将所有风口的风量数据相加得出建筑室内总新风量。

图 10 教室风口示意图

图 11 风口 3 遮挡示意图

图 12 中庭风口测试图

图 13 教室风口测试图

4.2 上海别墅测试方法

该项目风口全部使用圆盘式风口，送风形式主要为顶送和侧送，同时还有明装风口。检测过程中发现该项目风口安装时并没有设置弯头，而是直接将风管弯折并固定在吊顶的出风口上，这就导致了气流在出风口时的速度不均匀，靠近风管弯折内圆的区域风速明显要小于靠近风管弯折外圆的风速。通过利用热线式风速仪检测得出，靠近风管弯折内圆的区域风速在 6m/s 左右，而靠近风管弯折外圆的风速在 3.5m/s 左右。综合考虑该因素与该项目中风口类型和安装方式，检测人员采用小型风量罩测风量的方法对风口进行测试。

测试过程如图 14 和图 15 所示。

4.3 上海幼儿园测试方法

该项目一层的新风口是圆盘式送风口，气流组织方式为上送上回；二层新风口是百叶式送风口，气流组织方式为上送侧回。因此在新风系统处于最大风量运行和外循环模式下，测试人员选用小型风量罩测试法对风量进行检测。测试过程如图16和图17所示。

图14 三层侧送风口测试图

图15 三层上送风口测试图

图16 一层风口测试图

图17 二层风口测试图

4.4 两种测试方法的对比分析

为比较不同测试方法在实际检测过程中的差异，选择更好的测试方法提供指导，本文选取上海别墅中2F-1新风系统，对其分别用风速仪（方法1）和风量罩（方法2）进行测试。

在保证测点数量足够、分布均匀的前提下，采用方法1对该新风系统进行测试，其结果见表1。表中7个新风口的风速值分布在3.4～6.2m/s之间，风量值分布在47.12～85.93m³/h之间，总风量是478.17m³/h。在相同的条件下，采用方法2进行测试，其结果见表1，7个新风口的风量值分布在37.03～49.83m³/h之间，总风量是

$300.13m^3/h$。通过两种测试方法的数据对比可以看出，方法 1 的测试结果比方法 2 高 $178.04m^3/h$，偏大 59.3%。原因为采用方法 1 时，实际检测过程中新风系统风口出气流组织不稳定，处于紊流状态，风速无法准确测试，测试人员往往记录较大测试结果，而采用方法 2 使用风量罩测试则完全避免了此问题，可以保证测试数据的准确性。因此，风口风量测试建议优先选用方法 2 使用风量罩开展测试工作。

表 1　2F-1 系统风量汇总表

房间功能	风口	方法 1			方法 2
		风速（m/s）	截面积（m²）	风量（m³/h）	风量（m³/h）
活动区	1	3.4		47.12	38.60
	2	3.7		51.28	37.03
儿童房	3	3.4		47.12	42.73
	4	5.6	0.00385	77.62	42.77
书房	5	6.1		84.55	49.83
	6	6.1		84.55	48.70
老人房	7	6.2		85.93	40.47
总风量（m³/h）				478.17	300.13

5　测试数据记录及分析

5.1　北京幼教中心新风量统计

该项目的具体测试数据见表 2。

表 2　风口风量汇总表

序号	房间	风量（m³/h）
1	教室 01	317
2	教室 02	200
3	教室 03	260
4	舞蹈教室 1	278
5	财务室	199
6	舞蹈教室 2	110
7	电梯口	243
8	风口 1	166
9	风口 2	331
10	风口 3	—
11	风口 4	178
12	风口 5	176
总风量（m³/h）		2458

通过表 2 可以看出，每个风口的风量从 $110m^3/h$ 到 $331m^3/h$ 不等，与设计风量 $500m^3/h$ 差距较大。导致这种状况的原因有很多种，比如风口的沿程阻力与局部阻力的差异、风管和风口在施工过程中的工艺问题、未设置风量调节阀等。该建筑总的送风量不足 $3000m^3/h$，远未到 $6000m^3/h$ 的设计风量，风量衰减严重。

5.2 上海别墅新风量统计

该别墅新风系统测试数据见表 3 和表 4。

表 3　1F-1 和 2F-1 系统的风量

1F-1 系统			2F-1 系统		
房间功能	风口	风量（m^3/h）	房间功能	风口	风量（m^3/h）
大活动室	1	44.30	活动区	1	38.60
	2	40.13		2	37.03
	3	42.50	儿童房	3	42.73
	4	43.47		4	42.77
	5	41.53	书房	5	49.83
	6	40.40		6	48.70
客房	7	37.63	老人房	7	40.47
总风量（m^3/h）		289.96	总风量（m^3/h）		300.13

表 4　2F-2 和 3F-1 系统的风量

2F-2 系统			3F-1 系统		
房间功能	风口	风量（m^3/h）	房间功能	风口	风量（m^3/h）
主卧	1	41.07	3F	1	33.20
	2	44.60		2	35.93
	3	42.60		3	27.03
	4	41.60		4	35.17
衣帽间	5	45.30		5	30.20
走廊	6	41.80		6	27.13
	7	30.13		7	18.00
总风量（m^3/h）		287.10	总风量（m^3/h）		206.66

由表 3 和表 4 可以看出，四套系统的实际新风量均未达到设计值 $500m^3/h$ 的要求，且均存在较大的差距，其中 1F-1 系统总新风量偏小 42%，2F-1 系统总新风量偏小 40%，2F-2 系统总新风量偏小 43%，3F-1 系统总新风量偏小 59%。《公共建筑节能检测标准》（JGJ/T 177—2009）中规定新风量检测值应符合设计要求，且允许偏差应为 ±10%，因此以上 4 个系统的新风量值均不满足标准要求。原因为施工方未考虑风管系统的沿程阻力与局部阻力，例如，圆盘式送风口局部阻力较大，使用过程中会造成 30% 的风速衰减，风量衰减也达到 30%。

5.3 上海幼儿园新风量统计

该幼儿园新风系统各送风口运用小型风量罩测试方法获得该项目的风量数据，见表5。

表5　幼儿园4个新风系统的风量

1F-1 系统		1F-2 系统		2F-1 系统		2F-2 系统	
风口	风量（m³/h）	风口	风量（m³/h）	风口	风量（m³/h）	风口	风量（m³/h）
1	50.73	1	41.53	1	56.87	1	33.13
2	53.00	2	44.53	2	65.10	2	28.27
3	50.40	3	43.57	3	62.07	3	45.83
4	46.07	4	35.50	4	59.70	4	45.40
5	46.60	5	46.73	5	50.40	5	53.00
6	56.57	6	49.50	6	47.17	6	——
总风量（m³/h）	303.37	总风量（m³/h）	261.36	总风量（m³/h）	341.31	总风量（m³/h）	205.63

从以上数据可以看出，该幼儿园每套新风系统实际新风量与设计值350m³/h相比，1F-1系统风量偏小13.32％，1F-2系统风量偏小25.32％，2F-1系统风量偏小2.48％，2F-2系统风量偏小28.39％。

6　结　论

通过对以上3个民用建筑项目中新风系统测试方法的研究与测试数据的分析，可得出如下结论：

6.1 民用建筑室内新风量测试方法对比结果

在条件相同的情况下，新风系统风量测试采用风速仪测试得出的数值要远大于风量罩，结果偏差较大。

6.2 民用建筑中小型新风系统测试方法选择原则

（1）当新风口尺寸及现场条件满足风量罩测试要求时，应优先采用风量罩开展新风量测试；

（2）当风口尺寸和现场条件不满足风量罩测试要求时，可采用风速仪测试法，但应保证风速测点数量及均匀性。

6.3 民用建筑室内新风量现状及问题解析

本次检测的民用建筑小型新风系统室内新风量结果大多达不到设计值，原因有以下几点：

（1）新风系统管道布置过长，导致系统沿程阻力过大；

（2）新风系统管道布置不合理，三通、弯头、阀门过多，导致系统局部阻力偏大；

（3）新风系统在施工过程中工艺不达标，过于粗糙，比如风管末端未设置弯头，直接弯折向室内送风，导致气流阻力偏大；

（4）新风机组未注明出口静压，无法与系统管路阻力匹配。新风机组出口静压不足，无法克服系统管路阻力，最终导致末端风口新风量无法达到设计要求，房间实际新风量偏小。

目前针对民用建筑的小型新风系统虽满足了室内部分新风需求，但大多达不到机组明示的新风量，实际使用问题较多，改善目前的状况需要设备厂家、设计方、施工方的共同努力。

参考文献

[1] 中华人民共和国国家质量监督检验检疫总局，中华人民共和国卫生部. 室内空气质量标准（GB/T 18883—2002）[S]. 北京：中国标准出版社，2003.

[2] 中华人民共和国住房和城乡建设部，中华人民共和国国家质量监督检验检疫总局. 民用建筑工程室内环境污染控制规范（GB 50325—2010）[S]. 北京：中国计划出版社，2011.

[3] 中华人民共和国国家质量监督检验检疫总局，中国国家标准化管理委员会. 公共场所卫生检验方法　第1部分：物理因素（GB/T 18204.1—2013）[S]. 北京：中国标准出版社，2014.

[4] 北京市住房和城乡建设委员会，北京市质量技术监督局. 民用建筑工程室内环境污染控制规程（DB11/T 1445—2017）[S]. 北京：北京城建科技促进会，2017.

[5] 中华人民共和国住房和城乡建设部. 公共建筑节能检测标准（JGJ/T 177—2009）[S]. 北京：中国建筑工业出版社，2010.

[6] 暖通空调. 新风系统常用顶送风式送风口研究 [EB/OL]. 2018/12/5.

DesignPH 软件在被动房设计中的应用体会

李　淳*

（河北绿色建材有限公司，河北高碑店　074000）

摘　要　DesignPH 软件是一款被动房研究所（PHI）专为简化 PHPP 数据输入过程和设计而开发的插件。在使用该软件的过程中，由于输入不当，经常会遇到许多问题。下文主要针对这些问题进行探讨。

关键词　DesignPH 软件；被动房；PHPP

被动房是在冬季或夏季不需要独立主动供暖或空调系统的情况下，具有高舒适度居住的建筑。这种节能性建筑已经成为建筑界的热门话题。被动房设计需要使用 PHPP 软件进行能耗计算和设计。为简化 PHPP 中数据输入和被动房设计，被动式研究所（PHI）专门开发了 DesignPH 软件。

1　DesignPH 的分析处理方式

DesignPH 软件通过自动分析功能，将建筑模型赋予相应的热工性能。采用启发式算法推断出组件类型、温度区域和区域组，从而节省大量输入时间。用户可根据建筑设计图纸对上述组件的热工性能进行修改编辑，以保证模型与设计的统一。软件会对每个窗组件进行窗侧、悬挑、水平物体的遮阳分析，并将其分析数据与窗组件数据、对外热损失面积和使用面积数据采集并转化为可导入 PHPP 中的格式。

2　DesignPH 软件的特点

DesignPH 软件是一款被动房研究所（PHI）专为简化 PHPP 数据输入过程和被动房设计而开发的软件，可通过标准的 SketchUP 应用程序菜单、内容菜单和图形工具栏进行操作。在 SketchUP 中可对进行的设计给出初步反馈，提早修改热功能性不佳的设计方案。在建模过程中可插入和编辑门窗组件，并对组件赋予不同的热工性能。软件可自动识别建筑组件类型和区域组，区分外部遮阳，输出面积、门窗、TFA 组件清单，生成可导入 PHPP 中的 PPP 数据文件。某项目建筑模型示例如图 1 所示。

---

　*通信作者：李淳，男，工程师；单位地址：河北省高碑店市东方路 1 号国际门窗科技大厦；电子邮箱：762977539@qq.com。

图 1　建筑模型示例

3　DesignPH 软件常见问题

3.1　建筑几何模型需与建筑图纸的朝向保持一致

新建建筑的环境从根本上决定建筑物被动获得太阳得热的程度。如果模型中建筑朝向改变会导致被动房能够获得的太阳得热与设计图纸不符，从而达不到设计的目的。

在建立几何模型时，先确定建筑图纸的朝向。在建筑图纸中通过指北针确定建筑朝向。在 SketchUP 软件中，默认情况下，坐标轴中红色轴线为东西朝向，左侧为西，右侧为东；绿色轴线为南北朝向，近端为南，远端为北。当然有时为了便于模型建立，可以先不考虑朝向建模，但是模型完成后一定要及时调整模型朝向，与建筑图纸的朝向保持一致。

3.2　合理简化模型的外表面

DesignPH 软件计算时，会针对选中的每个单元进行计算，当建筑体量较大时会大大增加计算机的运行负荷，甚至会出现死机等现象。在几何模型建立的过程中，简化建筑外表面的划分可以有效地提高软件计算效率。

为简化建筑外表面的平面数量，可将处于同一平面、相互连接的面合并，需要注意的是，将地上部分和地下部分的平面分开，以保证在使用 PHPP 软件进行能耗分析时能够对建筑地上、地下部分分别赋予不同的热工性能。

此外，建模时要保证面与面闭合，避免出现平面之间看似闭合其实确存在漏洞或交叉的现象。

3.3　正确布置门窗组件

窗是被动房的重要组件。它既需要有良好的保温性能，又肩负被动得热的重要使命。由于窗组件的特殊性，窗组件能否在建模过程中正确布置便成了保证 PHPP 计算结果准确性的重要因素。

在 DesignPH 软件的使用过程中，常会遇到在模型中统计的窗数量与建筑图纸中窗的数量一致，但是与 DesignPH 软件中窗工作表的数量不一致的现象。

（1）DesignPH 软件中窗工作表的数量多于模型中统计的窗数量时，可能由于插入窗组件时存在失误，将组件安装在建筑之外，导致软件计算过程中将窗计入到工作表中。

（2）DesignPH 软件中窗工作表的数量少于模型中统计的窗数量时，原因可能是进行窗组件复制粘贴操作导致的。对建筑布局相同的楼层，为了提高建模效率，是可以执行复制操作的。由于软件的设置机制，在执行组件的复制操作时，要保证复制的窗组件在一个面中，否则，就会导致复制部分的窗无法被软件识别，从而对 PHPP 软件能耗分析产生影响。

此外，在插入窗组件时要仔细绘制窗分格线，窗分格线的平面应与该处建筑模型外表面重合，否则窗组件将安装在建筑之外，尽管这样的窗能够被识别，但该窗窗侧、悬挑、水平物体的遮阳数据是错误的。

3.4　遮　　阳

建筑遮阳是通过建筑手段，运用周边建筑和建筑构造及遮阳措施遮挡通过玻璃影响室内过热的热辐射，而不减弱室内采光的措施。在被动房设计中主要运用两种方式遮阳，一种为被动遮阳，另一种为主动遮阳。在 DesignPH 中只进行被动遮阳的计算，即依靠周边建筑和被动式建筑自身的构造阻隔阳光直射的遮阳方式。

为提高 PHPP 计算数据的准确性，需要尽量全面地调查被动房周边的建筑的信息，并依据收集到的建筑的建筑外形、建筑高度和建筑坐标等数据在 SketchUP 软件中绘制成模型。此外，不能忽略被动房的女儿墙、装饰造型及非被动区的模型绘制。以上这些均会影响 DesignPH 软件计算生成的遮阳数据。

在使用 SketchUP 软件建模的过程中，通常将周边建筑和被动房的非被动区与被动区隔离开，单独建立组群。采用这种方式有利于被动区模型的选取，从而方便数据生成。

4　结　　语

DesignPH 软件确实能够极大地简化 PHPP 中数据输入，提高被动房设计的效率。在使用 DesignPH 软件进行被动房能耗计算的过程中，会遇到形形色色的问题，而这些问题恰恰是影响被动房设计的关键。为了保证 PHPP 导入数据的准确，这就要求我们在构建模型的过程中要细心、谨慎，避免因操作失误而影响建筑能耗的计算。

参考文献

[1]　［德］贝特霍尔德·考夫曼，［德］沃尔夫冈·菲斯特 . 德国被动房设计和施工指南［M］.徐智勇，译 . 北京：中国建筑工业出版社，2015.

超低能耗建筑用门窗防水隔汽/
透汽膜技术要求及应用研究

郭宇旋*

（北京高分宝树科技有限公司，北京 100024）

摘 要 由超低能耗建筑气密性的要求延伸到门窗洞口气密性，本文着重介绍防水隔汽膜和透汽膜的技术要点。在窗框室内侧使用防水隔汽膜；在室外一侧使用防水透汽膜，两者配合能有效解决门窗洞口衔接部位的气密和防水的作用；在文章的最后介绍了相关标准及发展前景，给行业相关人员一定的参考。

关键词 被动房；气密性；防水隔汽膜；防水透汽膜

1 引 言

中国的能源供应、空气污染面临重大挑战。随着城镇建筑面积的增加和居民改善室内舒适环境需求的不断增长，据预测到 2020 年，中国将成为世界上最大的能源使用国和碳排放国，其人均二氧化碳年排放量将超过世界平均水平。而建筑能耗可能同目前的发达国家一样，占社会总能耗的比例将由目前的 30% 上升到近 40%～50%。因此节约建筑用能，提高建筑能效对中国实现节能减排的宏观战略意义重大。

而超低能耗建筑的标准是集真正节能、舒适、经济和生态于一体。最典型的案例就是被动式房屋，它不是一个品牌名称，而是任何人都可以应用的建筑概念，也经过了实践的考验。与普通存量房屋相比，被动式房屋需要取暖和制冷相关的节能高达 90%，而与普通新建筑相比，亦可节省 75% 以上的能耗。

再者，被动式房屋能够实施的一个重要因素是它有明确的能源消耗及舒适性参考值，见表 1：

表 1 德国气候条件的被动房能效指标

基于德国气候条件的被动房能效指标包括：	
单位面积采暖（制冷）需求	$\leqslant 15\text{kW} \cdot \text{h}/(\text{m}^2 \cdot \text{a})$
采暖热负荷	$\leqslant 10\text{W}/\text{m}^2$
气密性	$N_{50} < 0.6/\text{h}$
一次能源总需求（全部）	$\leqslant 120\text{kW} \cdot \text{h}/(\text{m}^2 \cdot \text{a})$

由于中国的地域跨度大，气候复杂多样，需根据不同区域性气候特点及建筑类型对采暖、制冷需求及一次能源总需求指标的情况进行相应的调整。

---

*通信作者：郭宇旋，女，1996 年生，市场助理，单位地址：北京市朝阳区朝阳北路非中心中弘国际商务花园 3 号楼 301，邮政编码：100024，联系电话：010-65581229/1232。

被动式房屋建筑也因其高度舒适而受到广大用户的称赞和追捧。被动房是高舒适性、健康环保的房屋，室内环境应满足表2的规定。

表 2　被动房室内环境的舒适度规定

室内温度	20～26℃
室内相对湿度	40%～60%
超温频率	≤10%
室内二氧化碳含量	≤1000ppm
围护结构室内一侧的内表面温差	≤3℃
隔音降噪效果好，功能房、起居室和卧室的噪音分贝	≤30dB
门窗的室内一侧无结露现象	

综上所述，低能耗建筑带来的好处，既有利于国家宏观战略的实现，也是广大用户的呼声，也有利于材料供应商自主创新，无论是自下而上还是自上而下都是利国利民的好事！

2　门窗洞口部位气密性

低能耗建筑的实施要点也应该效仿被动式建筑，即围绕具有高性能的外保温、无热桥设计、气密性良好的外围护结构、高性能门窗、机械通风等五大原则。

低能耗建筑对外墙、屋面、地面及门窗组成的外围护结构的气密性要求较高，门窗是建筑外围护结构的开口部分，门窗面积占房屋建筑总面积的比例约为20%，而门窗能耗却约占建筑总能耗的50%。其中墙体与门窗之间的节点过渡又是极其薄弱的部位，一直是建筑中的能耗大户。另外，建筑门窗周边经常因密封设计差导致室内产生渗漏、霉变、结露等问题，因此门窗周边位置的节能、防水是被动式建筑中极受关注的重点。

针对门窗洞口防水、节能问题，国外在墙体与门窗之间的节点过渡位置采用高效的三重密封防水系统（图1）。与之相比，国内以往对门窗节点过渡位置的防水密封性并不重视，传统建筑采用的泡沫胶和防水耐候胶密封处理方法因材料易老化失效，并不能完全解决门窗位置渗漏和能耗问题。

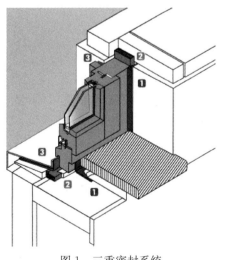

这三重密封系统是：以窗框为界，室内一侧为分隔层，目的是隔开室内、室外环境，既不透气也不允许水蒸气扩散渗透；

中间（窗框与洞口相对部位）为功能层，目的是隔热、隔声；

室外一侧为耐候层，防风、防暴雨、不透气、但允许水蒸气扩散渗透。

图 1　三重密封系统

关于门窗洞口这种专用防水密封膜材料，目前国内少有企业生产，国内被动式低能耗建筑案例均直接采用国外进口产品。而国内建筑防水卷材主要用于墙体及屋顶防水，比如外墙或屋顶用防水透汽膜与隔汽膜。但是国内防水卷材生产厂家存在严重的产品同质化问题，且国内技术工艺水平较低，产品质量参差不齐。以往国内防水卷材多采用编织打孔工艺，产品在强度、防水及耐久性方面与国外产品存在较明显差距，近些年国内防水卷材技术发展趋向于效仿国外无纺布层合工艺，但是因国内民营企业研发能力弱，复合技术及成型工艺不成熟，选用基材质量较差等问题，导致产品仍存在易剥离、透汽性差、易老化等问题。因此，市场竞争力不强，目前宏观形式上还是由德国、美国引领着高端防水材料的发展潮流。

室内外侧使用的新材料——防水隔汽膜和防水透汽膜，几年前概念还未普及，甚至都不认识这些材料是干什么的，由于这几年被动房项目的兴起，经过进入国内市场的几家国外材料商的培训，市场对产品也有一定的认知，但是认知和使用上仍然还存在一些误区。

3　门窗洞口用防水隔汽膜及透汽膜主要功能及技术要点

3.1　减少对流——气密性

气密性是指防止空气从内到外，或从外到内流动的性能。

气密性缺失所产生的问题如下：

（1）增加一次能源消耗；

（2）更多的二氧化碳排放；

（3）不舒适的气流；

（4）会造成冷凝，结构腐烂变质；

（5）霉菌、真菌引起的相关健康问题。

据了解，在建筑外围护结构中，已经有几家权威机构对空气对流引起的冷凝做出了研究结果。举例说明：如图2所示，气候条件：室外温度0℃，相对湿度80％，室内

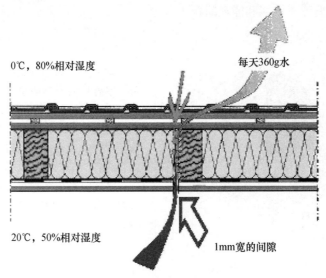

图2　室内、室外温度湿度变化

温度 20℃，相对湿度 50％，如果存在仅有 1mm 宽的缝隙，那么由于这一细小缝隙对流热交换引起的冷凝水一天大概是 360g。

所以室内外气密性材料一定要不透空气，这样就解决了空气对流引起的冷凝。

3.2 控制水蒸气扩散问题

气密性和水蒸气扩散渗透是两个概念，一定要区分。

水是对建筑物外保温表面损坏最大的因素之一，其危害性在于对建筑物外表面的冻融损坏。当水渗入建筑物外表面后，冬季结冰，由于冰比水的体积约增加 9％，从而产生膨胀应力，造成对建筑物外表面的损坏。但如果外墙被完全不透汽的材料封闭，水蒸气扩散受阻，就会妨碍墙体排湿，同样会产生膨胀应力造成面层材料起鼓，甚至开裂。当然墙体排湿不畅，水蒸气会在保温层中结露，也影响建筑保温效果。为保护外保温防护面层，延长建筑物保温层使用寿命，就必须有效地控制表面材料的拒水性与透汽性，同样的道理适用于门窗部位。

门窗洞口用防水隔汽膜与防水透汽膜均是三层夹芯结构，由上下两层无纺布和中间一层高分子功能膜复合而成。其中无纺布主要用于增强力学性能和保护高分子功能膜，高分子功能膜决定防水膜的隔汽性能与透汽性能。其水蒸气渗透系数由 sd 值表示。

防水隔汽膜的中间高分子功能膜采用高分子隔汽膜，表面致密无孔，具有防水和隔汽功能。防水透汽膜的中间高分子功能膜采用高分子透汽膜，其透汽机理可分为微孔透汽和分子扩散透汽。微孔透汽的原理是高分子透汽膜表面上均匀分布大量的微孔，水蒸气分子直径为 $0.0004\mu m$ 左右，水分子直径为 $100\mu m$ 左右，两者相差极大，当高分子透汽膜表面微孔的直径介于水蒸气分子直径和水分子直径之间时，则水蒸气可以通过，而水分子因存在较大的表面张力而无法渗透，从而具有防水与透汽双重功能。

由防水隔汽膜与防水透汽膜组成的门窗密封系统，如图 3 所示，防水隔汽膜用于室内一侧，将室内外环境有效隔绝，既可以阻断室外侧水蒸气向室内渗透，也能阻挡室内湿气向室外渗透，交换方向主要是由室内外侧的压力差造成的，这样避免由空气渗透产生的热交换，保证建筑气密性，从而减少建筑能耗。

防水透汽膜用于室外一侧，既可以防止雨水向墙体的渗漏，保证建筑水密性，也能防风，又可以利用自身透汽性能排出墙体内的水蒸气，从而避免墙体内的功能层（保温层）被水气润湿而失效，保障功能层的节能效果。

关于水蒸气扩散方向需要着重说一下，建筑物内部的温、湿度一般与室外不同，由于建筑构件两侧的水蒸气压力不同，最终会达到平衡。水蒸气从水蒸气压力较高的一侧向水蒸气压力较小的一侧迁移，大多时候也就是说从热的一侧向冷的一侧迁移。这个过程称为水蒸气的渗透。除了玻璃、金属等外，水蒸气几乎可以通过任何材料。水蒸气渗透时遇到的阻力用 μ 来表示，它与材料有关，是一当量值，即假如 1m 厚的静止空气的水蒸气渗透阻力为 1，材料的水蒸气渗透阻力是空气对于水蒸气渗透阻力的多少倍。材料的水蒸气渗透阻力 μ 与该材料层的厚度 s 的乘积称为该材料水蒸气渗透当量（相当于空气层厚度 sd，单位为 m）。

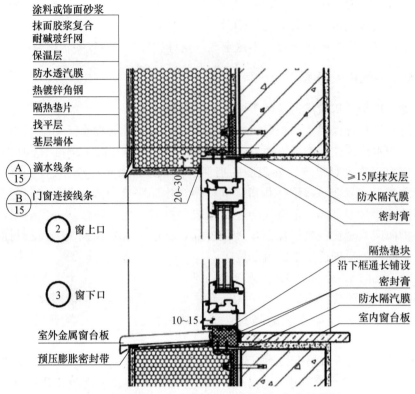

图3　应用防水密封膜的被动式建筑窗口部位结构图

3.3　水蒸气透过性能测试方法

以下测试标准使用重新起草法修改采用 ISO 12572：2001《建筑材料及其制品湿热性能水蒸气透过性能的测定》。试验条件见表3。

表3　水蒸气透过性能试验条件

试验条件	温度（℃）	相对湿度（%）	
		水蒸气分压低侧	水蒸气分压高侧
A	23±0.5	0	50±3
B	23±0.5	0	85±3
C	23±0.5	50±3	93±3
D	38±0.5	0	93±3

注：干法试验（试验条件 A）给出材料在较低相对湿度下通过水蒸气扩散进行水分传输的性能，湿法试验（试验条件 C）给出了材料在较高相对湿度条件下水蒸气扩散进行水分传输的性能，在较高相对湿度下，材料的毛细孔开始吸收水分，这就增加了液态水的传输而减少了水蒸气的传输。在这种条件下进行试验，就会在材样中存在液态水的传输。

（1）试验步骤如下：

将测试组件放在试验工作室中，按一定的时间间隔依次称量每个测试件的质量，可以根据试件的特性和天平的精度选择称量的时间间隔。测试组件的称重应在与试验温度相差±2℃的环境中进行，宜在试验工作室中进行。图4给出了小型试验工作室的示意图。试验工作室的大气压应在试验过程中每天记录或者从附近的气象观测站得到。

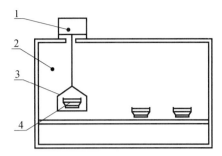

图4　小型试验工作室示意图

1—分析天平；2—温度和湿度受控的手套式试验工作室；

3—悬挂称量盘；4—进行称重的测试组件

（2）质量变化率：

对于每个连续质量变化的试件，按照式（1）计算其质量变化率：

$$\Delta m_{12} = \frac{m_2 - m_1}{t_2 - t_1} \tag{1}$$

式中　Δm_{12}——单位时间内试件质量变化率（kg/s）；

　　　m_1——测试件在 t_1 时间的质量（kg）；

　　　m_2——测试件在 t_2 时间的质量（kg）。

（3）透湿系数：

试件的透湿系数按式（2）进行计算

$$\delta = W \times d \tag{2}$$

式中　δ——透湿系数［kg/（s·m·Pa）］；

　　　W——透湿率［kg/（s·m²·Pa）］；

　　　d——试件的厚度（m）。

当温度为23℃时，空气的透湿系数 δ 的数值如图5所示。

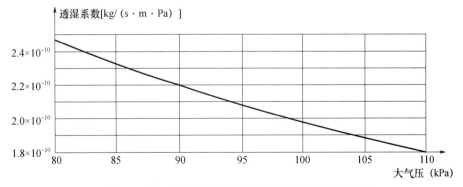

图5　23℃时空气的透湿系数和大气压的函数关系图

3.4 拉伸强度

由于门窗安装位置处于墙体、窗框之间，不同材料膨胀率不同，防水隔汽膜和透汽膜一定要具有柔韧性，能够补偿不同材料之间的线性膨胀。

试验拉伸性能操作步骤：

将试件紧紧地夹在拉伸试验机的夹具中，注意试件长度方向的中线与试验机夹具中心在一条线上。为防止试件产生任何松弛，推荐加载不超过5N的力。

连续记录拉力和对应的夹具（或引伸计）间分开的距离，直至试件断裂。

注：在1%和2%应变时的正切模量，可以从应力，应变曲线上推算，试验速度(5 ± 1)mm/min。

试件的破坏形式应记录。

对于有增强层的卷材，在应力、应变图上有两个或更多的峰值，应记录两个最大峰值的拉力和延伸率及断裂延伸率。

4 防水密封膜性能指标参考

结合现阶段国内被动房发展的实际需求，黑龙江《被动式低能耗居住建筑设计标准》设定了门窗洞口用防水密封膜材料主要性能指标建议值，指标内容见表4，目前已被收录于《被动式低能耗建筑——严寒和寒冷地区居住建筑》国家建筑标准设计图集（16J908-8）中。

表4　国内被动式建筑门窗洞口用防水密封膜材料的应用指标

检验项目		室内一侧防水隔汽膜	室外一侧防水透汽膜	标准
厚度（d）（mm）		$\leqslant$0.7	$\leqslant$0.7	GB/T 7689.1—2013
单位面积质量（g/m²）		$\leqslant$250	$\leqslant$200	GB/T 13762—2009
拉伸断裂强力（N/50mm）	纵向	$\geqslant$500	$\geqslant$450	GB/T 328.9—2007
	横向	$\geqslant$80	$\geqslant$60	
断裂伸长率（%）	纵向	$\geqslant$10	$\geqslant$10	
	横向	$\geqslant$50	$\geqslant$60	
透湿率（W）[g/(m²·s·Pa)]		$\leqslant9\times10^{-9}$	$\geqslant4.0\times10^{-7}$	GB/T 17146—2015
湿阻因子（μ）		$\geqslant5.0\times10^{4}$	$\leqslant9.0\times10^{2}$	
水蒸气扩散阻力值（sd）（m）		$\geqslant$30	$\leqslant$0.5	—

5 展望未来

5.1 从宏观形势上看

未来几年将是中国低能耗建筑高速发展的黄金时期，门窗洞口用防水密封膜等新材料的市场需求将越来越大，具有广阔的应用前景。

5.2 从材料研发及应用上来看

我国具有地域广、气候差别大的特点，比起德国因气候单一而使防水密封膜具有较大的适用性。我国门窗洞口用防水密封膜的开发应根据不同应用区域的气候特点，选择不同材料来满足多种要求。

5.3 从标准化方面来看

目前黑龙江《被动式低能耗居住建筑设计标准》以及南京玻纤院正在制定相关的检测方法及标准。要对防水密封膜的厚度、单位面积质量、拉伸性能和透湿性能等予以规定，而材料的耐老化、延展性、剥离强度、防水等性能也很重要，因此未来还需要不断地予以补充优化。

参考文献

[1] 矫贵峰，周炳高，黄端，等. 被动式低能耗建筑外窗洞口施工技术 [J]. 中国建筑防水，2017（05）：22-26.

[2] 陈书云，匡宁，何宏. 国内被动式建筑门窗洞口用防水密封膜及其标准化研究 [J]. 建设科技，2018，(9)：15-19.

[3] 源于德国被动房研究所，www.passiv.de/en.

[4] 中华人民共和国国家质量监督检验检疫总局，中国国家标准化管理委员会. 建筑防水卷材试验方法 第8部分：沥青防水卷 材拉伸性能（GB/T 328.8—2007）[S]. 北京：中国标准出版社，2007.

低能耗铝合金玻璃幕墙测试及应用

王首杰*，孔德锋

（青岛宏海幕墙有限公司，青岛 266400）

摘 要 低能耗建筑已成为我国节能建筑的发展方向，玻璃幕墙是其关键部件。本文对低能耗铝合金玻璃幕墙测试情况进行介绍，对低能耗建筑中幕墙系统应用提供重要的参考价值。

关键词 低能耗铝合金玻璃幕墙；幕墙测试；幕墙应用；水密性；气密性；热工性能

1 引 言

低能耗建筑已成为全球主流趋势，大多数国家即将以法令强制推动。在中国的年建造量已由以往的百万级向千万级发展，将引起建筑根本性变革。低能耗建筑以极低的能耗和极佳的室内舒适环境获得了市场和百姓的青睐。从严寒、寒冷、夏热冬冷、夏热冬暖到青藏高原各个气候区，很多省市地区颁布了鼓励低能耗建筑发展的支持政策。

随着低能耗建筑井喷式发展，国家及各地区纷纷颁布实施了低能耗建筑各类标准。然而，针对低能耗铝合金幕墙缺乏实测数据。目前，国内已有建筑幕墙的相关规范，但对于低能耗玻璃幕墙还没有详细的测试数据。

本文在考虑到设计、材料、加工、组装及安装等因素的影响下，对低能耗铝合金玻璃幕墙水密性、气密性、热工性能进行了实测分析，给出了目前低能耗玻璃幕墙的测试数据，对低能耗建筑中幕墙系统应用具有重要的参考价值。

2 测试依据

2.1 气密性

（1）开启部分气密性能分级指标 q_L 应符合表 1 的要求。

表 1 建筑幕墙开启部分气密性能分级

分级代号	1	2	3	4
分级指标值 q_L [m³/(m·h)]	$4.0 \geqslant q_L > 2.5$	$2.5 \geqslant q_L > 1.5$	$1.5 \geqslant q_L > 0.5$	$q_L \leqslant 0.5$

* 通信作者：王首杰，男，1980 年生，山东人，硕士，青岛宏海幕墙有限公司副总经理。地址：山东省青岛市黄岛区寨子山路 919 号，邮编：266400。

（2）幕墙整体（含开启部分）气密性能分级指标 q_A 应符合表 2 的要求。

表 2　建筑幕墙整体气密性能分级

分级代号	1	2	3	4
分级指标值 $q_A/$ ［m³/(m²·h)］	$4.0 \geqslant q_A > 2.0$	$2.0 \geqslant q_A > 1.2$	$1.2 \geqslant q_A > 0.5$	$q_A \leqslant 0.5$

2.2　水密性

（1）幕墙水密性能指标应按如下方法确定：

①GB 50178 中，III_A 和 IV_A 地区，即热带风暴和台风多发地区按式（1）计算，且固定部分不宜小于 1000Pa，可开启部分与固定部分同级。

$$P = 1000 \mu_z \mu_c \omega_0 \tag{1}$$

②其他地区可按 a）条件算值的 75％ 进行设计，且固定部分取值不宜低于 700Pa，可开启部分与固定部分同级。

（2）水密性能分级指标应符合表 3 的要求。

表 3　建筑幕墙水密性能分级

分级代号		1	2	3	4	5
分级指标值 ΔP/Pa	固定部分	$500 \leqslant \Delta P < 700$	$700 \leqslant \Delta P < 1000$	$1000 \leqslant \Delta P < 1500$	$1500 \leqslant \Delta P < 2000$	$\Delta P \geqslant 2000$
	可开启部分	$250 \leqslant \Delta P < 350$	$350 \leqslant \Delta P < 500$	$500 \leqslant \Delta P < 700$	$700 \leqslant \Delta P < 1000$	$\Delta P \geqslant 1000$

注：5 级时需同时标注固定部分和可开启部分 ΔP 的测试值。

（3）有水密性要求的建筑幕墙在现场淋水试验中，不应发生水渗漏现象。

2.3　热工性能

（1）建筑幕墙传热系数应按 GB 50176 的规定确定，并满足 GB 50189、JGJ/T 132、JGJ 134、JGJ 26 和 JGJ 75 的要求。玻璃幕墙遮阳系数应满足 GB 50189 和 JGJ 75 的要求。

（2）幕墙在设计环境条件下应无结露现象。

（3）幕墙传热系数分级指标 K 应符合表 4 的要求。

表 4　建筑幕墙传热系数分级指标

分级代号	1	2	3	4	5	6	7	8
分级指标值 K/ ［W/(m²·K)］	$K \geqslant 5.0$	$5.0 > K \geqslant 4.0$	$4.0 > K \geqslant 3.0$	$3.0 > K \geqslant 2.5$	$2.5 > K \geqslant 2.0$	$2.0 > K \geqslant 1.5$	$1.5 > K \geqslant 1.0$	$K < 1.0$

注：8 级时需同时标注 K 的测试值。

3 测试样板

3.1 气密性、水密性测试样板图（图1、图2）

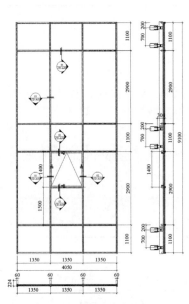

图1 气密性测试样板图
测试样板 4050×9100mm

图2 水密性测试样板图
测试样板现场 4050×9100mm

3.2 热工性能测试样板图（图3、图4）

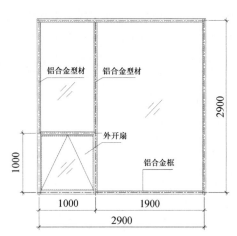

图3 热工性能测试样板图（一）
测试样板 2900×2900mm

图4 热工性能测试样板图（二）
测试样板现场 2900×2900mm

3.3 测试样板的主要材料选择

低能耗幕墙主要材料选用详见表5。

表5　幕墙主要材料表

序号	材料名称	配置	传热系数 K [W/(m² · K)]
1	铝合金型材	70 系列	160
2	玻璃	8Low-E＋16ArN＋8Low-E＋16ArN＋8	0.694
3	玻璃	12Low-E＋16ArN＋12Low-E＋16ArN＋12	0.696
4	暖边条	16mm	0.290
5	硅酮耐候密封胶	—	0.400
6	三元乙丙胶条	EPDM 胶条	0.250
7	三元乙丙发泡	EPDM 发泡	0.050
8	隔热材料	PA66 隔热条	0.300
9	隔热材料	聚氨酯	0.030
10	连接螺栓	不锈钢螺栓	17

备注：局部玻璃分格较大，单片玻璃厚度加厚。

4 测试结果

4.1 气密性能

（1）预备加压，检测依据：GB/T 15227—2007。

（2）附加空气渗透量测试。使用塑料布和胶粘带等密封材料，充分密封全部样品，或者密封箱体开口部分。对样品逐级施加指定压力，加压顺序和持续时间见表6。记录各级压差下的检测箱体附加空气渗透量，箱体的附加空气渗透量不应高于试件总渗透量的 20％，否则应在处理后重新检测。（由于附加空气渗透量测试准备时间较长，提前一天进行测量）

（3）固定部分空气渗透量测试。去除样品固定部分的密封，将样品开启部分用透明胶带或其他密封材料密封。对样品逐级施加指定压力，加压顺序和持续时间见表6。记录各级压差下的样品附加和固定部分的空气渗透量。

（4）总渗透量测试。去除样品上所有密封措施。对样品逐级施加指定压力，加压顺序和持续时间见表6。记录各级压差下样品的总空气渗透量。

表6　气密性能检测加压顺序和持续时间

正向加压顺序	1	2	3	4	5	6	7	8
压力差（Pa）	500	500	500	50	100	150	100	50
持续时间（s）	3	3	3	>10	>10	>10	>10	>10
负向加压顺序	1	2	3	4	5	6	7	8
压力差（Pa）	−500	−500	−500	−50	−100	−150	−100	−50
持续时间（s）	3	3	3	>10	>10	>10	>10	>10

（5）测试过程及结果。

①10Pa压力差值作用下（图5），幕墙单位开启缝长空气渗透量为0.14m³/(m·h)；幕墙整体（含可开启部分）单位面积空气渗透量为0.07m³/(m²·h)。

②−10Pa压力差值作用下（图6），幕墙单位开启缝长空气渗透量为0.16m³/(m·h)；幕墙整体（含可开启部分）单位面积空气渗透量为0.08m³/(m²·h)。

图5　10Pa压力差价作用下　　　　图6　−10Pa压力差值作用下

把测试结果换算成100Pa压差下 $q_1 = 0.08 \times 4.65 = 0.372 \text{m}^3/(\text{m}^2 \cdot \text{h})$。若某个房间室内空气体积为 $V = 6 \times 4 \times 2.4 = 57.6$（m³），幕墙面积为 $S = 6 \times 2.4 = 14.4$（m²），在100Pa压差下每小时通过幕墙的空气渗透量为 $q_2 = 0.372 \times 14.4 = 5.36$（m³），室内空气交换次数为0.09次/h。

4.2　水密性能

（1）静压水密性能检测，检测依据：GB/T 15227—2007。

（2）依据样品尺寸4050mm×9100mm，搭设喷淋架。喷淋架为网格状布置，每个喷嘴间距为700mm。喷淋面积覆盖整个样品（图7）。采用稳定加压法对样品进行检测。

（3）预备加压：对样品施加3个正向压力脉冲，压力值为500Pa，持续时间3s。待压力归零后，将样品所有开启部分开关5次，最后关紧。

（4）淋水：对整个样品均匀淋水10min，淋水量为3L/(m²·min)。

（5）淋水加压：在淋水的同时施加稳定压力。按照表7顺序加压。首先加压至可开启部分水密性能指标值1000Pa，压力稳定作用时间为5min或幕墙可开启部分产生严重渗漏为止，然后加压至幕墙固定部位水密性能指标值2000Pa，压力稳定作用时间为5min或幕墙固定部分产生严重渗漏为止。分别记录样品开启部分和固定部分的渗漏状态及部位。

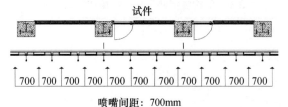

喷嘴间距：700mm

图7　喷嘴布置示意简图

表7 水密性能检测加压顺序

加压顺序	1	2	3	4	5	6
压力差（Pa）	500	500	500	0	250	350
时间	3s	3s	3s	10min	5min	5min
加压顺序	7	8	9	10	11	—
压力差（Pa）	500	700	1000	1500	2000	—
时间	5min	5min	5min	5min	5min	—

（6）测试过程及结果。

①依据样品尺寸4050mm×9100mm（图8）搭设喷淋架。喷淋架为网格状布置，每个喷嘴间距为700mm。喷淋面积覆盖整个样品。采用稳定加压法对样品进行检测。

②在淋水的同时施加稳定压力，加压至可开启部分。记录数据（图9、表8）。

图8 搭设喷淋架   图9 淋水（一）

表8 记录数据（一）

压力差（Pa）	时间（min）	幕墙状态
0	10	可开启部分无漏水
250	5	可开启部分无漏水
350	5	可开启部分无漏水
500	5	可开启部分无漏水
700	5	可开启部分无漏水
1000	5	可开启部分无漏水
1500	5	可开启部分无漏水
2000	5	可开启部分无漏水

③在淋水的同时施加稳定压力，加压至固定部分。记录数据（图10、表9）。

图 10　淋水（二）

表 9　记录数据（二）

压力差（Pa）	时间（min）	幕墙状态
0	10	固定部分无漏水
250	5	固定部分无漏水
350	5	固定部分无漏水
500	5	固定部分无漏水
700	5	固定部分无漏水
1000	5	固定部分无漏水
1500	5	固定部分无漏水
2000	5	固定部分无漏水

4.3　热工性能

（1）检测前试验条件。

①热箱空气平均温度设定为（20±0.5)℃，温度波动幅度不应超过±0.3℃；热箱空气相对湿度应小于等于30%。

②冷箱空气温度设定、温度波幅和气流速度的要求应符合 GB/T 8484 中相应规定。

③试件冷侧总压力与热侧静压力之差在（0±10）Pa 之间。

（2）试验步骤

①检查热电偶是否完好。

②启动检测设备和冷、热箱的温度自控系统，设定冷、热箱和环境空气平均温度分别为−20℃、20℃和20℃。

③当冷、热箱空气温度达到（−20±0.5)℃和（20±0.5)℃后，每隔30min测量各控温点温度，检查是否稳定。

④当冷、热箱空气温度达到稳定时，启动热箱控湿装置，保证热箱内的最大相对湿度 $\phi \leqslant 30\%$。

⑤2h后，如果逐时测量得到的热箱和冷箱的空气平均温度 t_h 和 t_c 每小时变化的绝对值与标准条件相比不超过±0.3℃，总热量输入变化不超过±2%，则表示抗结露因子检测过程已经处于稳定传热传湿过程。

⑥抗结露因子检测过程稳定后，每隔5min测量1次参数 t_h、t_c、t_1、t_2、…、t_{20}、ϕ 值，共测6次。

⑦测量结束之后，记录试件热侧表面及玻璃夹层结露、结霜状况。

⑧按采集数据进行计算。

（3）测试过程及结果（图11、图12、表10）。

图 11　测试过程

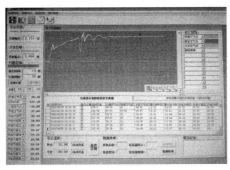

图 12 软件操作

表 10 记录数据（三）

幕墙测点编号（图 11）	测点温度（图 12）
24	16.4℃
25	16.1℃
26	16.1℃
27	18.2℃
28	16.7℃
29	18.1℃
30	17.2℃
幕墙表面无结露、无结霜状况	
结果：传热系数为：0.88W/（m²·K）	

4.4 测试结论

根据设计要求及施工指导书，安装低能耗玻璃幕墙。实验总顺序：气密性能检测——抗风压性能检测（变形检测）——水密性能检测——抗风压性能检测（反复加压检测及安全检测）——层间变形检测（平面内、平面外、垂直方向）。本文仅针对水密性、气密性、热工性能进行总结和讨论，可得结论如下：

（1）低能耗铝合金玻璃幕墙气密性：可开启部分单位缝长符合国标 GB/T 21086—2007 第 4 级 $[0.16m^3/(m·h)]$，幕墙整体单位面积符合国标 GB/T 21086—2007 第 4 级 $[0.08m^3/(m^2·h)]$。

（2）低能耗铝合金玻璃幕墙水密性：开启部分属国标 GB/T 21086—2007 第 5 级（2000Pa），固定部分属国标 GB/T 21086—2007 第 5 级（2000Pa）。

（3）低能耗铝合金玻璃幕墙热工性能：保温性能属国标 GB/T 21086—2007 第 8 级。传热系数为 0.88W/（m²·K）。

5 应　用

（1）本系统应用于"五棵松冰上运动中心被动式超低能耗幕墙项目"，该项目位于华熙 LIVE·五棵松东南角，是华熙集团旗下北京五棵松文化体育中心有限公司为响应国家冰雪发展战略、提升国家冰雪运动实力，服务北京 2022 年冬季奥运会，提升北京市青少年冰上运动培训实力而全资打造的临长安街又一标志性建筑，超低能耗面积为 38400m²。该项目是 2018 年第一批专家评审通过的《北京市超低能耗建筑示范项目》。

（2）本系统应用于"1 号公租房等 8 项公建超低能耗示范建筑幕墙项目"，该项目位于丰台区马家堡东路 7 号，属于住宅混合公建项目，总体规划集办公、养老、商业服务于一体，超低能耗面积为 10250m²。该项目是 2018 年第一批专家评审通过的《北京市超低能耗建筑示范项目》。

6 结　论

（1）本系统气密性负压的渗透量略高于正压的渗透量。其气密性完全满足德国标准 $N_{50}≤0.6$ 次/h。在幕墙设计及应用时宜采用本系统结构形式。

（2）本系统开启窗使用外开上悬式，水密性测试 2000Pa 无明显漏水，明显好于内开内倒的平开窗形式，因此，在幕墙设计及应用时宜采用外开上悬式开启方式。

（3）本系统铝合金玻璃幕墙传热系数为 $0.88W/(m^2 \cdot K)$，满足低能耗建筑对幕墙的要求。在幕墙设计及应用时，若采用 U 值更低的玻璃，幕墙的传热系数会更低。

（4）以质量轻、强度高的铝合金为受力构件的玻璃幕墙，经过合理的设计，完全能满足低能耗建筑幕墙的需求。

参考文献

[1]　中华人民共和国国家质量监督检验检疫总局，中国国家标准化管理委员会．建筑幕墙（GB/T 21086—2007）［S］．北京：中国标准出版社，2008.

[2]　中华人民共和国住房和城乡建设部．木结构设计标准（GB 50005—2017）［S］．北京：中国建筑工业出版社，2017.

[3]　中华人民共和国住房和城乡建设部．多高层木结构建筑技术标准（GB/T 51226—2017）［S］．北京：中国建筑工业出版社，2017.

[4]　中华人民共和国住房和城乡建设部．建筑设计防火规范（GB 50016—2014）［S］．北京：中国计划出版社，2015.

[5]　中华人民共和国住房和城乡建设部．民用建筑热工设计规范（GB 50176—2016）［S］．北京：中国建筑工业出版社，2017.

[6]　中华人民共和国建设部．建筑气候区划标准（GB 50178—1993）［S］．北京：中国计划出版社，1993.

[7]　路国忠，李聪聪，张佳阳．被动式近零能耗建筑关键技术指标与措施研究［C］．全国绝热节能科技创新技术交流会论文集，2016.

[8]　本刊编辑部．低能耗建筑迎来了春天［J］．建设科技，2019（6）：1.

[9]　陈守恭．论全面推广低能耗建筑的紧迫性［J］．建设科技，2019（6）：12-13.

[10]　万成龙．被动式超低能耗建筑用外窗性能实测分析［J］．建筑科技，2015（19）：34-36.

CABR/T 保温装饰一体板外墙保温系统在超低能耗建筑中的应用研究

艾明星[1,2]*，石　永[1,2]，孙彤彤[1,2]，张丰哲[3]，葛召深[3]

（1. 中国建筑科学研究院有限公司；2. 建研科技股份有限公司，北京　100013；

3. 中材（北京）建筑节能科技有限公司，北京　100085）

摘　要　针对超低能耗建筑采用薄抹灰外墙外保温系统时，由于保温层厚度增厚而自重大导致的高层建筑外保温系统易开裂、空鼓，保温层蠕变、下坠，系统脱落等情况，研究保温装饰一体板系统用于超低能耗建筑的可行性。结果表明：通过采用基层粘结材料、单组分聚氨酯硬泡砌筑材料，并利用专用断桥锚固组件，可解决常规一体板系统保温层不连续、锚固组件热桥效应、系统安全性低的技术难题，从而构筑相比现有薄抹灰外墙外保温系统更加安全可靠、施工方便、耐久、无开裂风险等特点的超低能耗建筑用围护结构保温系统。

关键词　保温装饰一体板；超低能耗建筑；无热桥设计

1　研究背景

超低能耗建筑是适应气候特征和场地条件，通过被动式建筑设计最大幅度降低建筑供暖、空调需求，通过主动技术措施最大幅度提高能源设备与系统效率，充分利用可再生能源，以最少的能源消耗提供舒适室内环境，且其室内环境参数和能效指标符合现行国家标准《近零能耗建筑技术标准》（GB/T 51350—2019）规定的建筑。

超低能耗建筑的发展已涉及规划与建筑方案设计、热桥处理技术、建筑气密性措施、供热供冷系统、新风热回收及通风系统、照明与电梯、监测与控制、精细化施工、运行与管理等诸多方面，其中加强围护体系的保温隔热性能是超低能耗建筑设计和建筑中最为重要的技术措施。

目前，超低能耗建筑的外墙主要采用薄抹灰外墙外保温系统的构造形式，具有保温层连续、无热桥设计等诸多优点。区别于普通建筑，用于超低能耗建筑的薄抹灰系统，同时也具有保温层厚度厚、自重大等特点，特别是当选用岩棉条作为外保温材料时，保温层厚度通常都超过了 200mm，自重也超过了 $20kg/m^2$。当建筑高度较低时，外围护系统所受的风荷载和地震力作用较小，通过精细化施工和现场管理，可有效保证外保温系统的结构安全性和使用安全性；然而，随着建筑高度的提高，风荷载、地震力作用逐渐增大，如何提高整个外保温系统的结构安全性，防止外保温系统面层开裂、空鼓，保温层蠕变、下坠，系统脱落，成为超低能耗建筑推广应用中不可回避的

＊通信作者：艾明星，博士，研究员，中国建筑科学研究院绿色围护结构技术中心主任，主要从事绿色建材、围护系统开发、应用及标准化工作。

技术难题。此外，我国目前正在大力推广钢结构建筑，将钢结构建筑设计为超低能耗建筑也是未来超低能耗建筑发展的重要方向。区别于传统混凝土结构，钢结构建筑由于采用钢材作为主体结构，韧性好，可有较大变形，因此对于外围护系统具有更高的技术要求，当采用较为刚性且抹面层连续的薄抹灰外墙外保温系统时，表面开裂、进水、脱落的风险较大，因此，在钢结构住宅中要实现被动式设计，必须解决外围护系统的开发问题。

2 CABR/T 陶瓷薄板饰面保温装饰一体板及其外保温系统介绍

CABR/T 陶瓷薄板饰面保温装饰一体板（以下简称 CABR/T 一体板）是由中国建筑科学研究院自主开发的新型节能产品，如图 1 所示。该产品以岩棉等无机保温材料或模塑聚苯板等有机保温材料为保温层，以具有多种装饰效果的陶瓷薄板或超薄石材为防护及装饰层，通过工厂化预制工艺复合而成，具有保温、防火、装饰等优异性能。将 CABR/T 一体板通过粘结材料，并利用专用锚固组件固定于外墙外表面，同时以嵌缝材料和耐候性密封胶材料密封板缝，就构成了具有保温、防护和装饰作用的 CABR/T 一体板外墙保温系统。

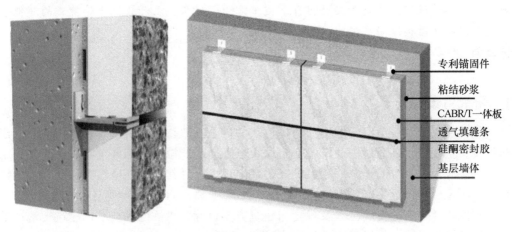

图 1 CABR/T 陶瓷薄板饰面保温装饰一体板外保温系统

CABR/T 一体板采用粘锚结合的方式固定于基层墙体，其中粘接剂由聚合物水泥砂浆构成，位于保温板与基层之间，起抵御垂直于板面的负风压作用；锚固组件由后端的 L 形支撑架体和前端的"干"字形扣件构成，其中 L 形支撑架体通过螺栓与基层墙体连接，"干"字形扣件直接连接到 CABR/T 一体板的装饰面板，整个锚固组件可起到支撑保温板、抵御保温板自重引起的剪切力，同时防止保温层蠕变变形等作用。此外，CABR/T 一体板外墙保温系统以板块拼接，板缝采用耐候硅酮密封胶填缝处理的工艺，可释放外墙的应力变形，避免墙体的开裂、漏水，特别是用于钢结构建筑时，可从根本上消除由于结构柔性变形导致的墙面开裂问题，从而最大限度地保证系统的安全性。

将 CABR/T 一体板外墙保温系统应用到超低能耗建筑，客观上为中高层混凝土结构超低能耗建筑、钢结构超低能耗建筑系统安全性、耐久性等技术问题提供了一条可探索的解决途径。

3 CABR/T 一体板外墙保温系统应用于超低能耗建筑可行性分析

区别于薄抹灰外墙外保温系统，CABR/T 一体板外墙保温系统具有特有的构造形式，主要包括保温层的不连续性以及锚固组件外露可引起的热桥作用。现行国家标准《近零能耗建筑技术标准》（GB/T 51350—2019）明确提出："超低能耗建筑的建筑围护结构设计时，应进行消除或削弱热桥的专项设计，围护结构保温层应连续；保温层采用锚栓时，应采用断热桥锚栓进行固定。"从这些要求可以看出，将适用于传统建筑的CABR/T 一体板外墙保温系统简单、直接、机械地移植到超低能耗建筑中，显然不科学或者说违背了超低能耗建筑所倡导的技术理念。

显然，为解决 CABR/T 一体板外墙保温系统应用于超低能耗建筑中的固有技术问题，必须从两方面入手：首先是保温层的连续性问题；其次是锚固组件的断桥问题，以及锚固组件中支撑卡件的力学安全性问题。

4 CABR/T 一体板外墙保温系统中保温层连续性研究

CABR/T 一体板作为块体材料，客观存在保温材料不连续的问题，传统的一体化系统，通常在板缝中嵌入泡沫棒用于支撑硅酮密封胶，同时起到一定的保温作用，但这种嵌缝方式注定存在很大的热桥效应，必须加以解决。

当采用岩棉条作为保温材料时，一种有效的解决方案是将尺寸较厚的岩棉CABR/T 一体板通过具有高效保温和粘接作用的聚氨酯硬泡材料进行砌筑连接，如图 2 所示。聚氨酯硬泡保温材料的导热系数低于 $0.024\mathrm{W}/(\mathrm{m}^2 \cdot \mathrm{K})$，保温性能大约为岩棉条的 2 倍，同时具有优异的粘接性能，因此，在岩棉 CABR/T 一体板外墙保温系统中，采用

单组分聚氨酯砌筑

图 2 单组分硬泡聚氨酯材料板材粘接砌筑

单组分硬泡聚氨酯材料不但可以增加一体板块之间横向与纵向之间的粘接强度；封闭竖丝岩棉，提高系统内部构造防水性能；增加板缝之间的热阻，杜绝热桥；同时可提高岩棉条的保温连续性以及系统的整体性，从而满足超低能耗建筑对于保温层连续性的要求。

5 CABR/T 一体板外墙保温系统锚固组件开发及安全性研究

相比常规建筑，应用于超低能耗建筑中的锚固组件，整体除应具有断桥构造之外，组件中的 L 形支撑架体还应具有更高的支撑能力。依据现行行业标准《保温防火复合板应用技术规程》（JGJ/T 350—2015）的技术要求，CABR/T 一体板外墙保温系统的锚固组件应锚固到一体板的装饰面板，因此在超低能耗建筑中，锚固组件的长度可达 200mm 以上，单个锚栓整体承受竖向荷载可达 30kg，这对锚固组件的力学性能提出了更高的要求。

对于锚固组件中的 L 形支撑架，在一体板重力作用下，将产生挠度变形，为保证系统的安全性，挠度变形必须被限制在一定的范围内。为此，对 L 形支撑架进行了相关的构造改进，在翻边加强处理的同时增加锚栓的数量，并增加锚栓的锚固深度，使其可以完成承托板材自身的质量。为此我们将厚度为 250mm 的岩棉 CABR/T 一体板仅通过锚固组件直接固定在基层墙体上，而没有进行粘接处理，来进行系统的抗挠度试验研究，如图 3 所示。试验结果表明，当仅考虑锚固组件的支撑作用，而不考虑粘接作用时，板材根据实际制作称重设定其质量为 30kg，使用两个支撑架支撑，分析单个支撑架模型加载力按 1.5 倍的安全系数，加载位置为前端支架"干"字形扣件的凹槽内，模拟最不利条件。试验结果：应变图 4 中最大变形量为 4.1mm，应力图 5 中最大应力为 265.2MPa。而在实际工程中，岩棉 CABR/T 一体板将通过以粘为主，粘锚结合的方式进行固定，挠度变形会进一步减小，完全可以满足工程实际的需要。

图 3　锚固组件挠度变形试验

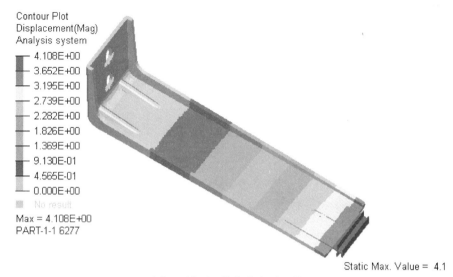

图 4　锚固组件挠度变形量模拟

图 5　锚固组件应力分布模拟

6　CABR/T 一体板外墙保温系统热桥处理技术

CABR/T 一体板外墙保温系统中容易产生热桥的部分包括 CABR/T 一体板板缝处、锚固组件处。前述已经说明，板缝处通过利用单组分硬泡聚氨酯进行砌筑粘接处理，从而使得保温层连续，减少热桥。锚固组件处，L 形支撑架与基层墙体之间安装有 10mm 厚，导热系数 $0.10\mathrm{W/(m^2 \cdot K)}$ 的轻质垫块；L 形支撑架与"干"字形扣件之间也增加 2mm 厚，导热系数 $0.10\mathrm{W/(m^2 \cdot K)}$ 的隔热垫，从而消除锚固组件处的热桥影响，如图 6 所示。为此采用热桥分析软件对安装件剖面进行热桥分析，内表面温度设置为 20℃，外表面温度－10℃，板缝 5mm，采用聚氨酯胶作为板缝粘接材料，满填密实，计算结果如图 7 和图 8 所示。

分析结果表明，采用聚氨酯胶硬泡砌筑粘接，由于聚氨酯传热系数明显优于岩棉，

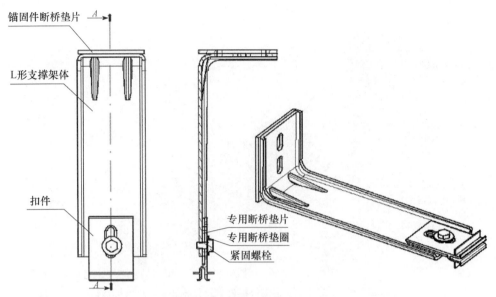

图 6　锚固组件及断桥示意图

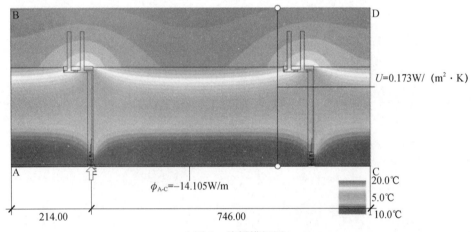

图 7　热桥模拟图

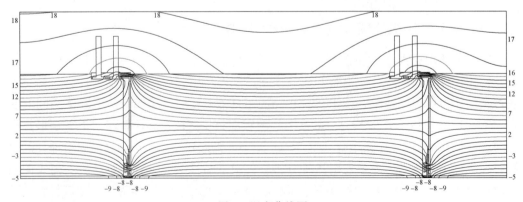

图 8　温度曲线图

板缝处并不存在明显热桥，靠近墙体内侧温度接近 18℃，与室内空气温差小于 3℃，满足被动房温差要求。该热桥理想状态下板缝应该为无热桥，只有安装件为点热桥，但这毕竟是理想状态的计算方式，施工中难免会出现板缝不密实的情况，下一步我们需要进一步优化连接件以及板缝的处理方式，比如铝制连接件更改为树脂基材质，将板缝处理做成半成品，现场经过简单处理可实现断热桥工艺，逐渐实现构件的部品化设计。

装配式构件无热桥设计是未来的发展方向，CABR/T 一体板无须考虑气密性问题，相对于其他装配式构件更容易实现突破，无热桥设计、粘挂一体的安全安装方式以及更大的变形能力可以满足钢结构对被动式保温装饰一体板的要求。

7 结　论

CABR/T 一体板外墙保温系统可通过基层粘结材料、单组分聚氨酯硬泡砌筑材料，并利用专用断桥锚固组件，采用粘、锚、砌相结合的方式将 CABR/T 一体板固定于基层墙体，可解决常规一体板系统保温层不连续、锚固组件热桥效应、系统安全性低的技术难题，从而构筑相比现有薄抹灰外墙外保温系统更加安全可靠、施工方便、耐久、无开裂风险等特点的超低能耗建筑用围护结构保温系统。

参考文献

[1] 中华人民共和国住房和城乡建设部. 近零能耗建筑技术标准（GB/T 51350—2019）[S]. 北京：中国建筑工业出版社，2019.

[2] 中华人民共和国住房和城乡建设部. 保温防火复合板应用技术规程（JGJ/T 350—2015）[S]. 北京：中国建筑工业出版社，2015.

被动式超低能耗绿色建筑改造项目的施工控制
——以朗诗华北被动房体验中心为例

白　羽[1*]，秦　枫[2]，刘郁林[1]，朱小红[1]

（1. 北京市住宅建筑设计研究院有限公司，北京　100005；

2. 朗诗地产北京公司，北京　100081）

摘　要　当前，为应对气候变化、实现可持续发展战略，我国在不断提高建筑能效水平。被动式超低能耗绿色建筑以其高性能保温与门窗、建筑整体的高气密性、无热桥设计、高效新风热回收系统、可再生能源充分利用等系统化设计为原则，相比传统建筑在节能、舒适、空气质量控制等方面均大大提升了建筑品质，并延长建筑使用寿命。超低能耗建筑在完成设计的基础上，应更加注重项目的施工与运行，同时以能耗运行实际数据作为项目检验的依据。朗诗华北被动房体验中心项目已于 2018 年 2 月 28 日获得 PHI Plus 级别认证，并已完工，于 2018 年 4 月投入体验使用。本文针对该项目如何实现被动式超低能耗建筑的改造，将从施工角度，介绍与分析不同部位施工建造，并结合项目实际使用情况，总结既有建筑实现被动式超低能耗建筑的项目实践经验。

关键词　被动式；超低能耗；施工；运行

本项目为国内第一个获得德国 PHI Plus 级别认证的项目，也是国内首个获此殊荣的既有建筑被动房改造项目。本项目位于北京八达岭经济开发区风谷四路 8 号院 22 号楼，原有建筑的性质不变，使用功能调整，除主体结构外全部拆除（图 1）。改造后建筑功能为被动房体验中心，总建筑面积 568.46m²，建筑高度为 9.75m。首层为被动房展厅，含展览、接待、会议、办公等功能空间，二层为被动房体验间，含两套住宅户型（图 2）；首层层高 4.2m，二层层高 3.9m，南侧、西侧分别加设阳台，满足功能需求同时起到水平遮阳。屋顶设有光伏发电系统（现状），即发即用。增加太阳能集热系统。

本项目技术要点包括：高性能的围护结构保温、高性能被动房外窗外门、无热桥节点处理、连续完整的建筑气密层设计、高效热回收的新风系统及光伏发电与太阳能热水系统的可再生能源利用技术。

＊通信作者：白羽，女，1980.12，高级工程师，被动房咨询师，绿色建筑咨询师；通信地址：北京市东城区东总布胡同 5 号，邮编 100005。

图 1　项目拆除中实景

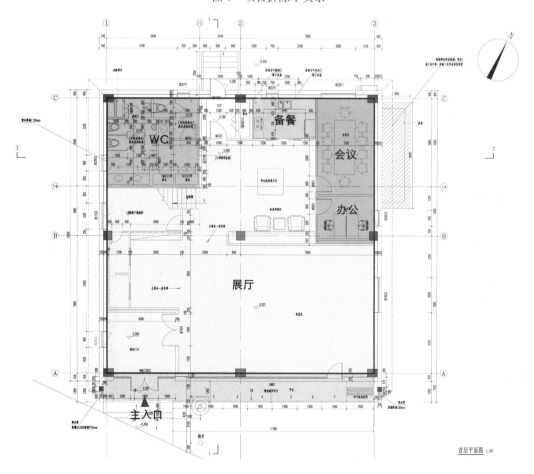

首层平面图 1:50

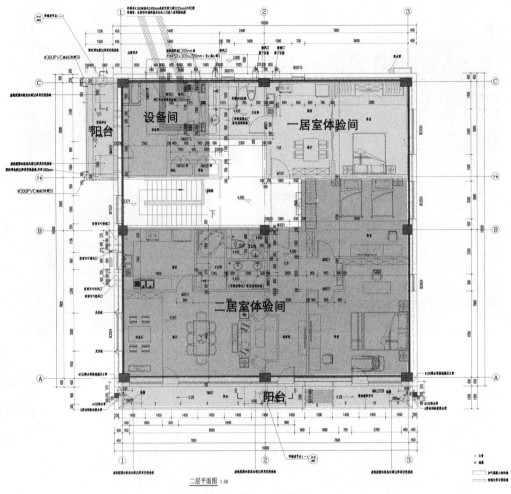

二层平面图 1:50

图 2　首、二层平面

1　技术目标

1.1　满足德国被动房研究所要求（北京地区标准）

（1）年供暖需求≤15kW·h/(m² · a)；

（2）年供冷需求≤18kW·h/(m² · a)；

（3）一次能源年消耗量≤120kW·h/(m² · a)；

（4）气密性测试指标应符合 $N_{50} \leqslant 0.6 \text{h}^{-1}$。

1.2　满足住房城乡建设部要求

（1）公共建筑供暖、空调和照明能耗（计入可再生能源贡献）在现行国家标准《公共建筑节能设计标准》（GB 50189—2015）基础上降低60％以上；

（2）气密性指标应符合换气次数 $N_{50} \leqslant 0.6 \text{h}^{-1}$；

（3）室内环境标准达到现行国家标准《民用建筑供暖通风与空气调节设计规范》（GB 50736—2012）中的Ⅰ级热舒适度。

1.3 详细技术目标（表1）

表1 项目分类技术目标

序号	类型	部位	做法		
1	围护结构节能	外墙	250mm厚石墨聚苯板	传热系数 [W/(m²·K)]	0.13
2		屋面	300mm厚挤塑聚苯板（结构板上）100厚岩棉（结构板下）		0.10
3		地面	140mm厚挤塑聚苯板		0.24
4		特殊部位	50mm厚真空绝热板（局部梁板、开敞阳台的挑梁、阳台板）		0.13
5			250mm挤塑聚苯板（与土壤接触的地下外墙基础、柱子基础）		0.13
6		外窗	塑料窗：5FT＋14TPS.Ar＋5Low-E 14TPS.Ar＋5Low-E暖边全钢化玻璃塑料窗		0.80
7			铝包木窗：5FT＋16TPS.Ar＋5Low-E 16TPS.Ar＋5Low-E加暖边		
8			木索结构窗：6FT＋16TPS.Ar＋6PLTUNⅡ＋16TPS.Ar＋5PLT UNⅡ加暖边		
9		外门	铝包木外开门（低门坎）		1.00
10			被动房入户门		0.78
11	无热桥设计	外墙	保温层采用断热桥锚栓		
12		管道	穿外墙部位、传屋面部位的管道预留洞口大于管道外径，满足保温厚度		
13		屋面	女儿墙间隔2～2.5m设置构造柱，专用技术构造确保外墙与屋面保温连续		
14		女儿墙	保温连续包裹		
15		地面	地面保温与外墙保温连续		
16		结构基础	与外墙保温连续		
17		外窗	外挂式、保温包裹窗框、隔热垫块（片）		
18		悬挑阳台	挑梁保温包裹，阳台板与结构主体断开		
19	气密性设计	外门窗	气密性等级不应低于8级，水密性等级不应低于6级，抗风压性能等级不应低于9级		
20		构造节点	抹灰、气密胶带、气密材料缝隙封堵		
21	遮阳设计	东、西、南侧	采用可调节外遮阳设计		

续表

序号	类型	部位	做法
22	高效新风热回收系统		显热回收效率为88%，平均耗电量为0.40Wh/m³，噪声等级为43dB（A），新风过滤网等级为H11，回风过滤网等级为G4
23	厨房和卫生间通风		厨房、卫生间回风口回风，并与新风进行全热交换，换热效率达到85%，厨房设补风口与抽油烟机联动，补风量等于抽油烟机排风量
24	可再生能源利用技术		太阳能热水系统
25			光伏发电系统：120片光伏板，即发即用
26	能耗系统检测		设置能耗监测平台

2 施工准备

被动房的施工不同于传统做法，施工工艺更加复杂，对施工程序和质量的要求也更加严格。施工前，对建设单位相关负责人、现场工程师、施工人员、监理人员进行被动房设计与施工专项培训。

建设单位组织施工总包、设计院专业技术人员进行施工图专项交底。

3 施工工序

项目为改造项目，施工工序包括建筑拆除、二次结构施工（局部结构加固、阳台加建、外墙砌筑等）、被动房系统施工、设备系统调试、精装等部分（表2）。

表2 项目施工工序简介

序号	施工工序		
1	拆除（保留结构主体等）		
2	二次结构施工		围护结构外墙砌筑、阳台加建、女儿墙、预埋件等
3	被动房系统施工	1	气密性处理（一）：构造气密性、穿外墙管气密性
		2	断热桥安装（室外遮阳支架）
		3	门窗安装
		4	气密性处理（二）：门窗、穿屋面管
		5	高效热回收新风系统安装
		6	保温施工（外墙、屋面、基础、地面）
		7	气密性检测
		8	外遮阳系统
		9	其余系统设计
4	设备系统调试		
5	精装		

4 施工控制

4.1 拆除

拆除原有门窗与围护结构砌块墙，保留主体结构、基础、柱、梁、楼板、屋面结构（图3）。

图3 拆除后实景

4.2 二次结构施工

根据新的被动房设计，项目进行围护结构外墙砌筑、阳台加建、女儿墙、预埋件等工序，完成二次结构施工（图4）。

图4 加气块围护结构外墙砌筑、加建阳台植筋

4.3 被动房系统施工

4.3.1 气密性处理（一）：构造气密性、穿外墙管气密性

气密性保障应贯穿整个施工过程，在施工工法、施工程序、材料选择等各环节均应考虑。本工程主体结构为框架结构，在二次结构施工中，结合施工工序，完成外填充墙与原有结构主体连接处、穿墙管道等关键部位的气密性处理（图5）。与外界相连的不同构造材料交接处粘贴气密胶带、穿外墙管粘贴气密胶带（室内侧为隔汽气密胶带、室外侧为防水气密胶带）。

图 5　砌体结构与结构柱粘贴气密胶带、阳台加建、穿外墙电管气密性处理

4.3.2 断热桥安装

二次结构完成后安装室外滑动遮阳百叶支架，隔热垫块采用玻璃纤维板。门窗下口采用木方隔热垫块（图6）。

4.3.3 门窗安装（图7）

检查外窗结构洞口，外挂安装窗户，外挂专用金属支架安装应牢固并能调整，窗框与支架连接时，应保证窗户垂直平整且牢固可靠，在窗框与结构墙间的缝隙处装填预压自膨胀密封带，外窗洞口与窗框连接处应进行防水密封处理，室内侧粘贴隔汽膜，避免水蒸气进入保温材料内；室外侧采用防水透汽膜处理，以利于保温材料内水气排出；外墙保温层应包裹窗框≥25mm，窗框未被保温层覆盖部分不宜超过10mm。

门窗安装流程：洞口与基层处理—放线—安装固定件—沿门窗四周粘贴气密性胶带—整窗安装—窗户外侧四周粘贴防水透汽膜—固定位置粘贴室外防水透汽膜—清理窗台—发泡胶填充缝隙—粘贴室内气密性胶带—窗台板四周处理—安装窗台板。

4.3.4 气密性处理（二）：门窗、穿屋面管

门窗安装中的气密性处理包括：沿门窗四周粘贴气密性胶带、发泡胶填充缝隙、粘贴室内气密性胶带、抹灰。穿屋面管气密性做法同穿外墙做法（图8）。

4.3.5 高效热回收新风系统安装（图9）

（1）本工程采用新风热泵式空调一体多功能机组，共四台，其中两台设于二层设备间内供首层展厅使用，另外两台分别供应一居室与两居室，设置于浴室顶棚内与厨房。

（2）新风采用高效除霾热回收机组，承担室内冷热负荷，控制室内温湿度，满足通风及室内卫生要求。

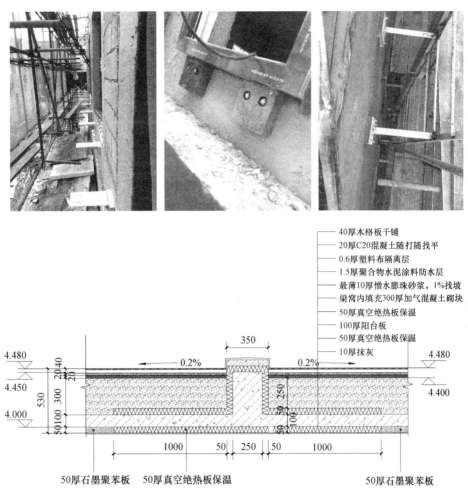

40厚木格板干铺
20厚C20混凝土随打随找平
0.6厚塑料布隔离层
1.5厚聚合物水泥涂料防水层
最薄10厚憎水膨珠砂浆，1%找坡
梁窝内填充300厚加气混凝土砌块
50厚真空绝热板保温
100厚阳台板
50厚真空绝热板保温
10厚抹灰

50厚石墨聚苯板　　50厚真空绝热板保温　　　　　　　　50厚石墨聚苯板

图 6　遮阳百叶支架断热桥、木方隔热垫块承重外窗、爬梯断热桥、阳台挑梁断热桥

图 7　门窗安装

图 8　穿屋面管

（3）新风设置预热装置。

（4）显热回收效率为88％。

（5）平均耗电量0.40Wh/m³。

（6）通风电力需求：0.45W/（m³/h）（最大风量下）。

（7）过滤网：送风过滤网等级为H11，回风过滤网等级为G4。

（8）新风口：起居室、卧室外墙；回风口：厨房、卫生间回风。

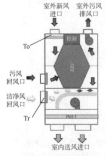
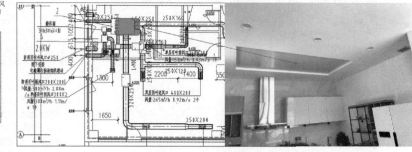

高效热回收新风系统　　　　　　　高效热回收新风系统吊顶内安装

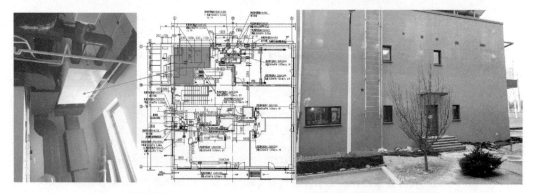

新风机房　　　　　　　　　　风口（70厚保温）

图9　新风系统安装图

4.3.6 保温施工（外墙、屋面、基础、地面等）

项目在完成以上二次结构施工、外墙预埋固定件、穿墙套管、穿屋面套管、外门窗框安装后，基层外墙面表面平整度和立面垂直度满足相关标准要求后，完成清洁，确保无油污、浮尘等附着物后，开始外墙、基础、屋面等部位保温工作（图10）。

（1）外墙：粘贴250厚石墨聚苯板，保温板平整紧密地粘贴在基墙上，避免出现空腔，保温板外部表面缝隙或局部缺陷采用发泡保温材料进行填补。

（2）屋面保温：结构板上采用300厚挤塑聚苯板，三层错缝粘贴。光伏基础墩采用300厚挤塑聚苯板包裹，保温连续，防止冷桥发生。

（3）基础保温：与土壤接触的地下外墙基础、柱子基础外粘贴250厚挤塑聚苯板保温。

（4）地面保温：采用140mm厚挤塑聚苯板，框架柱结构之间采用140厚泡沫玻璃，保证基础保温与地面板的连续。

（5）对管线穿外墙部位进行封堵，确保封堵紧密充实。

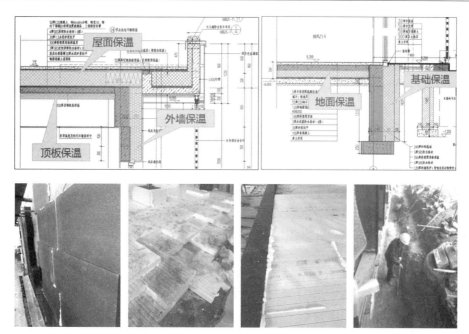

图10 外墙、屋面、基础、地面的部分保温设计与施工

4.3.7 气密性检测

项目在门窗安装完成后进行气密性检测（图11），检查所有角落、门窗、插座、气密层穿透处、不同材料的连接处，项目在50Pa的室内外压差下，气密性检测值 $N_{50}=0.21h^{-1}$。

图11 气密性检测

4.3.8 外遮阳系统

本项目外遮阳设计采用导轨滑动式可移动外遮阳（图12）。通过对百叶不同角度的控制，可在充分利用自然光线的同时，避免不必要的眩光，改善室内光环境的均匀度，有效降低建筑照明能耗。

图12 活动外遮阳实景

4.3.9 其余系统设计

1. 厨房和卫生间通风措施

从起居室和卧室送入新风，通过过道等过渡区，通过厨房、卫生间回风口回风，并与新风进行全热交换，换热效率达到85％。

2. 特殊部位处理

外墙特殊部位保温节点主要是在外墙保温设计不能满足常规超低能耗建筑设计的基础上研究的特殊保温节点设计。外墙特殊部位存在原有贴临建筑不可破坏、墙体厚度增加有限、施工条件不足、与改造后整体建筑外立面衔接等问题。针对此类问题，此处特殊部位在可施工条件下，采用双层真空绝热板为保温材料，其导热系数优于常规的石墨或挤塑聚苯保温板、岩棉条、岩棉板，同时厚度大大降低，有利于解决特殊部位厚度有限的保温节点设计（图13）。

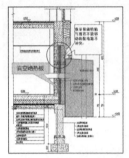

图13　特殊部位保温设计、无热桥处理

3. 可再生能源利用（图14）

太阳能热水系统：采用集中集热-分户储热-分户加热太阳能热水系统，供应二楼2户住宅体验间的室内热水。贮热水箱及循环泵等设备设于二层设备间内，住宅电热水器放在各户卫生间，每户配置80L储热水箱。

光伏发电：本项目设置120片光伏板，光伏组件规格：1690×992（mm），即发即用。每年光伏发电量3.6万kW·h，该项目平均每年每平米可节约62度电。

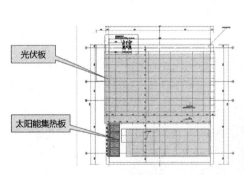

图14　光伏系统、太阳能热水系统

4. 能耗监测系统（图15）

本项目建成后采用能源管理平台对各项能耗指标进行监控、记录，切实做好超低能耗示范项目的实际运行工作。能源管理平台包含模块：能耗监测（按体验区分别计量，按功能空调、照明、插座等计量）、环境监测（PM$_{2.5}$、CO$_2$、温度、湿度、TVOC）、壁温监测（东西南北侧墙壁、窗户内外表面温度、屋顶内外表面温度）、能耗分析、运行记录。

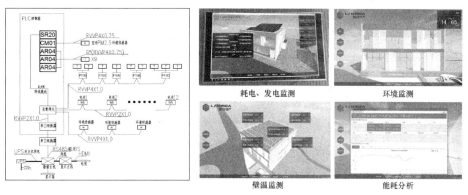

图 15　能源管理系统图、能源管理平台运行监测

5　改造实景

项目改造后外立面实景如图 16 所示，简洁、现代。室内精装自然、舒适，室内部分为展厅和智能家居两部分（图 17），一层为多功能展厅，用于展示朗诗品牌和被动房技术，兼具小型会议功能；二层有两个被动房体验套间，分别为一室一厅及两室一厅，营造绿色、节能、健康、舒适的居住环境。

图 16　外立面实景

图 17　室内精装实景

6　小　结

目前我国现有的被动式超低能耗绿色建筑以新建的居住建筑、公共建筑为主，特别是在被动式超低能耗既有建筑改造项目还存在大量的可研究领域。本项目地处寒冷地区，示范建筑单体为多层建筑，将成为寒冷地区被动式超低能耗既有建筑改造的实验平台与示范基地，加大既有建筑改造项目的节能力度，为今后的被动式超低能耗改造项目积累经验。

参考文献

[1]　中华人民共和国住房和城乡建设部 . 被动式超低能耗绿色建筑技术导则（试行）（居住建筑）[EB/OL]. (2015-11-10) . http：//www. mohurd. gov. cn/wjfb/201511/t20151113 _ 225589. html.

[2]　北京市住房和城乡建设委员会、北京市财政局、北京市规划和国土资源管理委员会 . 北京市超低能耗建筑示范工程项目及奖励资金管理暂行办法（京建法〔2017〕11 号）[EB/OL]. (2017-6-30) . http：//zjw. beijing. gov. cn/bjjs/gcjs/jzjnyjcjg/tzgg/428513/index. shtml.

[3]　中国建筑标准设计研究院 . 16J908-8 被动式低能耗建筑——严寒和寒冷地区居住建筑 [S]. 北京：中国计划出版社，2017.

[4]　[德]贝特霍尔德·考夫曼，[德]沃尔夫冈·费斯特 . 德国被动房设计和施工指南 [M]. 徐智勇，译 . 北京：中国建筑工业出版社，2015.

超低能耗建筑外遮阳技术研究与施工

吴亚洲*，朱　文*

（北京科尔建筑节能技术有限公司，北京　100029）

摘　要　在超低能耗建筑中使用外遮阳很有必要，既可以在夏季降低空调能耗，又可以在冬季降低采暖能耗。本文介绍了外遮阳系统产品的分类与特点、施工流程及施工规范，对于外遮阳的使用给出了具体指导方案。

关键词　外遮阳产品；节能数据；施工规范；施工流程

1　超低能耗建筑使用外遮阳的必要性

在夏季，采取合理的建筑遮阳措施可以有效遮挡阳光直射，明显降低建筑物空调能耗；在冬季，夜晚关闭遮阳装置可以使窗户具备更佳的保温效果，能够有效降低采暖能耗。欧洲遮阳组织（The European Solar Shading Oraganization）的实验数据显示，采用建筑外遮阳，建筑物节能效果显著，总体上可以节约空调能耗 25％以上，节约采暖能耗 10％以上。

1.1　建筑外遮阳改善室内热环境和光环境的分析

建筑遮阳是建筑节能的有效方式之一。被动式超低能耗建筑透明围护结构部分使用建筑遮阳，可以避免阳光直射，有效改善室内热环境和光环境，能够极大地提高建筑物室内的健康舒适性。

2014 年 COLE 科尔联合中建建筑科学研究院进行建筑遮阳产品节能测试——中建建筑外遮阳测试。

1.2　中国寒冷地区（北京）外遮阳节能数据实测

节能数据的检测方案如图 1 所示。

1.2.1　检测结果

在室外平均温度、室外辐照度基本一致的情况下，选择相邻两天卷闸窗分别伸展、收回时的数据，对外遮阳效果进行分析，对比室内温度。时间段为 7：30～20：00；同时控制室温均为 26℃，采集空调用电量，对比结果见表 1。

＊通信作者：吴亚洲，性别：男，职称：中级工程师，职务：董事长，联系电话：010-84832755。
朱文，性别：男，职务：技术总监，联系电话：010-84832755。

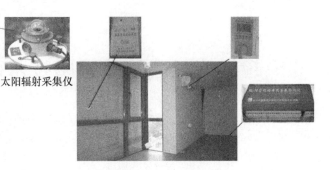

太阳辐射采集仪

2014年，COLE科尔联合中建建筑科学研究院进行建筑遮阳产品节能测试

图1　节能数据实测

表1　室内平均温度和空调用电对比表

房间	时间	卷闸窗状态	室内平均温度（℃）	温差（℃）	室内平均温度最高值（℃）	温差（℃）	室外平均温度（℃）	平均/最高太阳辐照度（W/m²）	空调用电（整个住宅）
西南侧房间	2014.8.19	收回（关闭）	27.30	2.92	38.13	11.88	32.47	545/914.9	3.14
	2014.8.20	伸展（开启）	24.38		26.25		32.01	606/973.5	1.78
	2014.8.25	收回（关闭）	29.50	4.27	43.13	14.75	32.09	597/996.3	4.44
	2014.8.26	伸展（开启）	25.23		28.38		32.92	509/986.4	2.16

1.2.2　综合评价

西南向房间使用外遮阳卷闸窗产品，在室外气候条件相同的情况下，室内温度降低幅度明显，靠近外窗部位最高温度可降低12℃；从比较情况看，平均温度可降低3℃，理论节电量30%；实际节电量分别为43%和51%。

1.3　外遮阳的作用

使用外遮阳产品对于改善超低能耗建筑室内的舒适性有以下四个方面的突出贡献。

（1）温度：20~26℃。

（2）温差：局部温差小于等于3℃。

（3）相对湿度：40%~60%。

（4）降低噪声：20dB。

2　超低能耗建筑外遮阳产品的主要种类

适用于超低能耗建筑的外遮阳系统产品通常分为以下三类。

2.1　外遮阳电动卷闸窗

外遮阳电动卷闸窗的性能参数见表2。其外观和内在构造如图2和图3所示。

表 2　外遮阳电动卷闸窗的性能参数

序号	项目	性能参数
1	抗风性能	5 级
2	叶片材质	3005 铝合金，壁厚 0.27mm，填充聚氨酯发泡密度≥70kg/m³
3	导轨	6063-T5 铝合金，壁厚＞1.2mm
4	罩壳	6063 铝合金，壁厚＞1.0mm
5	端盖	ADC12（YL113）铝合金

图 2　外遮阳电动卷闸窗外观

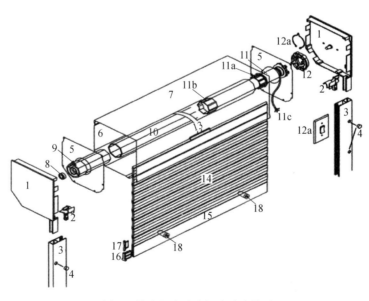

图 3　外遮阳电动卷闸窗内在构造

1—端盖；2—帘片引导头；3—导轨；4—装饰帽；5—侧挡板；6—帘片盒子罩壳；7—帘片上罩壳；
8—轴承；9—卷轴；10—管状电机；11a—电机皇冠；11b—电机转轮；11c—电机连线；
12—电机安装支架；12a—弹簧卡环；14—帘片；15—底梁；17—帘片侧扣；18—外限位器

2.2 外遮阳 VR90 电动百叶帘

COLE 科尔外遮阳百叶帘产品（型号 VR90）特点如下：

（1）特殊的结构设计，经专业机构检测抗风性能更适用于高层建筑；

（2）特殊的 Z 形叶片设计，使其具有全遮光效果，满足室内对光线苛刻的要求；

（3）优异的遮阳、隔热性能，显著降低空调能耗；

（4）叶片外形优雅美观，符合建筑外观的美学要求。

其外观和构造分别如图 4 和图 5 所示。

 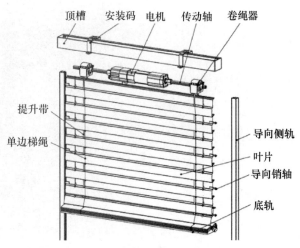

图 4　VR90 百叶帘外观　　　　　图 5　VR90 百叶帘构造

2.3 全金属 GM90 电动百叶帘（链条传动系统）

COLE 科尔全金属百叶帘（型号 GM90，如图 6 所示）采用链条传动系统，具有比 VR 型百叶帘更为稳定的性能，适合安装在公共建筑、酒店等场所，也适合安装在别墅和阳光房的门窗或顶面。

图 6　COLE 科尔全金属百叶帘

COLE 科尔 GM90 百叶帘帘片材质为高等级铝镁合金材料，截面 90mm，厚度 0.6mm，C 型的形态保证全部必要的强度测试，表面防腐蚀聚酯烤漆釉面工艺处理。COLE 科尔 GM90 侧轨横断面为 U 形，尺寸为 98mm×40mm，由铝合金挤压成型，表面美化喷涂处理。

产品技术特点如下：

（1）链条式传动系统装配于 U 形轨道内，其铰接的构造保持动力传递强力、可靠。

（2）系统设计齿轨组成非常精密的折叠结构，十字节轴将所有叶片在任意位置锁定。

（3）侧轨槽口嵌入灰色塑料密封条，抑制系统运行中的金属摩擦噪声。铰链除了完成百叶帘帘片的升降动作，还驱动百叶帘帘片进行翻转，调整角度状态满足室内自然光线的需求。

3 超低能耗建筑外遮阳系统方案设计

3.1 技术要点：抗风荷载

（1）按照《建筑结构荷载规范》（GB 50009—2012）和《建筑遮阳工程技术规范》（JGJ 237—2011）的标准，使用建筑外遮阳应进行"抗风振""抗地震"承载力验算，并且要考虑以上载荷的组合效应。遮阳装置的抗风压安全问题是建筑遮阳工程的第一个重点。

（2）安装方式：为了满足工程整体外装效果，建筑外遮阳大部分采用嵌入式安装方式。安装难题和检修问题是第二个重点。

3.2 风荷载取值水平总体情况

高层建筑风荷载取值偏小，主要原因在脉动风压和风振响应，如图 7 所示。

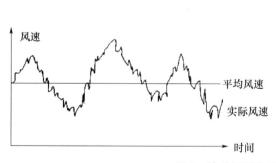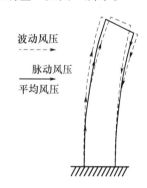

图 7 脉动风压和风振响应

（1）风荷载标准值。

垂直于建筑物表面的风荷载标准值计算公式：

$$W_k = \beta_{gz}\mu_s\mu_z W_0$$

式中 β_{gz}——高度 z 处的阵风系数；

μ_s——风荷载体型系数；

μ_z——风压高度变化系数；

W_0——基本风压。

（2）北京风压参考值见表3。

表3 北京风压参考值

海拔高度(m)	10年一遇风压(kN/m²)	50年一遇风压(kN/m²)	100年一遇风压(kN/m²)	10年一遇雪压(kN/m²)	50年一遇雪压(kN/m²)	100年一遇雪压(kN/m²)	雪荷载准永久值系数分区
54	0.30	0.45	0.50	0.25	0.40	0.45	2

$$W_0 = V_0^2/1600 (V_0 \text{ 为当地基本风速})$$

式中 W_0——基本风压，按《建筑结构荷载规范》（GB 50009—2012）附表给出50年一遇的风压。

北京地区建筑风荷载计算，假如楼层20层、高60m、西向。

50年一遇风压 $W_0 = 0.45 \text{kN/m}^2$，查表可知 $\beta_{gz} = 2.14$，$\mu_s = 1.3$，$\mu_z = 0.77$，所以 $W_k = \beta_{gz}\mu_s\mu_z W_0 = 2.05 \times 1.3 \times 1.2 \times 0.45 = 1.4391 \text{ (kN/m}^2)$

（3）垂直于遮阳装置的风荷载标准值应按下式计算：

$$W_{ks} = \beta_1\beta_2\beta_3\beta_4 W_k$$

卷闸窗：$W_{ks} = 1.4391 \times 0.7 \times 0.8 \times 1 \times 0.6 = 0.484 \text{ (kN/m}^2)$

百叶帘：$W_{ks} = 1.4391 \times 0.7 \times 0.8 \times 0.4 \times 0.6 = 0.193 \text{ (kN/m}^2)$

结论：外遮阳产品应用于高层建筑时，必须在设计之初进行抗风荷载计算，以满足不同地区、不同高度建筑物的风压要求。

3.3 无热桥设计

建设超低能耗建筑应严格控制热桥的产生，对围护结构的附着物应进行细致的阻断热桥处理，使围护结构保温性能尽量均匀。无热桥设计遵循"断桥四原则"。

根据超低能耗建筑技术导则的明确规定，窗户外遮阳施工重点控制预埋件角码（连接件）与主体结构锚固可靠以及角码（连接件）与基墙之间应设置保温隔热垫块。

金属预埋件与墙体之间增加的隔热板，材料导热系数不应超过0.2W/(m·K)；最宜采用纳入《被动式低能耗建筑产品选用目录》的防潮保温垫板产品，其性能更为优越，导热系数：0.076~0.1W/(m·K)。

外遮阳系统安装设计应根据系统类型特点采取针对措施，并尽量减少接触面积，典型外遮阳产品安装措施参见图8~图11中的节点。

3.4 穿墙孔洞气密性处理措施

气密性措施是超低能耗建筑的关键性技术之一，建筑气密性对于实现超低能耗目标极其重要。建筑气密性是在围护结构内侧设置包围建筑受热体完整的气密层，所以

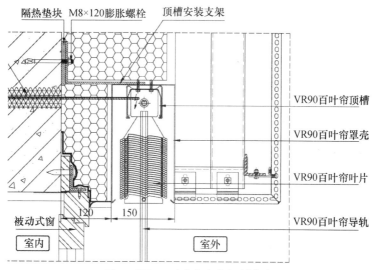

图 8　VR90 百叶帘安装竖剖节点

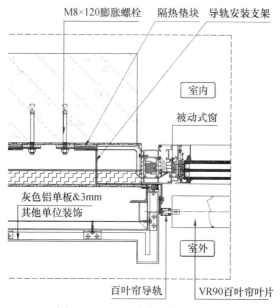

图 9　VR90 百叶帘安装横剖节点

对穿透气密层的穿墙管线应采取预埋穿线管的方式，并对与围护结构交界节点进行密封处理。

　　超低能耗建筑外遮阳工程预埋线管施工重点控制以下要点：

　　（1）穿墙管路贯穿部位距外遮阳用电点应选择最小施工距离；

　　（2）穿墙孔与预留套管之间的缝隙应以聚氨酯发泡材料进行填充；

　　（3）电气接线盒安装应先在孔洞内涂抹石膏或粘结砂浆，再将接线盒推入孔洞，保障接线盒与墙体嵌接处的气密性；

　　（4）穿墙孔与预留套管及管道间的缝隙应进行可靠封堵；

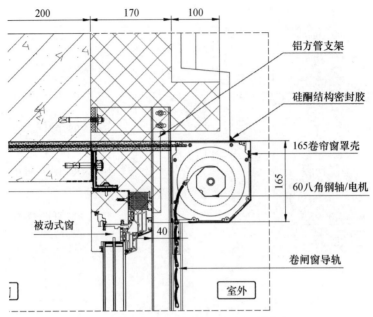

图 10　卷闸窗（硬卷帘）安装竖剖节点

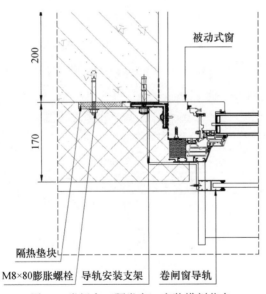

图 11　卷闸窗（硬卷帘）安装横剖节点

（5）室内电线管路可能形成空气流通通道，线管敷设完毕应对室内外线管两端部位使用防水隔汽膜和防水透汽膜进行封闭处理，保障气密性；

（6）电源管线穿出保温界面处应使用预压膨胀带可靠密封，并具有便于接线调试的弹性。

COLE科尔在超低能耗建筑项目上的做法节点，参见图12～图14。

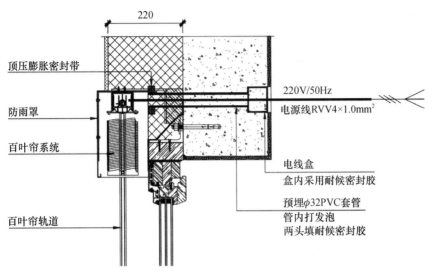

顶压膨胀密封带

防雨罩

百叶帘系统

百叶帘轨道

220

220V/50Hz
电源线RVV4×1.0mm²

电线盒
盒内采用耐候密封胶

预埋φ32PVC套管
管内打发泡
两头填耐候密封胶

图 12　VR90 百叶帘穿墙线管做法节点

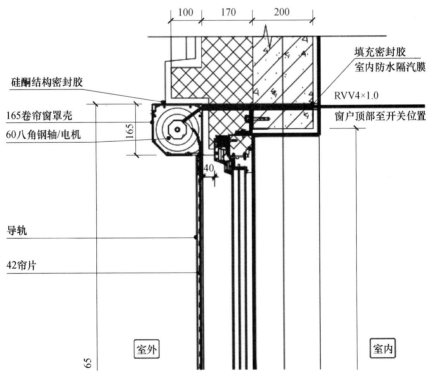

硅酮结构密封胶

165卷帘窗罩壳

60八角钢轴/电机

导轨

42帘片

100　170　200

165

40

65

填充密封胶
室内防水隔汽膜

RVV4×1.0

窗户顶部至开关位置

室外　　室内

图 13　卷闸窗（硬卷帘）穿墙线管做法节点

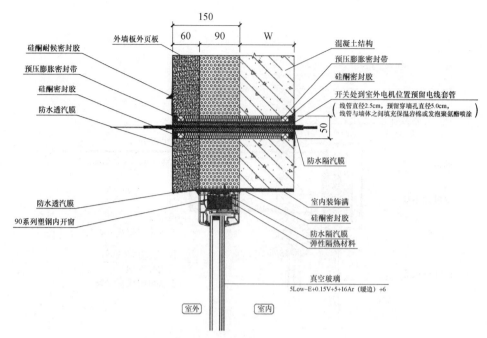

图 14　装配式被动房建筑穿墙线管做法节点

4　超低能耗建筑外遮阳系统安装

4.1　施工流程

如图 15 所示为超低能耗建筑外遮阳系统安装施工流程图。

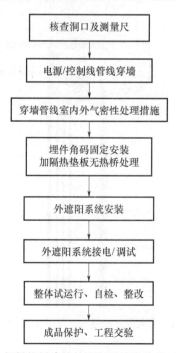

图 15　超低能耗建筑外遮阳系统安装施工流程图

4.2 施工工艺

4.2.1 核查外遮阳系统施工条件

第一阶段：外门窗完成安装施工。门窗外侧与基层墙体周边及外挂角码已完成防水透汽膜的粘贴，达到干燥状态。

第二阶段：保温及外墙面施工完毕。

（1）检查门窗洞口收口尺寸一致性是否符合外遮阳专业技术交底要求，尺寸偏差超出±3mm 的控制范围比例不应＞5％；

（2）检查门窗洞口收口水平/垂直偏差，偏差＞5mm 洞口的比例不应＞5％；

（3）检查门窗洞口收口是否存在内/外八字，偏差＜3mm 洞口的比例不应＞5％。

4.2.2 电源/控制线管预埋施工

（1）测量确定管线过墙打孔点位；

（2）钻孔要求形成 1％～3％的外倾坡度；

（3）过线底盒固定、预埋线管与过墙孔之间的空隙，按密封工艺规范封堵；

（4）预埋线管与结构交界端面分别使用防水隔汽材料和防水透汽材料粘贴密封；

（5）预留电源/控制线长度满足外遮阳系统接线需求。

4.2.3 角码（预埋件）固定施工

（1）外遮阳系统承重角码根据产品类型选定设计方位；

（2）外遮阳系统安装角码（预埋件）定位必须放线控制；

（3）外遮阳系统安装角码（预埋件）分布间距控制标准 50～80cm；

（4）外遮阳系统安装角码（预埋件）锚固点位，应在门窗防水透汽材料敷设边界以外，避免破坏气密性；

（5）外遮阳系统安装角码（预埋件）布置应避开门窗外挂支架，其间距以角码的延长臂偏离门窗外挂支架表面凸起粘贴的防水透气材料，避免破坏气密性为原则；

（6）锚固螺栓入实体墙要求保证≥45mm，锚固件须符合 GB/T 3048.5 规范；

（7）角码（预埋件）与基墙之间必须加隔热垫块，对无热桥措施进行关键工序管控。

4.2.4 测量外遮阳安装所需洞口尺寸

（1）外墙保温外墙饰面施工单位交出门窗洞口完成面后，进行外遮阳工程现场测量工序；

（2）对测量数据进行统计处理；

（3）对超出外遮阳工程技术标准的洞口进行标记，请外墙保温与外墙饰面施工单位返工；

（4）对返工门窗洞口尺寸跟踪测量尺寸。

4.2.5 外遮阳系统安装施工

（1）根据现场节拍，分建筑朝向组织外遮阳系统安装施工；

（2）根据当日使用计划分拣外遮阳成品型号规格；

（3）外遮阳成品根据现场条件和施工楼层，选择吊篮装运或楼内通道转运形式，安全输送到对应安装门窗洞口位置；

（4）根据外遮阳产品类型，确定该窗洞遮阳系统承重角码（预埋件）点位；

（5）使用卷尺和水平工具，确定外遮阳成品安装的正确位置；

（6）以选配螺栓（螺钉）将外遮阳系统承重构件与角码（预埋件）锁紧连固；

（7）将外遮阳系统其他部件按产品的配合关系完成整体组装；

（8）检查外遮阳系统装配间隙是否符合标准，连接是否可靠，做必要的调整。

4.2.6 外遮阳系统调试

（1）按操作指南对外遮阳系统驱动电机进行正确接线；

（2）使用临时电对外遮阳系统进行通电调试，观察运行状态；

（3）对外遮阳系统做多次反复运行，达到产品技术标准后，设置上下限位；

（4）对外遮阳系统做工程方案设定的其他功能调试。

4.3 外遮阳工程验收

4.3.1 自检

（1）专人负责每套安装完毕的外遮阳系统符合性检查；

（2）观察、判断外遮阳产品规格、安装位置的正确性；

（3）观察、判断外遮阳系统连接件的可靠性；

（4）观察、判断外遮阳系统外表面有无划痕、变形等缺陷；

（5）观察、判断外遮阳系统各处收口的完整性和美观度；

（6）运用外遮阳系统操作，观察、判断运行是否顺畅、有无噪声异响；观察、判断上下限位是否正确。

4.3.2 成品保护

对通过自检的外遮阳系统，操作升至上限位置进行断电。

4.3.3 工程交验

按照工程合同约定备齐各项竣工交验资料，包括但不限于以下内容：

（1）各阶段实验报告；

（2）隐蔽工程检查记录；

（3）产品合格证书；

（4）产品检测报告；

（5）产品使用说明书。

5 结 语

门窗是围护结构节能的薄弱环节，是超低能耗建筑节能重点之一。透明围护结构部分的自然通风、采光调节和遮阳隔热设计极其重要。外遮阳系统是降低建筑总能耗的重要环节，其安装施工工艺严禁工序颠倒，否则会影响建筑整体的气密性，对降低建筑能耗造成不利的影响。

参考文献

［1］　中华人民共和国住房和城乡建设部．建筑结构荷载规范（GB 50009—2012）［S］．北京：中国建筑工业出版社，2012.

［2］　中华人民共和国住房和城乡建设部．建筑遮阳工程技术规范（JGJ 237—2011）［S］．北京：中国建筑工业出版社，2011.

［3］　被动式低能耗建筑产业技术创新战略联盟．《被动式低能耗建筑产品选用目录（2018）》.

德国被动房研究所特优（最高）级认证综合施工技术的应用

郭春瑞*，王靖宇，张子阁

（北京住总第六开发建设有限公司，北京 100050）

摘　要　在京津冀三地交汇处的重镇天津市武清区，坐落着一座 8000m² 的建筑，这是国内首个 PHI 德国被动房 Premium 特优（最高）级设计标准的项目——天津市武清区大自然广场酒店。该项目已于 2018 年 5 月 3 日被评为"住房和城乡建设部 2017 年科学技术计划被动式超低能耗绿色建筑示范工程"，这对国内被动房建设、施工的发展，起到了极强的引领示范作用。本文主要介绍该项目为实现 PHI 德国被动房研究所特优（最高）级认证指标所应用的综合施工技术。

关键词　德国被动房研究所；特优级；外窗；新风系统；外保温系统

1　引　言

从概念上来讲，被动房是基于被动式技术而设计和建造的节能建筑物。它不需要使用传统建筑的空调和暖气设备，依靠自身优越的保温性能及气密性，从建筑技术层面利用太阳、照明、人体、电器散热等所有自然得热方式，来实现恒温、恒湿、恒氧、隔离雾霾。

"被动房"最早诞生于德国。20 世纪 80 年代，被动房的概念在德国低能耗建筑的基础上建立起来，是适度性、环保性、经济性于一体的节能建筑标准。在德国部分城市，自 2015 年起新建的建筑都采用被动房标准建设。

关于被动房评级，著名的德国被动房研究所（PHI）在考量可再生能源利用的原则下，将被动房分为三个级别：Classic（普通）级、Plus（优）级和 Premium（特优）级，大自然广场酒店被评为最高级，园区效果图如图 1 所示。

2　德国被动房研究所（PHI）Premium 等级设计审核指标（表 1）

表 1　大自然广场 2 号楼被动房设计指标

保温材料	外墙	300 厚岩棉板保温层，传热系数为 0.11W/(m² · K)
	屋面	350 厚 XPS 挤塑板保温层，传热系数为 0.08W/ (m² · K)
门窗		门窗采用森鹰铝包木门窗，三玻，传热系数 0.5
光伏板		在屋面安装 563 块光伏发电板，装机容量约 163.27kWp
空调采暖		采用地源热泵系统，风机盘管和新风机组采用高静音型德国 PHI 认证设备

---

　*通信作者：郭春瑞（1982.6），男，北京住总第六开发建设有限公司，天津市武清区大自然广场项目部总工程师；地址：北京市东城区龙须沟北里 1 号；邮编：100050。

图 1　大自然广场工程效果

3　建筑外门窗

3.1　性能指标

门窗采用森鹰（Sayyas）铝包木门窗，5Low-E＋18Ar＋5＋18Ar＋5Low-E，传热系数为 0.5；外窗设置可调节遥控外置电动遮阳百叶。外窗与外墙交界处外侧粘贴防水透汽膜，内侧粘贴防水隔汽膜。

3.2　施工主控节点做法要求

3.2.1　施工工艺流程

外门窗应按图 2 所示的流程施工。外窗安装示意图如图 3、图 4 所示。

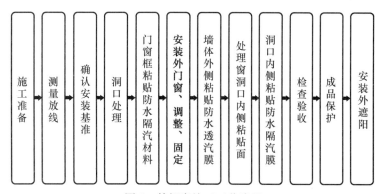

图 2　外门窗施工工艺流程

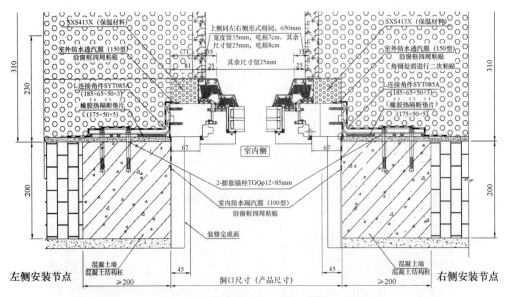

图 3　外窗左右侧安装示意图

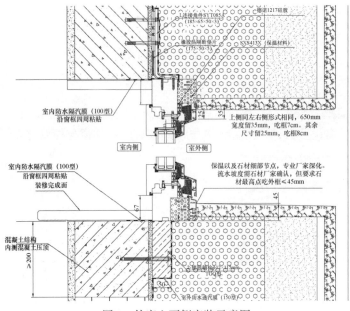

图 4　外窗上下侧安装示意图

3.2.2　外门窗框粘贴防水隔汽材料操作工艺

当防水隔汽材料为"一"字形时，做法如图 5 所示，施工过程如图 6 所示，应在外窗安装前将防水隔汽材料粘贴于门窗框侧边一周。粘贴位置应靠近室内部分，粘贴宽度 30mm，并预留部分防水隔汽材料与门窗洞口侧墙体粘贴，粘贴宽度 60mm。窗框四角处防水隔汽材料应搭接，搭接长度 20mm。

粘贴时应从防水隔汽材料起始端边撕去保护膜边按压防水隔汽材料。保护膜的一次性撕开的长度不宜超过 50mm。每粘完一侧的防水隔汽材料，用专用工具（图 7）自防水隔汽材料起始端压至末端，所用工具不得有尖角，防止破坏防水隔汽材料。

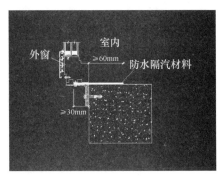

图 5　防水隔汽膜粘贴示意图——"一"字形

图 6　粘贴防水隔汽材料

图 7　专用工具

3.2.3　外门窗安装、调整和固定操作工艺

位于角部的连接件与角部的距离应不大于 150mm，相邻连接件的距离应不大于 500mm，且每侧的连结件应不少于 2 个，固定连接件时不得破坏预粘的防水隔汽材料。在窗洞口底部相应的位置安装外门窗的临时支撑件。将外门窗紧贴墙体放于临时支撑件上，调整外门窗垂直和水平度。

将外门窗侧面的连接件（图 8）固定于基层墙体上，连接件与基层墙体之间设置保温隔热垫块，保温隔热垫块的厚度为 5mm。连接件在基层墙体内应固定牢固，连接件的固定点应位于实体墙上，距离洞口侧边边缘 40mm，固定用螺栓在基层墙体内的有效固定深度为 50mm。

被动窗的下侧采用木支撑垫块进行固定（图 9），可避免因采用角钢而导致冷桥的产生，提高安装的线性传热系数，安装方式与侧面相同，采用膨胀螺栓进行有效的固定。

图 8　侧面镀锌角钢固定　　　　　图 9　下侧支撑木垫块固定

3.2.4　粘贴防水透气材料操作工艺

外门窗与基层墙体之间的缝隙应用防水透汽材料密封，防水透汽材料应完全覆盖外门窗连接件（图 10）。粘贴前应将粘贴位置清洁干净并保持干燥。防水透汽材料应先粘贴于外门窗框侧边，再粘贴于基层墙体，防水透汽材料与外门窗框及基层墙体的粘贴应平整密实、宽度均匀、断开位置应搭接。当设计有窗台板时，将窗台板固定于窗框底部或窗框外侧。

图 10　防水透汽材料密封

3.2.5　洞口内粘贴防水隔汽材料操作工艺

将预粘在外窗框侧面的防水隔汽材料粘贴于门窗洞口内。防水隔汽材料与门窗洞口的粘结宽度为 60mm。当防水隔汽材料为"L"形时，应将防水隔汽材料粘贴于外门窗框后，再与门窗洞口粘贴。防水隔汽材料与窗框的粘结宽度为 15mm，与窗洞口的粘结宽度为 60mm。窗框四角处的防水隔汽材料应搭接，搭接长度应为 20mm（图 11）。

内侧墙体清洁　　　　　涂胶压平　　　　　防水隔汽膜粘贴完成

图 11　防水隔汽材料粘贴

每粘完一侧的防水隔汽材料，应用工具自防水隔汽材料起始端压至末端，所用工具不得有尖角，防止破坏防水隔汽材料。外门窗安装工程验收合格后，外门窗的室内和室外侧均应进行成品保护，防止后续施工破坏型材、玻璃和密封措施。

当设计有外遮阳时，应在外窗安装已完成、外保温尚未施工时确定外遮阳的固定位置，并安装连接件。外遮阳应与主体建筑结构可靠连接，连接件与基层墙体之间应设置保温隔热垫块。

4 新风系统

4.1 高效热回收新风系统的设备构造示意图（图12）

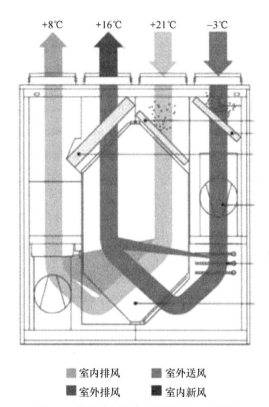

图12 高效热回收新风设备构造示意图

4.2 设计指标（表2）

表2 新风机组设计指标

KWL EC 2000 D Pro			
电压/频率	3N～400V/50Hz	布线图	SS-1008
额定电流-通风	6.2/—/—A	允许的空气温度	−20℃至40℃
额定电流-预热器	10.1/10.1/10.1A	质量	265kg

KWL EC 2000 D Pro			
最大总额定电流	16.3/10.1/10.1A	待机能源耗损	<1W
预热器（出口）	7.0kW	设计	IP20
辅助加热器（出口）(kW)	—	质量	1台
UV 电源线	NYM-J	安装部位	首层空调机房
空气流量 V（m³/h）	1800-1150-720		

KWL EC 1400 D Pro			
电压/频率	3N～400V/50Hz	布线图	SS-1007
额定电流-通风	6.2/—/—A	允许的空气温度	−20℃至40℃
额定电流-预热器	—/11.3/11.3A	质量	185kg
最大总额定电流	6.2/11.3/11.3A	待机能源耗损	<1W
预热器（出口）	4.5kW	设计	IP20
辅助加热器（出口）(kW)	—	数量	11台
UV 电源线	NYM-J	安装部位	2～12层空调机房
空气流量 V（m³/h）	1000-650-400		

建筑每层设新风机房，共12台新风机组，层层取风，原设计图纸为竖井统一排风，为减少竖井统一排风造成的能耗增加，提高被动房保温气密性能，取消排风竖井，采用层层排风的做法。卫生间不设独立排风竖井，与新风进行热交换，统一排出，空调机房设计布置图如图13所示。

冷热源采用地源热泵。空调采暖末端采用新风机组＋风机盘管（辅助供冷供暖）。

新风机组采用超薄吊顶新风机1400m³/h（标准层）、2000m³/h（首层），机组安装高效全热回收器，热交换效率90％，$PM_{2.5}$过滤效率90％。

4.3 施工主控节点做法要求

4.3.1 管道安装

进风管和排风管应用发泡聚氨酯固定于结构墙体内。预留开孔直径大于进风管或排风管直径100mm，进风管或排风管应位于孔洞中央，空隙部位应用发泡聚氨酯填充密实，发泡聚氨酯厚度应均匀。

设备与风管连接处应采用柔性短管连接，设备的进出风管、阀件应设置独立的支、吊架。

进风管位于室内的部分应采用保温材料进行包裹（图14）。保温材料的厚度为50mm，在一般建筑中通风管道保温材料厚度仅为10～20mm。进风管和排风管应用防水隔汽材料进行气密性密封。

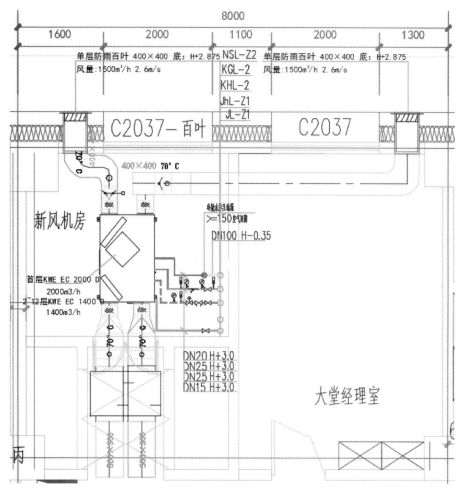

图 13 空调机房设计布置图

图 14 保温材料包裹

4.3.2 新风机组安装

1. 新风机组安装效果

新风机组上有四个安装支架，包括橡胶缓冲器（图 15），以便能够安装在顶棚板上，通过吊挂螺栓（图 16）或合适的安装附件进行顶棚板安装，安装效果如图 17 所示。

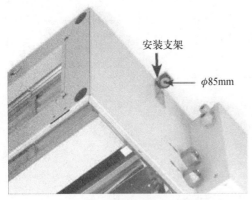

图 15　橡胶缓冲器

图 16　吊挂螺栓

图 17　新风机组安装

2. 冷凝水

抽气中的湿汽在加热期间冷凝成水。新建筑物中大量的人会导致积聚许多冷凝水。收集在不锈钢冷凝水桶中的冷凝水通过球形虹吸管排出。确保至少 3°的倾斜，确保与本地排水系统的连接（图 18）。

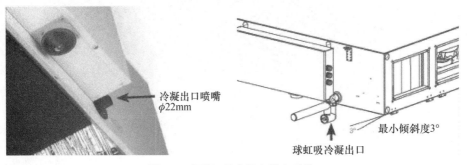

图 18　球形虹吸冷凝水排水系统

3. 法兰连接/连接件（图 19）

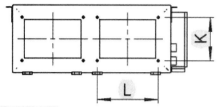

Unit type	Dim.	K	L
KWL EC 1400 D...	mm	274	524
KWL EC 2000 D.	mm	324	624

Dimensions in mm

	装置类型	描述	参考编号	管径（mm）
图 19 左侧图	KWL EC 1400 D..	KWL-ÜS 1400 D	4207	315
图 19 右侧图	KWL EC 2000 D..	KWL-ÜS 2000 D	4208	400

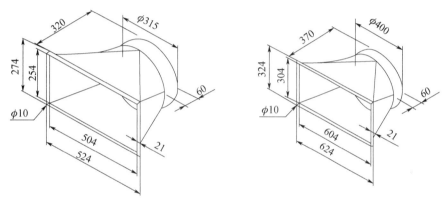

图 19　法兰连接/连接件尺寸示意图

5　地源热泵系统

　　2 号楼设计 120 个竖孔换热器，孔深 140m，钻孔直径 300mm，孔间距 4.5m。每个竖孔中安装单根长度 140m 的 HDPE100 管 4 根，组成双 U 形管结构形式，垂直埋管管径为 32mm，承压 1.6MPa，水平管道采用聚乙烯管，标高为地下 1.5～1.8m。水平支管管道坡度不小于 0.5％，水平主管管道坡度不小于 0.2％，机房入户处为最高点，管道连接采用热熔方式。可以满足 2 号楼的冷热源和生活热水供应。本项目生活热水夏季优先采用热回收型地源热泵机组制取热水，不足时启用专门制取生活热水的地源热泵机组；过渡季以及冬季时，只启用专门制取生活热水的地源热泵机组制取热水。地源热泵系统与被动房建筑空调系统为整体，为了满足被动房超低能耗标准，设置高效、节能的自控系统，实现被动房冬季、夏季工况转换，机房管线布置图及工况转换设计要求如图 20 所示。

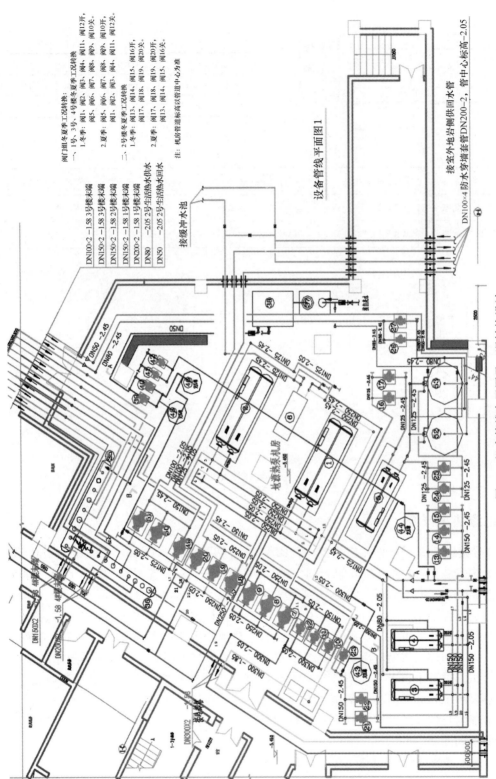

图 20　机房管线布置图及工况转换设计

6 外檐保温系统

6.1 设计指标

本工程外墙采用 300mm 岩棉板保温＋30mm 厚石材幕墙，岩棉板采用专用胶粘剂粘贴和锚栓固定相结合的方式粘贴在外墙板基层上，每平方米的锚栓为 9 个。保温板与基层的有效粘结面积率达到 80% 以上。

6.2 施工主控节点做法要求

工艺流程如图 21 所示。

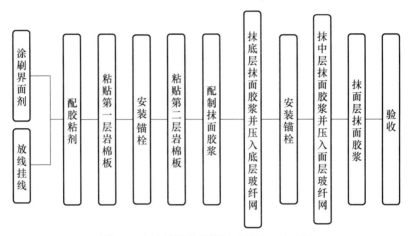

图 21　岩棉板外墙外保温系统施工流程图

严格控制施工关键节点，施工过程如图 22 所示。

外保温施工前，应具备以下条件：

（1）基层墙体已验收合格。墙体基面上的残渣和脱模剂应清理干净，墙面平整度超差部分应剔凿或修补，基层墙体上的施工孔洞应已堵塞密实并进行了防水处理。

（2）幕墙施工单位预埋件、H 型钢梁、竖龙骨安装完毕，幕墙防火封堵固定完成。

（3）外门窗已安装完毕并验收合格。

（4）穿透保温层的（设备、管道的）连接件、穿墙管线已采用断热桥做法安装完毕并验收合格。

（5）穿透外墙的管道、穿墙管线已采用气密性处理完毕并验收合格。

（6）施工移动平台搭设应牢固，并经安全验收合格。

外墙基层清理完成后，先在外墙指定位置安装幕墙固定膨胀螺栓，螺栓连接固定折弯镀锌钢角码，螺栓和折弯镀锌钢角码之间加垫 50mm 厚增强玻璃纤维板，增强玻璃纤维板与螺母之间加垫 500mm×300mm×10mm 钢板（图 23）。以上施工完成后，开始做岩棉板保温，采用多层错缝敷设。由于外窗采用外挂式安装，岩棉板粘贴与门冲突区域，需根据门的嵌入深度、厚度在岩棉板上开槽，岩棉板须压住大部分窗框，以尽量减少热桥的产生。岩棉板保温施工完成后，依次安装矩形镀锌方管、石材挂件及干挂石材等，做法如图 24 所示。

涂刷界面剂

控制胶粘剂粘结率

基层岩棉板粘贴

基层岩棉板锚固

面层岩棉板分层错缝粘贴

大缝隙发泡胶封堵密实

小孔洞岩棉块封堵

面层锚栓锚固

锚钉拧紧

锚钉孔发泡胶封堵

图 22　岩棉板外墙外保温系统关键施工节点控制

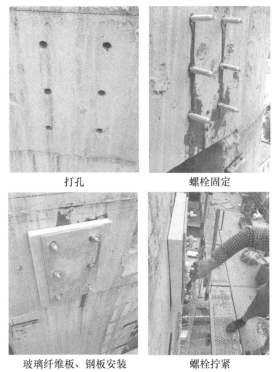

打孔　　　　　　　　　螺栓固定

玻璃纤维板、钢板安装　　　螺栓拧紧

图23　增强玻璃纤维板隔热垫块施工

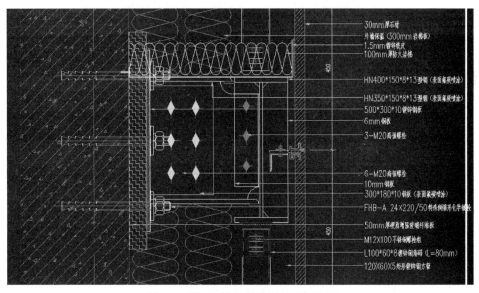

30mm厚石材
外墙保温（300mm岩棉板）
1.5mm镀锌铁皮
100mm厚防火岩棉

HN400*150*8*13型钢（表面氟碳喷涂）

HN350*150*8*13型钢（表面氟碳喷涂）
500*300*10镀锌钢板
6mm钢板

3-M20高强螺栓

6-M20高强螺栓
10mm钢板
300*180*10钢板（表面氟碳喷涂）
FHB-A 24×220/50特殊钢筋开孔化学螺栓
50mm厚原增强玻璃纤维板
M12X100不锈钢螺栓组
L100*60*8镀锌钢角码（L=80mm）
120X60X5矩形镀锌钢方管

图24　幕墙连结件断热桥处理示意图

外墙洞口直径须大于管道直径100mm，在洞口中插入木楔将管道限位在外墙洞口中心，然后在洞口中注入发泡聚氨酯填充。管道与外墙室外侧交界处采用防水透汽膜粘贴，防水透汽膜在管道、外墙上的粘贴宽度为80mm；管道与外墙室内侧交界处采用防水隔汽膜粘贴，防水隔汽膜在管道、外墙上的粘贴宽度为80mm（图25）。管道室内侧外包50mm厚的橡塑保温隔声毡，室外侧的保温嵌套管道，做法如图26所示。

图 25　穿墙管道断热桥处理施工图

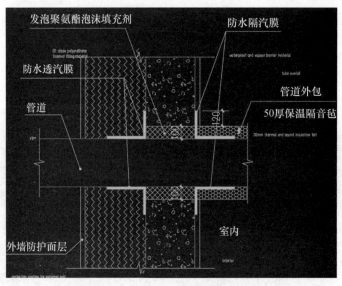

图 26　穿墙管道断热桥处理示意图

电气接线盒安装在外墙上时，应先在孔洞内涂抹石膏或粘结砂浆，再将接线盒推入孔洞，石膏或粘结砂浆应将电气接线盒与外墙孔洞的缝隙密封严密。为了保证墙面齐平，外墙上的线盒安装时要预留出气密性抹灰的厚度，做法如图 27 所示，凸出结构面的线盒粘贴防水隔汽膜，与结构间的粘贴宽度为 60mm，如图 28 所示。

穿每层外墙的遮阳线管气密性措施应按以下操作工艺进行：

套管内为多股电线，每根电线应先用可双面粘贴的丁基胶带或建筑密封胶缠绕后粘结在一起，粘结应紧密不留孔隙，再用防水隔汽膜对线管和外墙内侧基面交界处进行粘贴，粘贴防水隔汽膜前，清洁管道及屋面板下侧基面，管道周围起固定和断桥作用的发泡聚氨酯应已干燥，并已清理平整。粘贴防水隔汽膜，应将防水隔汽膜裁成小段后粘贴，每段防水隔汽膜应先与管道粘贴压实后再与保温材料和混凝土基层粘贴压

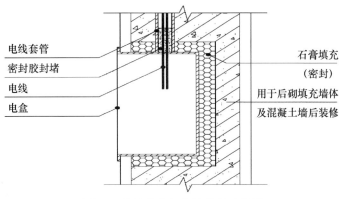

图 27　外墙线盒气密性处理示意图

图 28　外墙线盒气密性处理施工图

实，拐角处应不留空隙，两段防水隔汽膜的拼接宽度 10mm。防水隔汽膜应覆盖管道四周的保温层，与管道和墙体基面的有效粘结长度为 30mm。

7　屋面保温系统

　　屋面女儿墙做法，屋面防水隔汽层施工完成后，在其上多层错缝敷设 350mm 厚的挤塑聚苯板，女儿墙位于屋面保温部位每隔 2500mm 距离预留洞口并填塞与屋面保温同厚度的挤塑聚苯板。女儿墙内侧从屋面女儿墙交界处连接屋面保温，从屋顶结构层上翻至女儿墙 1150mm，女儿墙保温采用厚度为 150mm 挤塑聚苯板，采用粘锚结合方式分层固定。再在屋面女儿墙上做第二道防水、混凝土保护层及女儿墙保温盖板等（图 29）。

　　女儿墙外侧采用岩棉板，粘贴采用粘锚结合方式。从屋面保温层顶标高起，厚度从 300mm 缩小为 150mm，交界处采用 45°斜角做法，防止存水阴湿墙面保温，做法同岩棉板外墙外保温系统施工流程。岩棉板粘贴采用粘锚结合方式。

　　屋面 4mm 厚金属改性沥青防水卷材隔汽层施工完成后，在其上多层错缝敷设

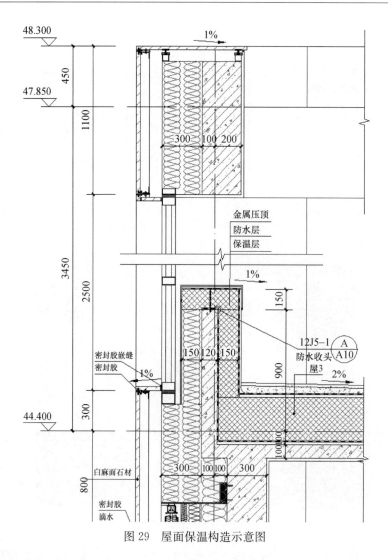

图 29　屋面保温构造示意图

350mm 厚的挤塑聚苯板（图 30），女儿墙内侧从屋面女儿墙交界处连接屋面保温，从屋顶结构层上翻至女儿墙顶部，采用厚度为 150mm 挤塑聚苯板，采用粘锚结合方式分层固定。

图 30　屋面保温分层错缝粘贴

女儿墙外侧采用岩棉板，粘贴采用粘锚结合方式。从女儿墙反坎起，沿女儿墙往上粘贴厚度为150mm的岩棉板750mm，并与女儿墙顶的保温交圈。岩棉板粘贴采用粘锚结合方式。

屋面防水隔汽层施工完成后，在其上多层错缝敷设350mm厚的挤塑聚苯板。女儿墙内侧从屋面女儿墙交界处连接屋面保温，从屋顶结构层上翻至女儿墙顶部，采用厚度为150mm挤塑聚苯板，采用粘贴的方式分层固定。

8 光伏系统

屋顶光伏系统由2号楼、3号楼、4号楼三个区域组成，可使用屋顶面积约为1900m²，屋顶情况较好，四周无大的遮挡物，2号楼包含117块光伏板，容量为33.93kWp；3号楼包含192块光伏板，容量为55.68kWp；4号楼包含254块光伏板，容量为73.66kWp；分别接入3个不同的逆变器，然后并入并网箱，采用"自发自用，余电上网"的并网方式，总装机容量163.27kW，通过2号楼配电间低压配电柜实现低压并网，余电通过原有电力线路返送至电网并网点，达到节能增效的目的。光伏基础钢梁施工及光伏板安装施工过程如图31、图32所示。

图31　光伏基础钢梁施工

图32　光伏板安装施工

9 结 语

天津市武清区大自然广场酒店，真实地展现了超低能耗建筑的节能效果，随着超低能耗建筑在我国的持续发展，期待未来有越来越多的新产品和新技术应用到超低能耗建筑中来，为中国的节能建筑事业注入新的活力。

相信不久的将来，性能更为优越的超低能耗建筑将在中国的建筑领域中大放异彩。

参考文献

［1］ 北京住总集团责任有限公司. 被动式超低能耗绿色建筑节能技术标准（QB-BUCC-005—2016）［S］. 北京：北京住总集团责任有限公司，2016.

［2］ 河北省住房和城乡建设厅. 被动式低能耗居住建筑节能构造（DBJT02-109—2016）［S］. 北京：中国建筑工业出版社，2016.

［3］ 河北省住房和城乡建设厅. 被动式低能耗建筑施工及验收规程［DB13（J）/T 238—2017］［S］. 北京：中国建材工业出版社，2017.

［4］ 河北省住房和城乡建设厅. 被动式超低能耗居住建筑节能设计标准［DB13（J）/T 273—2018］［S］. 北京：中国建材工业出版社，2018.

［5］ 河北省住房和城乡建设厅. 被动式超低能耗公共建筑节能设计标准［DB13（J）/T 263—2018］［S］. 北京：中国建材工业出版社，2018.

［6］ 中华人民共和国住房和城乡建设部. 近零能耗建筑技术标准（GB/T 51350—2019）［S］. 北京：中国建筑工业出版社，2019.

超低能耗建筑外保温系统施工重要性的探讨

黄永申*

（绿建大地建设发展有限公司，天津　300130）

摘　要　超低能耗建筑外保温系统包括屋面、外墙、采暖与非采暖地下室顶板及非采暖地面，正是这些组件组合成了整个建筑中最主要的热交换集合体。建筑能耗中的热损失有四分之三是围护结构传热造成的，改善围护结构组件的性能成为建筑节能的重中之重，超低能耗建筑围护结构一体化施工的重要性更是建成节能、环保、舒适、智慧、健康建筑的关键。本文探讨了超低能耗建筑围护结构一体化施工的重要性，并对围护结构一体化施工的具体工艺进行了介绍。

关键词　超低能耗；围护结构；建筑节能；一体化施工

超低能耗建筑在能源和环境矛盾日益突显的当今社会发展迅猛，其一方面通过被动式建筑设计有效降低了对建筑供暖、空调、照明的需求，另一方面通过主动技术措施，最大限度提高能源设备和系统效率，以最少的能源消耗达到室内"五恒"的效果，建成真正的高舒适、高节能的百年超低能耗建筑。

近年来，我国在超低能耗建筑方面取得了飞速的发展，尤其在降低严寒和寒冷地区居住建筑供暖能耗、公共建筑能耗和提高可再生能源建筑应用比例等领域取得了显著的成效。但目前超低能耗建筑的围护结构施工仍存在着一定的问题，而围护结构施工涉及多工种、多部位，是超低能耗建筑施工中的重中之重，因此对超低能耗建筑围护结构实施一体化施工显得尤为重要。

1　超低能耗建筑围护结构施工现状

目前在国内的围护系统施工中主要有保温和防水两大类，就一整栋被动式建筑的施工而言，一些建设方会将地下室、侧墙、外立面、屋面等不同部位的保温和防水分包给不同的施工方，通常参与分包施工的单位多达5～7家，这些分包队伍在施工中往往各行其是，没有与其他施工单位进行配合沟通，这会发生很多施工错误，尤其是工序倒置问题。比如某些项目还没有做外墙保温施工，就完成了龙骨支架的安装，后续的保温施工就只能对龙骨进行拆卸，从而在施工工作中造成极大的人力物力浪费，严重影响整个项目的三控三管和组织协调。

除了施工工序倒置，分包施工还可能会出现施工工艺衔接错误的问题，这很可能对项目的施工成品造成二次破坏，还可能会导致地下结露、地下漏水、产生热桥、屋

　　*通信作者：黄永申，男，1968年8月出生，高级工程师，中国建筑节能协会被动式建筑分会副理事长，PHI被动式建筑咨询师，绿建大地建设发展有限公司总经理。

面漏水、施工过程进水等诸多问题的产生，对工程质量产生极其不利的影响。

此外，如果建筑的围护结构施工出现了问题，建设方就修补索赔的问题进行责任划分的时候，很容易造成对分包工程队责任划分不明确，分包队伍之间互相推卸责任，发生分包队和分包队以及分包队和建设方之间多次扯皮的现象，给甲方造成困扰，严重影响超低能耗建筑的建造进度和建筑质量。

不仅如此，某些分包单位在被动式建筑施工领域不够专业，不了解被动式建筑围护结构的施工工艺，从而产生一系列的问题，对被动式建筑的建造质量造成非常不利的影响。接下来，我们将从地下底板及侧墙、建筑外立面和屋面等三个方面来分析。

在被动式建筑地下底板及地下侧墙施工中，某些施工单位采用不正确的施工工艺，造成地下室顶板漏水、地下室顶板未错缝粘贴等问题，甚至出现了没有铺设防水层，以及保温板竖向使用等严重的施工错误。

在外立面的施工中，有些施工单位对具有阻断热桥设计，带有塑料隔热端帽的被动式建筑墙体保温专用锚栓不够熟悉，不知道如何正确地进行使用，用锤子猛砸旋入式的锚栓，造成锚栓失效。甚至用锚栓直接把墙打穿，对建筑气密性造成极大的损耗。

在屋面的施工中，部分施工单位采用错误的施工工艺，造成屋面产生热桥现象或出现严重的漏水，使屋面隔热系数显著升高，严重破坏了房屋的保温性能。

这些问题的出现也恰好表明了我们现在所提倡的被动式建筑围护结构一体化施工的重要性和必要性。

2 超低能耗建筑外保温系统一体化施工简介

超低能耗建筑围护结构一体化施工主要部位包括地下底板、地下侧墙、外立面、屋面等，超低能耗建筑围护结构一体化施工就是将外围护结构分包施工改为一体化施工，采用航空服式的一体化施工理念，有效减少外围护结构施工过程中的各分包衔接节点问题，从而缩短工期，减少施工过程中出现的质量问题和责任推诿问题。超低能耗建筑外保温系统主要包括石墨聚苯板外墙薄抹灰系统、岩棉外墙薄抹灰系统、岩棉复合板外墙薄抹灰系统、平屋面保温防水一体化施工系统、坡屋面保温防水一体化施工系统、地下外墙保温系统等。

接下来就超低能耗建筑围护结构一体化施工中的系统和具体技术要点进行深度剖析。

3 超低能耗建筑外保温系统一体化施工系统解析

超低能耗建筑围护结构一体化施工对于施工工艺有着近乎严苛的要求，针对这一特点，我司严格按照图集《被动式低能耗建筑——严寒和寒冷地区居住建筑》要求进行施工，并对其中很多工艺进行了改善和创新，总结归纳出了相对应的技术要点。

3.1 石墨聚苯板外墙薄抹灰系统

外墙采用石墨聚苯保温板，双层错缝粘贴，首层框点粘，二层满粘。外墙采用3～5厚的抗裂砂浆，门窗洞口采用门窗连接条防止雨水通过门窗两侧向室内渗透，并采用超低能耗建筑无热桥专用锚栓，保证外墙保温系统连续性，无热桥产生。

3.2 岩棉被动式外墙薄抹灰系统

采用岩棉保温板，两面涂刷界面剂、双层错缝粘贴，首层框点粘，二层满粘。粘锚托结构，以锚固为主，以粘、托为辅，网格布为双层铺贴，抹面砂浆压入首层网格布后，根据当地风压环境进行锚栓数量测算，排布锚栓布置图，安装超低能耗建筑无热桥专用锚栓。锚栓安装完成，抹面砂浆压入二层网格布，抹面砂浆找平。门窗洞口采用门窗连接条防止雨水通过门窗两侧向室内渗透。

3.3 岩棉复合板被动式外墙薄抹灰系统

采用岩棉复合保温板，省去了涂刷界面剂的工序，并且粘贴更加牢固。粘锚托结构，以锚为主，以粘、托为辅；网格布为双层铺贴，抹面砂浆压入首层网格布，超低能耗建筑无热桥专用锚栓安装完成，抹面砂浆压入二层网格布，抹面砂浆找平。门窗洞口采用门窗连接条防止雨水通过门窗两侧向室内渗透。

3.4 平屋面被动式保温防水一体化施工系统

保温防水一体化系统是建立在干作业的理论基础上，基层涂刷冷底子油，铺贴1.2mm厚带铝箔面隔汽卷材，采用PU胶双层错缝粘贴保温板，3mm厚自粘SBS防水卷材，4mm厚板岩面SBS防水卷材。上人屋面还需要增加一层混凝土保护层。采用高密度石墨聚苯板，尺寸稳定性好，还可采用石墨聚苯板进行找坡，保证屋面整体导热系数30年无明显变化。

3.5 坡屋面被动式保温防水一体化施工系统

保温防水一体化系统是建立在干作业的理论基础上，基层涂刷冷底子油，铺贴1.2mm厚带铝箔面隔汽卷材，采用PU胶双层错缝粘贴保温板，3mm厚自粘SBS防水卷材，4mm厚板岩面SBS防水卷材。上人屋面还需要增加一层混凝土保护层。采用高密度石墨聚苯板，尺寸稳定性好，檐沟更是加强了屋面的排水性能，保证屋面整体导热系数30年无明显变化。

3.6 地下外墙被动式保温系统

采用保温防水一体化系统，先铺贴4mm厚PE面热熔SBS防水卷材，再铺贴3mm厚PE面热熔SBS防水卷材，采用PU胶双层错缝铺贴保温板，保温板外侧铺贴3mm厚自粘SBS防水卷材。保证整体导热系数30年无明显变化。

4 超低能耗建筑围护结构一体化施工技术要点

超低能耗建筑围护结构一体化施工对于施工工艺有着近乎严苛的要求，针对这一特点，我司严格按照图集《被动式低能耗建筑——严寒和寒冷地区居住建筑》要求进行施工，并对其中很多工艺进行了改善和创新，总结归纳出了相对应的技术要点。

4.1 地下底板及侧墙施工技术要点

地下底板做法如图1所示，基层素土夯实，100～150mm厚C15混凝土垫层，

20mm 厚水泥砂浆找平层，喷涂冷底子油，铺贴 3mm 厚自粘性改性沥青 SBS 自粘防水卷材、4mm 厚改性沥青 SBS 热熔防水卷材，铺贴 PE 膜隔离层，50mm 厚 C20 细石混凝土，防水钢筋混凝土底板，PU 错缝粘贴保温板，铺贴 3mm 厚自粘性改性沥青 SBS 自粘防水卷材，40mm 厚 C20 细石混凝土，内配钢丝网片，20mm 厚水泥砂浆。

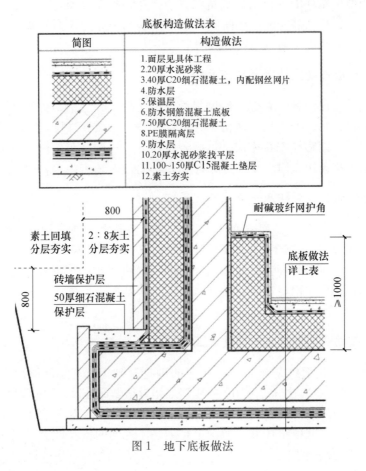

图 1　地下底板做法

地下侧墙做法如图 2 所示，外墙基层处理，铺贴 4mm 厚改性沥青 SBS 热熔防水卷材，铺贴 3mm 厚自粘性改性沥青 SBS 自粘防水卷材，PU 错缝粘贴保温板，铺贴 3mm 厚自粘性改性沥青 SBS 自粘防水卷材，外层砖墙保护层。

该部位做法建立在干作业的理论基础之上，将保温层粘结剂由传统粘结砂浆改为保温板专用 PU 胶，保温层长期处于干燥状态，对该部位传热系数会有大的提高。干法施工简化了施工工艺程序，施工快捷方便，能大大缩短施工周期，提高工程施工效率。整体采用系统性防水（4mm＋3mm＋3mm），里侧采用两层热熔防水卷材，能大大减小地下室侧墙进水风险，且里 4 外 3 能达到里重外轻的效果，能大大减少侧墙防水在施工过程中的脱落风险；外侧采用自粘防水卷材，一方面减小保温层进水风险，另一方面自粘型防水卷材能与保温板直接接触，辅以保温层干作业施工，使得保温层处于长期干燥密封状态。

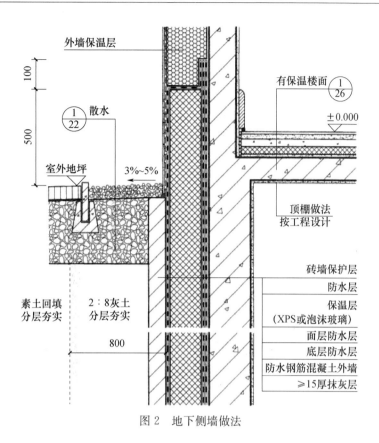

图2　地下侧墙做法

4.2　外立面

外立面做法如图3所示，基层墙体采用水泥砂浆找平（基层墙体为平整的钢筋混凝土墙体时，可不另找平），在EPS外墙外保温系统中，胶粘剂粘贴面积不小于保温板面积的40%，并采用断热桥锚栓作为辅助固定件，在岩棉外墙外保温系统，胶粘剂满粘，同时采用断热桥锚栓固定；保温层，模塑聚苯板（EPS）或岩棉板、岩棉条，厚度按工程设计，EPS外墙外保温系统中间压入一层耐碱玻纤网，岩棉外墙外保温系统中间压入两层耐碱玻纤网，做3~6mm厚抹面胶浆。

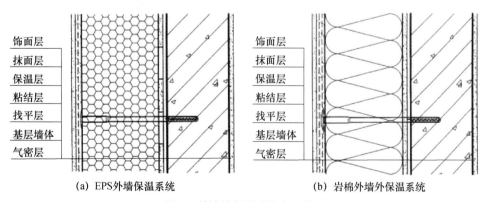

图3　外墙外保温系统立面做法

该部位分为石墨聚苯板被动式外墙薄抹灰系统、岩棉被动式外墙薄抹灰系统和岩棉复合板被动式外墙薄抹灰系统三种系统，不同系统的技术要点也有所不同，外墙外保温技术要点主要是围绕整个系统安全稳定性展开的，这里涉及的构件包括锚固件、粘结砂浆和托架，EPS外墙外保温系统的保障是以粘结砂浆为主，以锚固件为辅，岩棉外墙外保温系统是以锚固件为主，以粘结砂浆和托架为辅，这一技术要点灌输到每一个人的思维之中，思维影响行为，这无论对于项目管理还是实际施工都是大有裨益的。

4.3 屋面

屋面做法如图4所示，基层找平，喷涂冷底子油，铺贴1.2mm厚铝箔面改性沥青防水卷材，PU胶双层错缝粘贴200mm厚高密度石墨聚苯板（坡屋面采用高密度聚苯板找坡），3mm厚改性沥青SBS自粘防水卷材粘在高密度聚苯板表面，4mm厚页岩面改性沥青SBS防水卷材，铺设土工布，最薄处40mm厚C20混凝土细石混凝土保护层，内配ϕ6@200单层双向钢筋网片，平面内间距≤4000mm设纵横分格缝，缝宽5～10mm，缝内嵌密封膏。

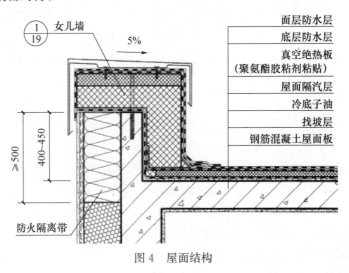

图4　屋面结构

保温防水一体化构造是建立在干作业的理论基础上的。传统的屋面构造在保温板上需铺设砂浆或细石混凝土保护（隔离）层，这种干湿混杂的施工工艺带来的弊端很多，保护层含水量多不利于后面的防水卷材的施工，也会影响保温层的保温性能。在保温防水一体化系统中，采用30kg/m³密度石墨聚苯板，这种板材具有尺寸稳定性好，抗压强度高的优点，和隔汽卷材粘结采用PU胶，保温层不会积聚潮气，所以不需要设排气孔，还可以用石墨聚苯板直接做出找坡的坡度，用来找坡的保温板属于屋面保温层的附加层，能使整个屋面保温性能得到进一步的提高，达到更好的舒适节能效果。用保温板找坡施工法替代传统找坡工艺，大大降低了屋面的承重，有效保证了建筑稳定性，而且简化了施工工艺程序，使得屋面施工变得更加简单快捷，有效降低被动屋面整体传热系数，同时保证屋面整体导热系数30年无明显变化。

5 如何做好超低能耗建筑围护结构一体化

作为施工方，我们不能仅仅以利益为出发点，把超低能耗建筑当做单纯的商机，也不能以做传统保温工程的随意心态来进行超低能耗建筑外围护结构施工。应以工程质量为导向，用心做好超低能耗建筑围护结构施工，以高质量的施工为用户提供优质的超低能耗建筑。

做好超低能耗建筑围护结构一体化施工工作，需要施工方在项目全周期中做到积极参与，严格管控，具体应从以下方面入手。

5.1 从项目立项设计就参与外围护结构技术优化

超低能耗建筑的施工不同于普通楼房的施工，每一个设计步骤都必须严格把控，因为如果设计出错，再次修改就要涉及很多方面，对工程的施工造成很多不便。施工方应在设计阶段提出切实可行的优化意见，对设计图纸和施工工艺进行相应的优化，从根源上保证超低能耗建筑围护结构一体化施工高质量完成。

5.2 施工过程中需加强管控

5.2.1 人员管控

施工人员进场前应进行安全技术及思想培训两次以上，培训考核通过，由监察部颁发上岗证后方可允许进场，施工节点应可追可查，建立施工档案；对施工人员采用安全帽二维码识别身份；对工人的施工分配进行合理的安排，保障施工现场整洁有序，施工有条不紊。

5.2.2 材料管控

对施工材料的质量进行严格监管，保证不合格的施工材料不会应用于施工过程中，同时在外围护结构施工之前，施工所需要的材料必须全部到位，材料不到位，就好比"巧妇难为无米之炊"，再好的施工队伍也只能干等。超低能耗建筑施工材料的生产周期一般都很长，运输到现场也需要时间，所以就必须提前订料、提前开始生产。

5.2.3 施工衔接管控

为了确保围护结构施工的合理性和完整性，在施工过程中要对每一个施工步骤进行严格的管控。因此，每一个工序之间的衔接就显得尤为重要，围护结构一体化，就是为了解决每一道工序衔接不当的问题，运用积累的施工经验在每一道工序衔接时对施工工人进行指导，这样才能保证整个施工过程有序进行、工序不遗漏、不倒置，让超低能耗建筑真正做到超低能耗、恒温、恒湿、恒静、恒氧、恒洁。

5.2.4 成品保护

（1）施工中各专业工种应紧密配合，合理安排工序，严禁颠倒工序作业；

（2）对抹完外保温罩面剂的保温墙体，不得随意开凿孔洞，如确实需要，应在外保温罩面剂达到设计强度后方可进行；

（3）安装物件后周围应恢复原状；

（4）应防止重物撞击墙面；

（5）涂料施工时，应对成品门窗进行覆膜保护，防止涂料污染成品；

（6）室内施工时禁止将施工垃圾等物品外抛；

（7）已施工完毕的防水层上严禁堆放重物及尖锐物品，禁止非施工人员随意进入场地；

（8）自然地坪向上 1m，应在散水施工完成后，再做涂料施工。

6　总　结

围护结构一体化施工是超低能耗建筑整个项目管理和现场施工的核心和关键，要将这些技术要点贯彻到项目每一个节点之中，更要灌输到项目参与的每个员工的思维之中，只有这样，超低能耗建筑围护结构一体化施工的每一个技术要点才能更好地落实到整个超低能耗建筑之中。作为施工方，应秉承工匠精神，用最优质的产品、最精细的施工、最严谨的管控模式，紧抓超低能耗建筑围护结构一体化施工中的技术要点，以严肃认真的态度对待每一个超低能耗建筑项目。未来的超低能耗建筑必定是高舒适、高节能的百年建筑，为了这一目标，我们定会在超低能耗建筑围护结构一体化施工这一领域中开拓奋进，砥砺前行。

参考文献

[1]　杨柳，杨晶晶，宋冰，朱新荣．被动式超低能耗建筑设计基础与应用［J］．科学通报，2015，60（18）：1698-1710.

[2]　赵金玲．渤海沿岸超低能耗太阳能建筑热性能的研究［D］．大连：大连理工大学，2008.

[3]　刘阔．石家庄地区村镇居住建筑超低能耗太阳能利用优化研究［D］．西安：西安建筑科技大学，2013.

[4]　刘秦见，王军，高原，等．可再生能源在被动式超低能耗建筑中的应用分析［J］．建筑科学，2016，32（4）：25-29.

[5]　陈强，王崇杰，李洁，等．寒冷地区被动式超低能耗建筑关键技术研究［J］．山东建筑大学学报，2016，31（1）：19-26.

浅析中国"被动房"被动式保温隔热窗外挂式施工技术

石俊鸿*，郑亚鹏，王子玲

（河北建工集团有限责任公司，河北石家庄　050051）

摘　要　本文主要介绍了被动房的新建建筑被动式保温隔热窗外挂式施工技术，以期对我国建造被动房建筑起到一定的指导意义。

关键词　被动房；保温隔热窗施工技术；应用前景

1　引　言

　　"被动房"建筑作为一种典型的节能建筑，由于其独特的研究出发点和逐渐成熟的设计、建造和评价体系，越来越受到世界各国学者的青睐。

　　为了推动国内节能建筑的发展，住房城乡建设部从 2008 年开始对欧洲被动房标准和技术进行系统研究。本文主要介绍被动式保温隔热窗外挂式施工技术，分析其在施工中应用需解决的问题，以期对我国被动房开展更多的示范项目及应用起到一定的指导意义。

2　被动式保温隔热窗概念介绍

　　外挂式被动保温隔热窗系指建筑的外窗采用外挂的安装方式且传热系数能够达到国家要求的"被动"式标准［《被动式低能耗居住建筑节能设计标准》DB 13（J）/T 177—2015 第 5.3.2 条 $K \leqslant 1.3 \mathrm{W}/(\mathrm{m}^2 \cdot \mathrm{K})$，本项目实测数据为 $1.03 \mathrm{W}/(\mathrm{m}^2 \cdot \mathrm{K})$］。被动式房屋对窗的性能要求极高，目前国内可生产此种窗的窗企较少。但可喜的是在 2012 年部分国内窗企已经开始与研究所接触，对建筑外窗的节能等一系列问题展开讨论与合作。现已经研制出一款符合被动式房屋用窗标准的产品——外挂式被动式保温隔热窗。该窗保温隔热性能好，冬保暖、夏保凉，关闭严密，气密性、水密性特佳。窗框体采用保温复合塑钢框体，玻璃采用三玻两腔结构（玻璃间充惰性气体），传热系数 $K \leqslant 0.8 \mathrm{W}/(\mathrm{m}^2 \cdot \mathrm{K})$，保温效果显著，可以满足"被动式房屋"的保温要求。由于此前国内基本没有使用此窗的经验，也没有安装此窗的相关工艺，故本文将详细介绍该窗户的安装施工技术，以供今后同类工程借鉴使用。

＊通信作者：石俊鸿，男，工程师，河北建工集团有限责任公司项目经理。

3 材料特点

（1）传热系数极低。

由于窗体结构为三玻两腔结构（玻璃间隙充氩气），使得本窗拥有极强的保温性能，传热系数只有 $K \leq 0.8\mathrm{W}/(\mathrm{m}^2 \cdot \mathrm{K})$（图1）。

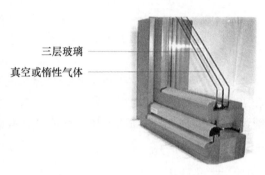

三层玻璃
真空或惰性气体

图1　窗体结构

（2）气密性极强。

由于是外挂式窗户，窗框与外墙间的缝隙在安装窗框前先在内侧粘贴了预压密封带，所以窗体与外墙的贴合更紧密，相比于常规的方式（用发泡胶填补副框或主框与外墙间的缝隙）气密性明显更突出，且上下层窗户的安装误差更小，便于调整（图2）。

图2　气密性优异

（3）水密性好。

外墙保温与窗户间缝隙用密封胶封堵，窗框外侧与外墙的夹角部位满粘一圈防水雨布，窗框内侧与外墙间的缝隙又粘贴了预压密封带，形成三层隔水体系，与常规做法相比，阴水、漏水的隐患降到最低。

（4）防噪隔声。

其结构经过精心设计，接缝严密，经实验结果，空气隔声量达到 25～30dB。

（5）施工过程简单快捷。

4 适用范围

所有被动式建筑物（防火等级为二级建筑）均可采用此窗，并推荐采用此施工技术进行窗的安装。

5 工艺原理

（1）采用无热桥设计，外挂式安装，从根源上杜绝热桥的产生。

（2）室内一侧使用防水隔汽膜，室外一侧使用防水透汽膜，采用防水雨布封边。防水雨布的特点：

①水密性好，不漏水。

②气密性能出色。

③防水雨布的主要材料为无纺布，雨布的正面沾有一层 PE 膜，PE 膜采用热熔法粘至无纺布上，使得 PE 膜完全与无纺布贴合，不会分离，耐久性能出色。

④该雨布原产地为德国，生产该雨布全部采用优质、上等材料，使得该雨布拥有优越的性能，各项指标均可达到"被动房"的要求，且基本不受施工环境限制，−5℃以上均可施工。

在窗框与外墙外侧夹角部位满粘一层此防水雨布，使该窗完全避免了阴水、漏水的隐患，且气密性优越，耐久性更强。不用担心外窗在长期暴晒情况下由于温度升高致使防水雨布脱落、腐朽、技术性能下降。

（3）通过使用预压膨胀密封带材料，使窗与外墙间无缝隙，做到不阴水、漏水，不漏气，三玻两腔结构使得窗的保温隔热性能显著提高，配合外墙保温、屋面保温等节能技术，构筑一个节能体系，使得建筑的节能率达到 90％以上。

图 3 为德国被动房理论发起人隆恩教授进行技术讲解培训。

图 3 技术讲解培训

6 工艺流程及操作要点

6.1 工艺流程

洞口测量→根据洞口放线定位→窗框粘贴预压密封带→安装连接线→窗框安装→窗框调整→与连接件固定→粘贴防水雨布→固定玻璃安装→安装扣条→安装锁具→开启玻璃安装。

6.2 操作要点

（1）对抹灰完成的窗口进行测量，如窗口有尺寸不对，垂直度、平整度达不到标准，阴阳角不垂直等缺陷或与上、下楼层窗口不在一条直线上，不能进行外窗的安装。待窗口处理至达到高级抹灰的规范要求时才可进行施工。

（2）上下几层吊垂线，然后根据洞口的位置，用红外线水准仪确定外窗的安装位置。

（3）在窗框安装前，先按窗口的尺寸将预压密封带粘贴在窗框内侧，要求预压密封带不能断开、不能搭接，如必须搭接时，搭接长度不得小于50mm。

（4）安装窗框时，将窗口下部的连接件安装在外墙上，将其余的所有连接件安装于窗框上，再将窗框立于窗底部的连接件上，然后将窗框慢慢贴紧外墙，按从下向上的顺序将窗框上的连接件与墙用膨胀螺栓固定。若底部连接件不平，需在底部较低的连接件上加橡胶垫片垫至与较高的连接件标高相同，再按上述方式安装。严禁在底部连接件不平时，贴着外墙调整窗框的垂直度，直接将连接件与墙固定，防止破坏预压密封带。

（5）连接件与外墙简单连接后，依照红外线水准仪射出的红线校正窗户的正、侧面垂直度和水平标高，然后将窗框上的连接件与外墙完全固定紧，校正过程中注意不要破坏遇压密封带或使遇压密封带移位。

（6）窗框安装完成后，在所有窗框外侧与外墙的夹角部位用结构胶粘贴一道100mm（每边50mm）的防水雨布，要求防水雨布满粘，与外墙、窗框的粘贴必须紧密，粘贴内部不能漏水、漏气。

（7）外墙保温为220mm（120mm＋100mm）厚，第一层保温板（120mm）粘贴至窗口处需按窗角的尺寸制槽，深度为80mm，宽度为30mm，长度视聚苯板粘贴的情况而定。使保温板吃窗框30mm，第二层保温板粘贴至与第一层保温板相同部位，然后用密封胶将第一层保温与窗框间的缝隙封堵。保温板剔槽的尺寸必须经过精确测量，第一层保温板与窗框各个角度的缝隙均不得大于2mm。

（8）为了达到被动房外装修整体效果图，每层窗户之间需要安装固定扇，固定扇安装方式与外窗相同均为外挂，起到保温、遮阳、美观的作用，固定扇与上下窗框间的空隙均为100mm，该空隙满粘220mm（120mm＋100mm）厚石墨聚苯板，聚苯板表面用结构胶粘贴一层铝扣板，铝扣板边缘与窗户边缘齐，粘贴完成的铝扣板不得与窗框、固定扇产生缝隙（图4）。

安装固定件

校准复核尺寸

窗框调整

安装固定窗框

粘贴防水雨布

外墙保温

安装完成后实景

图4 外挂式被动保温隔热窗施工安装

7 结 论

此施工技术的建筑成本比普通建筑的高，但考虑到全球的资源越来越匮乏，未来能源成本将不断提高，被动式建筑节省的能源消耗将越来越宝贵，建筑生命周期内的总成本比普通建筑会明显降低。本施工技术对我国节能和环保作出的推动作用是金钱无法衡量的，未来必定有越来越多的被动式建筑诞生，采用此施工技术施工的建筑也会越来越多。

参考文献

［1］ 彭梦月．欧洲超低能耗建筑和被动房的标准、技术及实践［J］．建设科技，2011（5）：41-47.49.

［2］ 河北省住房和城乡建设厅．被动式低能耗居住建筑节能设计标准［DB 13（J）/T 177—2015］［S］．北京：中国建筑工业出版社，2015.

［3］ 中华人民共和国住房和城乡建设部．公共建筑节能设计标准（GB 50189—2015）［S］．北京：中国建筑工业出版社，2015.

［4］ Jae-Weon Jeong, Stan Mumma. Densigning a Dedicated Outdoor Air System with Ceiling Radiant Cooling Panels［J］．ASHRAE，2006，10

浅析中国被动式低能耗建筑屋面保温层施工技术

石俊鸿*，郑亚鹏，段瑞英

（河北建工集团有限责任公司，河北石家庄　050051）

摘　要　本文主要介绍了被动房的新建建筑屋面保温层施工技术，以借鉴德国被动式低能耗建筑为基础，结合我国建筑环境的情况，总结出适应我国建筑在被动式低能耗建筑领域内的施工技术，以期为我国建造被动房建筑起到一定的指导意义。

关键词　被动房；屋面保温层施工；应用前景

1　引　言

我国建筑节能技术起步相对较晚，建筑能耗要比发达国家高很多。为此，不断地开发新的建筑节能技术，提高建筑物自身能源利用率至关重要。实现建筑节能最主要的途径是减少建筑物内的能源使用量，从而减少建筑物内的能源主动需求量。而保温性是建筑实现节能、低能耗的重要途径之一，当建筑的围护体系保温层达到一定的厚度时，通过围护结构损失的能量值达到最低，建筑完全可以凭借自身接受自然的热量在冬季维持室内 20℃ 以上，夏季足以抵抗太阳辐射传到室内的热量，维持室内的正常温度，其中关键技术之一在于屋面保温层体系施工技术，通过改善屋面保温层的施工工艺，加强施工过程中的部位把控、节点把控，减少通过屋面的能量传递，达到屋面保温体系的作用，从而实现建筑低能耗、节能减排的目标。

本项目位于河北省鹿泉市上庄镇，主要功能为办公楼，以被动式低能耗建筑为设计理念，为我国被动式低能耗建筑的推广提供一个可依据的参考标准，也是一个可借鉴、学习的对象。

屋面的保温层建设是建筑工程当中的一环，提高屋面保温层的建设质量是建筑行业实现节能、降低能耗需求的一个具体体现。其中，屋面保温是建筑节能中的重要组成部分，在建筑节能中有着重要影响。

2　施工工艺——屋面保温无热桥施工

2.1　屋面保温层材料及防水材料选用

1. 保温板的选用

挤塑聚苯板具有高热阻、低线性、膨胀比低的特点，具有优良的保温隔热性，其结构的闭孔率达到了 99% 以上，形成真空层，避免空气流动散热，确保其保温性能的持久

---

　　*通信作者：石俊鸿，河北建工集团有限责任公司，技术总工，工程师，电子邮箱：804881987@qq.com。

和稳定，相对于发泡聚氨酯80%的闭孔率，领先优势不言而喻。实践证明，20mm厚的挤塑保温板，保温效果相当于50mm厚发泡聚苯乙烯，120mm厚水泥珍珠岩。选用挤塑聚苯板可通过使用较少的材料，降低通过屋顶的能量传递，保障建筑的节能保温性能。

2. 防水材料的选用

屋面使用的PET防水卷材为特殊配方生产1.2mm厚PET合成高分子防水卷材，粘接性能强劲，施工较为方便，不论是湿铺或者是干铺都能与基层粘结牢固，形成"一体化"防水体系，防水性能及严密性相比较其他防水卷材有较大的优势。

2.2 找平层施工

1. 施工工艺

基层清理→打点、充筋→分格缝留设→抹找平层→压光→边角处理→养护。

2. 基层清理

将屋面上的松散杂物清理干净。

3. 打点、充筋

根据设计要求拉线贴灰饼，顺排水方向冲筋，冲筋的间距为1.5m左右。

4. 分格缝留设

用双层木模板板条在纵向和横向均按每6m留置一道分格缝。

5. 抹找平层

先在基层表面上洒水湿润，随后按所冲筋高度铺抹水泥砂浆，用铝刮杠沿两边冲筋标高刮平，木抹子搓揉、压实。使用1：2.5～1：3（水泥：砂体积比）水泥砂浆，水泥砂浆中水泥强度等级不低于32.5。

6. 压光

砂浆铺抹稍干后，用铁抹子压实三边成活。第一遍提浆拉平，使砂浆均匀密实；当水泥砂浆开始凝结，人踩上去有脚印但不下陷时，用铁抹子压第二遍，将表面压平整、密实，注意不得漏压，并把死坑、死角、砂眼抹平；当水泥开始终凝时，进行第三遍压实，将抹纹压平、压实，略成毛面，使砂浆找平层更加密实。

7. 边角处理

女儿墙与屋面形成的阴角、女儿墙的拐角、屋面出气口、落水管道等根部均抹成直径大于100mm的圆角。

8. 养护

砂浆找平层抹平压实后，在24h后开始浇水养护，养护时间不少于7d。干燥后，开始进行防水施工。

2.3 防水层施工

1. 施工工艺流程

基层清理→涂抹冷底子油→附加层粘铺→屋面整体粘铺→节点加强处理→24～48h闭水试验。

2. 基面处理

个别突起部位用角磨机打磨至光滑后，用扫把、铁铲等工具将基层（找平层）上的灰尘、杂物清理干净。

3. 涂抹冷底子油

在基层表面均匀涂抹乳化沥青或沥青软膏。厚度以覆盖住基面为准。

4. 附加层粘铺

在阴阳角、穿屋面管等部位粘铺 500mm 宽防水附加层。

5. 屋面整体粘铺

将未铺开卷材的隔离纸从背面撕开，同时将未铺开的卷材沿长边慢慢向前推铺，边撕隔离纸边铺贴。然后用压辊用力向前，向外滚压，排出空气，达到满粘贴。再搭接粘贴下一副卷材时将卷材搭接部位的隔离纸揭起，将上层卷材对准搭接部位粘贴在下层卷材上不小于 100mm，滚压排出空气，粘贴牢固，以此类推。

6. 节点加强处理

节点处在大面卷材施工完毕后进行加强处理，收边、管口等薄弱处需要用沥青软膏或聚氨酯油膏密封。

7. 工程验收

进行 24～48h 闭水试验，验收工程。

2.4 屋面保温层施工

1. 施工工艺（屋面保温层施工工艺流程图如图 1 所示）

屋面保温层采用干铺 220mm 厚挤塑聚苯板保温层，分三层 70mm、80mm、70mm 厚同层错缝、异层搭缝铺设，220mm 厚挤塑聚苯板保温层配合屋面其他做法保证了屋面的传热系数能够满足设计标准 $K \leqslant 0.14\mathrm{W}/(\mathrm{m}^2 \cdot \mathrm{K})$ 的要求，而国内一般房屋的传热系数为 $K \leqslant 0.7\mathrm{W}/(\mathrm{m}^2 \cdot \mathrm{K})$。

上下两层 PET 防水卷材可形成屋面防水的"双保险"，且能适当地增加屋面整体的气密性。

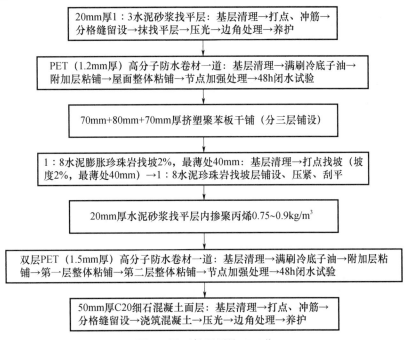

图 1　屋面保温层施工工艺

2. 挤塑聚苯板施工（分三层铺设如图2、图3所示）

（1）三层（70mm、80mm、70mm）挤塑聚苯板采用梅花形错位铺设，确保没有通缝。每排板错缝1/2板长，局部部位最小错缝不小于200mm。如遇低凹部位用1：3水泥砂浆找平，保证挤塑板保温层在同一平面。

（2）板与板之间的缝隙，用挤塑板板条塞满；板与穿屋面管道之间缝隙，用发泡剂填满。

（3）挤塑板铺贴至距女儿墙820mm，然后用相同厚度（70mm、80mm、70mm）的岩棉保温板分三层铺贴至女儿墙，底层岩棉（70mm厚）紧贴女儿墙，然后粘贴第一层女儿墙上的聚苯保温板（100mm厚）至紧贴底层岩棉；第二层岩棉（80mm厚）干铺至距女儿墙105mm，与第一层女儿墙立面聚苯板挤紧；然后粘贴第二层女儿墙聚苯板（120mm厚）至底部第二层岩棉之上；上层岩棉（70mm厚）铺至距女儿墙230mm，三层岩棉与女儿墙内立面的两层聚苯板依上述方式咬茬搭接，板材与板材之间拼缝不得大于20mm，如图4、图5所示。

通过增加挤塑板的厚度可明显提高屋面的保温性能，且屋面与女儿墙接茬部位用岩棉保温塞实，与女儿墙内侧的聚苯板可"无缝对接"，可使整个屋面（包括屋面侧面女儿墙）无热桥，是整个被动房项目的节能重点之一。

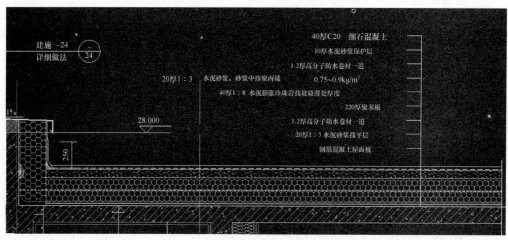

图2　屋面保温层施工大样图

图3　挤塑聚苯板排布

图4　屋面保温层节点样板

图 5　屋面保温挤塑聚苯板

2.5　珍珠岩找坡层

1. 找坡层施工工艺

基层清扫→打点、找坡（坡度 2%，最薄处 40mm）→1：8 水泥珍珠岩找坡层铺设、压紧、刮平。

施工按照技术交底附图进行屋面板块分割，一个板块施工完成将模板拆除后，在其边缘粘贴聚苯板起分隔作用，使分格缝纵横向贯通。

2. 基层清扫

将基层 PET 防水上面的灰尘、积水及时清扫干净，保证基层洁净干燥。

3. 灰饼找坡

按照 2% 的排水坡度，按女儿墙的标高线并结合现场技术人员指导，拉线找坡并横竖每隔 1.5m 设置一个灰饼。

4. 1：8 水泥珍珠岩铺设

按每层铺设厚度 100mm 将水泥膨胀珍珠岩按照压缩比（压缩比是指屋面上松散的水泥珍珠岩与压实后的厚度之比）130% 进行虚铺，同时按图纸要求找 2% 坡，虚铺后的水泥珍珠岩用木杠压紧、刮平、再压实，最薄处 40mm。

5. 20mm 厚水泥砂浆内掺聚丙烯

在珍珠岩找坡层上抹 20mm 厚水泥砂浆（内掺聚丙烯 0.75～0.9kg/m³），随抹随压光。

2.6　女儿墙无热桥施工

1. 女儿墙无热桥施工步骤

女儿墙的内外侧均做 220mm 厚石墨聚苯板保温，女儿墙顶部用通长的厚度为 80mm 的防腐木压实、钉牢，然后用 1.5mm 厚铝合金盖板盖实。女儿墙防水一直延伸到女儿墙顶部，顶部加盖金属盖板，保护保温系统不受紫外线照射而老化，加强密封性，防止雨水进入保温系统。

2. 女儿墙顶部防腐木及铝盖板安装（图6、图7）

女儿墙顶部抹灰完成后，在其顶上安装80mm厚、宽度同女儿墙宽、通长的防腐木，然后压实、钉牢；内外两侧保温（均为220mm厚石墨聚苯板保温层）均施工至防腐木顶，保温板与防腐木的间隙用发泡剂填实，再用粘接砂浆抹灰找平（向屋面内找坡20mm、最薄处10mm）；在已找坡的女儿墙顶按间距500mm钉50mm厚、50mm宽防腐木，上部用1.5mm厚铝合金盖板盖实。

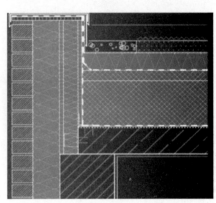

图6　女儿墙施工样板　　　　　　　图7　女儿墙施工大样图

2.7　屋面设备基础防热桥施工（图8、图9）

在混凝土设备基础中间，增加一道防腐木，阻断设备基础上下层的混凝土，使设备基础无冷热桥产生。

图8　屋面设备绝热基础（保温前）　　　图9　屋面设备绝热基础（保温后）

2.8　屋面穿屋面管道无热桥施工（图10、图11、图12、图13）

在屋面通风管道的外侧增加了一层套管，且通风管与套管间的空间用发泡剂填实，防止管道直接与空气接触而产生冷热桥。

侧排雨水管道直径为160mm，预留洞为240mm，雨水管道用管卡固定后，用发泡剂将管道与预留洞间缝隙填满，避免雨水管与混凝土直接接触而产生热桥。

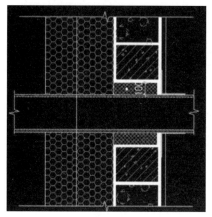

图 10　管道穿墙做法图

图 11　管道穿墙防热桥

图 12　屋面通气管防热桥

图 13　屋面侧排雨水口防热桥

　　此施工技术由于工序复杂，材料消耗较常见建筑更高，所用人工也相应增加，建筑成本也会适当提高，但考虑到全球的资源越来越匮乏，未来能源成本将不断提高，被动式建筑节省的能源消耗将越来越宝贵，建筑生命周期内的总成本相较普通建筑会更低。本施工技术对我国节能和环保做出的推动作用是用金钱无法衡量的，未来必定有越来越多的被动式低能耗建筑诞生，采用此施工技术施工的建筑也会越来越多。

参考文献

[1]　河北省住房和城乡建设厅．被动式超低能耗公共建筑节能设计标准［DB 13（J）/T 263—2018］［S］．北京：中国建材工业出版社，2018．

[2]　彭梦月．欧洲超低能建筑和被动房的标准、技术及实践［J］．建设科技，2011，（5）．

浅析中国被动式低能耗建筑外窗气密性施工技术

郑亚鹏*，石俊鸿，王子玲

（河北建工集团有限责任公司，河北石家庄 050051）

摘　要　本文主要介绍了被动式低能耗建筑中外窗有关气密性施工技术，从窗框保温层施工、气密性施工以及不同材质接缝处节点施工处做法的介绍，增强外窗气密性施工技术，以期对我国被动式建筑节能环保起到一定作用的指导建议。

关键词　被动式低能耗建筑；外窗气密性施工技术；应用前景

1　引　言

被动房是一种通过密封结构与保温构件，实现不再主动向外索取能源的一种极低能耗的建筑，最大限度地使建筑物不受室外环境的影响。不仅要求建筑的围护结构具有良好的保温性能，还应具有隔绝室外空气渗透、减小能量传递的功能，在进行建造的过程中，必须将可能出现漏气的部位进行严格的密封处理，从而保证建筑外围护结构的整体气密性。

2　气密性在被动式建筑中的重要性

大量研究表明，通过门窗的能耗约占整体建筑总能耗的40％以上。门窗在被动式建筑中的作用也不再只是采光、通风、观景的基本功能了，它不仅兼顾建筑的美观，同时对建筑节能、气密性保障起到了至关重要的作用。

门窗节能是被动式建筑节能的重点，除了门窗自身的节能指标提升外，门窗的施工工艺对于门窗的整体性能也有较大的影响。

3　气密性施工应用背景

本文将从改善外窗施工工艺方面，提高整体建筑的气密性，补缺短板，加强被动式建筑气密性薄弱部位的施工，提升整体建筑的气密性，达到建筑节能的目的。

以往门窗的好坏和安装位置的正确与否常常被忽视，目前绝大部分门窗采用传统的安装方式，传统的安装方式是否节能，对建筑的影响有哪些？哪种安装位置最为合理，最能够发挥出门窗的保温节能作用，更有利于建筑环境的健康？本文将从外窗安装的角度来阐述气密性的施工工艺技术。

---

　　*通信作者：郑亚鹏，河北建工集团有限责任公司，技术员，助理工程师，电子邮箱：zhengyapeng2012@163.com。

4 外窗施工工艺

采用无热桥施工技术进行外窗、门的安装，不仅能达到建筑的保温性能，更能保证门窗的气密性，显著增强门、窗洞口处的气密性。外窗施工工艺流程如图 1 所示，外窗安装剖析图如图 2 所示，安装过程节点如图 3～图 10 所示。

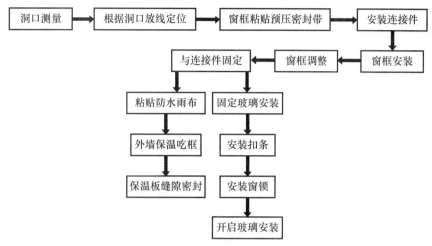

图 1 外窗施工工艺流程

窗框采用防水雨布封边。防水雨布具有气密性、水密性、耐久性等特点。

在窗框与外墙外侧夹角部位满粘一层防水雨布，使该窗完全避免了洇水、漏水的隐患，且气密性优越，耐久性更强。不用担心外窗在长期暴晒情况下由于温度升高致使防水雨布脱落、腐朽、技术性能下降。

室外一侧使用防水透汽膜，室内一侧使用防水隔汽膜，窗框与外墙通过使用预压密封带，使窗与外墙间无缝隙，做到不洇水、不漏水、不渗水，三玻两腔结构使得窗的保温隔热性能显著提高，在构造层次上强化门窗洞口的密封性，配合外墙保温、屋面保温等节能技术，构筑一个节能体系，使得建筑的节能率达到 90% 以上。

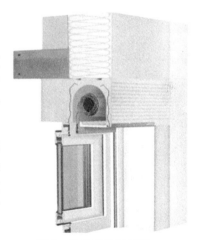

图 2 外窗安装剖析图

图 3 不锈钢窗台板

图 4 预压密封带粘贴

图 5　安装窗框固定件

图 6　校准

图 7　调直

图 8　安装窗框

图 9　窗框处保温

图 10　粘贴防水雨布

　　窗框的室外侧附加一道防水透汽膜，关键起到防水作用，同时也有利于保温材料内水汽排出。窗框的室内侧与墙体连接部位则包裹一层防水隔汽膜，关键起到密封作用，避免水蒸气进入保温材料，这道材料与门窗产品/内墙面抹灰饰面层共同组成了室内气密层。防止室外的水进入门窗与结构的缝隙，使结构内的水汽可以与外界自由呼吸，让水蒸气自由蒸发，保证门窗的抗结露性能，避免门窗和结构之间霉菌的产生；让外墙保温尽可能多地覆盖窗框，以提高门窗框体的气密性能。

5 施工特点

传热系数极低：由于窗体结构为三玻两腔结构（三银 Low-E6＋12Ar＋单银 Low-E6＋12Ar＋6，玻璃间隙充氩气），外窗型材采用维卡 MD82 系列塑钢型材，使得本窗拥有极强的保温性能，传热系数只有 $K \leqslant 0.8\mathrm{W}/(\mathrm{m}^2 \cdot \mathrm{K})$。

气密性极强：由于是外挂式窗户，窗框与外墙间的缝隙在安装窗框前先在内侧粘贴了预压密封带，所以窗体与外墙的贴合会更紧密，相比于常规的方式（用发泡胶填补副框或主框与外墙间的缝隙）气密性明显更突出，且上下层窗户的安装误差更小，便于调整。

水密性好：外墙保温与窗户间缝隙用密封胶封堵，窗框外侧与外墙的夹角部位满粘一圈防水雨布，窗框内侧与外墙间的缝隙又粘贴了预压密封带，形成三层隔水体系，与常规做法相比，洇水、漏水的隐患降到最低。

防噪隔声：其结构经过精心设计，接缝严密，经试验结果，空气隔声量达到 40～45dB。

6 门窗洞口的精修

被动式低能耗建筑外门窗一般为外挂式安装，对门窗洞口的平整度、垂直度以及阴阳角尺寸有较高的要求，在安装前对洞口进行测量，如有尺寸不对，垂直度、平整度达不到标准，阴阳角不垂直等缺陷或上、下楼层窗口不在一条直线上，不能进行门窗的安装。待对洞口进行精修，其平整度、垂直度以及阴阳角尺寸达到安装标准、修补缺陷后进行门窗的安装。

7 窗台板安装

7.1 施工工艺

窗台板与窗框的接缝与保温层之间，采用预压膨胀密封带密封，密封带粘胶一侧应粘贴在窗台板和窗框上，如图 11 所示。

窗台板尺寸设计为比室外侧洞口完成面大 40～50mm，窗台板安装前，窗下口的保温要提前施工完毕，并采用水泥砂浆压顶，窗台板安装时，先在背面贴两条密封条再进行安装，窗台板与主框采用 4×16 自攻钉进行固定。

图 11 外窗窗台板安装剖断图

7.2 安装要点

两端与保温连接处要粘贴预压膨胀带，防止水汽从此处进入破坏保温层；窗台板坡度≥5%（根据不同的地区进行界定），如图 12 所示。

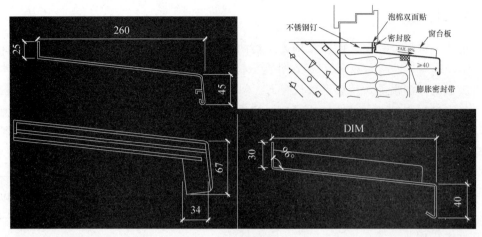

图 12　窗台板安装（一）

　　窗台板下侧粘贴预压膨胀带，与下侧保温实现密闭；宽度超出完成面≥40mm，并设置滴水线，如图 13 所示。

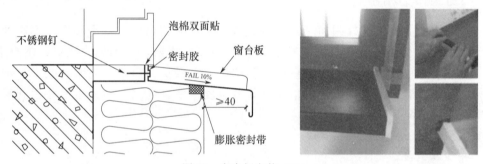

图 13　窗台板安装（二）

　　固定窗台板的自攻钉应采用不锈钢材质，钉与窗台板之间加垫片或抹胶处理，如图 14 所示。

图 14　窗台板安装（三）

　　在风压和热压的作用下，气密性是保证建筑外窗保温性能稳定的重要控制性指标（图 15），根据有关数据显示，ACH50 改变一个单位，因空气渗透引起的供暖能耗改变在 4%～12%，平均值在 7% 左右，同时总的供暖能耗改变 2%～7%，平均在 4% 左右，在外窗气密性等级提高时，房间的采暖空调耗能均下降，外窗气密性提高，对采暖能耗的降低作用更为明显（如表 1 所测数据对比）。

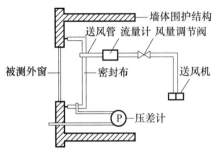

图 15　气密性检测示意图

表 1　不同窗安装方式气密性数据

序号	安装方式	气密性（N_{50}）	传热系数［W/（m² · K）］	空气流速（m/s）
1	外挂式	0.22/h	1.03	0.13
2	内嵌式	0.32/h	1.08	0.16

增强建筑门窗洞口处的气密性，对改善整体建筑的气密性有着至关重要的作用，应减小在缝隙处能量的损耗值，提高建筑的自身资源利用率，实现建筑自我调节、资源的有效利用率，以期达到建筑在全生命周期内的节能、环保。

参考文献

［1］　河北省住房和城乡建设厅．被动式超低能耗公共建筑节能设计标准［DB 13（J）/T 263—2018］［S］．北京：中国建材工业出版社，2018.

［2］　陈泱光，温格润．Wingreen：能满足被动房要求的铝合金门窗系统［J］．绿色建筑，2014，（4）：11.

装配式混凝土剪力墙结构超低能耗建筑
夹芯保温外墙施工关键技术
——以中建科技成都研发中心公寓楼为例

朱清宇*，张　欢，李丛笑，马　超

（中建科技有限公司，北京　100070）

摘　要　本文以中建科技成都研发中心公寓楼示范项目为例，通过技术创新和工程实践，提出装配式混凝土剪力墙结构超低能耗建筑夹芯保温外墙板高气密性、无热桥和防水，以及外窗无热桥内嵌式安装方式等关键施工技术，研究成果以期为装配式混凝土结构超低能耗建筑外墙施工提供技术参考。

关键词　装配式；超低能耗建筑；夹芯保温外墙板；施工技术

1　引　言

　　大力发展装配式建筑是绿色、循环与低碳发展的必然要求，是提高绿色建筑和节能建筑建造水平的重要手段。装配式建筑优点显著，有利于提高生产效率、改善施工安全和工程质量，有利于提高建筑综合品质和性能，有利于减少用工、缩短工期、减少资源能源消耗、降低建筑垃圾和扬尘等，是当代先进建造技术的发展趋势。同时，超低能耗建筑在我国的发展也从小规模试点向大规模开发转变，2018 年，河北、山东出现了 10 万 m² 以上的社区，河北最大的社区超过 100 万 m²，石家庄新开发的项目已经超过 60 万 m²，2018 年上半年全国新增超低能耗项目相当于以往项目开发量的总和。

　　发挥装配式建筑建造优势，建设大规模片区的超低能耗建筑，即由装配方式建造（包括主体结构系统、围护结构系统、内装系统、机电系统），并满足超低能耗建筑标准，将是建筑业发展的一个重要方向。

　　装配式被动式超低能耗建筑集两者的优点于一体，但采用装配式技术建造被动式超低能耗建筑，需要突破两种技术体系交叉融合产生的技术瓶颈：装配式建筑由于工厂化生产和现场拼装，板缝较多，是被动式超低能耗建筑对高气密性要求的薄弱环节；被动式超低能耗建筑要求外围护结构具有无热桥的构造，对装配式夹芯保温外墙板的设计制造、施工节点热桥处理等提出了更高的要求；另外，外窗在装配式夹芯保温外墙板上施工安装也需要专门的气密性和无热桥处理措施。

　　中建科技实践了多种类型的装配式超低能耗建筑方式，本文主要介绍夹芯保温外

　　＊通信作者：朱清宇，男，中建科技有限公司绿色建筑生态城研究院执行院长，研究员。承担【基金项目】"十三五"国家重点研发计划项目"近零能耗建筑技术体系及关键技术开发（项目编号：2017YFC0702600）"，中建股份科技研发课题"雄安新区绿色智慧施工研究（课题编号：CSCEC-2018-Z-13）"。

墙板在装配式建筑中的应用情况，并以中建科技成都研发中心公寓楼为例，介绍其实际项目中关键施工技术，以供参考。

2 夹芯保温墙板在超低能耗建筑中的应用

预制混凝土夹芯保温墙板的主要组成部分是保温内叶混凝土板、保温层、外叶混凝土板及连接件，该墙板结合了结构、保温、装饰等多种功能于一体，不仅具有良好的防火及耐久性能，而且生产工序简单，适用于工业化生产，在施工时无需再做保温层和饰面层，极大地缩短了工期，提高了施工速度，从而降低人工成本，采用预制外墙还可以实现无外架施工，降低施工成本，在建筑部品中受到关注，并逐渐发展为建筑墙体的主流形式。

在夹芯保温墙体中，连接件连接内外叶混凝土墙板和保温层，其主要作用是承受两片混凝土墙板之间的剪力，而连接件的抗剪性能直接决定着整个夹芯保温墙板的性能。为了避免预制夹芯保温墙体中连接件和墙体连接部位的冷热桥效应，连接件需要具有较低的导热系数，从而提高墙体的保温性能；连接件需要具备好的耐腐蚀性，以保证其在呈碱性环境的混凝土中具有更好的耐久性，连接件的热膨胀系数需要与两侧的墙体相近，以保证在墙板的服役期间，可以减少保温连接件与内外叶墙板之间的相对滑动。

根据上海市《装配式混凝土公共建筑设计规程》（DGJ08-2154—2014）中第 8.5.7 条有关装配整体式夹芯保温剪力墙保温厚度要求为，厚度不宜大于 120mm。120mm 的 B1 级防火材料，传热系数可控制在 $0.3W/(m^2 \cdot K)$ 左右，夏热冬冷地区墙体保温不宜按照德国被动房的要求达到 $0.15W/(m^2 \cdot K)$，120mm 厚度以内的夹芯保温外墙板是可以应用于夏热冬冷地区超低能耗建筑中的，而在严寒寒冷地区，按采用挤塑聚苯板计算，保温层厚度至少在 220mm 以上。

中建科技承担"十三五"国家重点研发计划课题《施工标准化工艺及质量控制研究》研究任务中，借鉴北欧国家做法，研发了适用于严寒寒冷地区的装配式混凝土超低能耗夹芯保温外墙板及配套的围护结构整体无热桥和气密性技术体系，用于攻克超低能耗建筑外保温"卡脖子"技术难题。该外墙板实体样板如图 1 所示。

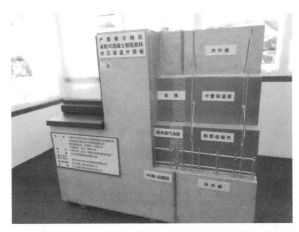

图 1　适用于严寒寒冷地区装配式混凝土超低能耗夹芯保温外墙板实体样板

适用于严寒寒冷地区的夹芯保温外墙板，构造仍为混凝土内叶板＋中置保温层＋混凝土外叶板，外叶板保护层厚度60～80mm，B1级保温材料，厚度为200mm，最厚可以达到近400mm。连接件采用了桁架连接技术，不锈钢材质，连接件为点状热桥，热桥附加值不高于4％，配套应用了涂料型防水隔汽/透气技术、板缝高气密性处理技术、外窗无热桥内嵌式安装等创新技术，实现了外墙系统的高性能保温隔热、断热桥、防潮一体化。

夹芯保温墙板形式可以满足严寒寒冷及夏热冬冷地区超低能耗建筑的热工要求，满足其大规模推广使用的前提条件。

3　施工要点分析

超低能耗建筑的施工不同于传统做法，施工工艺更加复杂，对施工程序和质量的要求也更加严格。本文以预制墙板安装、围护结构气密性和节点无热桥处理为重点，通过一个应用了夹芯保温外墙板的混凝土装配式超低能耗建筑的案例——中建科技成都研发中心公寓楼，介绍装配式混凝土剪力墙结构超低能耗建筑夹芯保温外墙板施工关键技术。

3.1　项目介绍

中建科技成都研发中心项目（图2）位于中建科技成都装配式产业基地内，是国内第一批装配式混凝土被动式超低能耗建筑，由中建科技投资、设计、施工和运营一体化建设，包括一栋办公楼和一栋公寓楼，均为地上四层，共计4409m²，其中，公寓楼建筑面积约1600m²，60％的预制率，60％的装配率，采用了装配式混凝土剪力墙结构的夹芯保温外墙板。

图2　中建科技成都研发中心实景照片

成都市气候温和，经过模拟计算分析，项目外墙传热系数并没有严格按照德国被动房的要求进行取值，而是选择了成本技术经济性最优的传热系数值，0.4W/（m²·K）。经过核算，夹芯保温外墙板采用80mm挤塑聚苯板。夹芯保温外墙板的具体构造为：200mm钢筋混凝土＋80mm挤塑聚苯板＋60mm钢筋混凝土，内叶板与外叶板之间采用 FRP 连接件连接。

3.2 外墙板关键施工技术与方法

3.2.1 外墙板吊装

根据外墙板形状、尺寸及质量选择合适的吊具，当外墙板与钢丝绳的夹角小于45°时或外墙板上有四个或超过四个吊钉时，应采用加钢梁吊装。在吊车把外墙板吊离地面时，检查外墙板是否水平、各吊钉的受力情况是否均匀，当外墙板未处于水平时，调整吊装角度使外墙板达到水平状态，保持各吊钩受力均匀后，方可起吊至外墙板安装位置。

3.2.2 外墙板安装固定

（1）定位：在距离外墙板安装位置50cm高时停止起重机下降，检查外墙板的正反面是否和图纸设计一致，检查地上所标示的垫块厚度与位置是否与实际相符。根据楼面所放出的外墙板侧边线、端线、垫块、外墙板下端的连接件（连接件安装时外边与外墙板内边线重合）使外墙板就位，如图3所示。

（2）斜支撑安装：根据控制线精确调整外墙板底部，使底部位置和测量放线的位置重合。外墙板横缝宽度根据标高控制好，否则直接影响外墙板竖缝；竖缝宽度可根据外墙板端线控制，或用一块宽度合适（根据竖缝宽度确定）的垫块放置相邻板端控制。用斜支撑将外墙板固定，如图4所示，确保斜支撑安装时的水平投影应与外墙板垂直且不影响其他墙板的安装。长度大于4m的外墙板不少于3个斜支撑，长度大于6m的外墙板不少于4个斜支撑，用底部连接件将外墙板与楼面连成一体（此连接件主要是防止混凝土浇捣时外墙板底部跑模，故应连接牢固且不能漏装，同时方便外墙板就位）。

图3　竖向插筋与夹芯保温墙板底部灌浆套筒校准　　　　图4　两道斜支撑临时固定

（3）调整：固定斜支撑，旋转斜支撑并根据垂直度靠尺调整墙板垂直度。调整时应将固定在该外墙板上的所有斜支撑同时旋转，严禁一根往外旋转、另一根往内旋转。如遇墙板还需要调整但支撑旋转不动时，严禁用蛮力旋转。旋转时应时刻观察撑杆的丝杆外露长度（如丝杆长度为500mm时，旋出长度不超过300mm），以防丝杆与旋转杆脱离。操作工人站在人字梯上并系好安全带取钩，安全带与防坠器相连，防坠器要有可靠的固定措施。

3.2.3 外墙板板缝气密性施工

为保证装配式被动式超低能耗建筑的气密性，装配式夹芯保温外墙板板缝必须经过特殊处理，以保证外围护结构良好的气密性、防水和防潮性能。

1. 外墙板竖缝气密性施工

外墙板安装完成后，相邻外墙板间外叶板竖缝间隙约为 20mm，中间保温层竖缝间隙约为 70mm，内叶板竖缝间隙约为 400mm。外墙板竖缝气密性做法如图 5 所示，夹芯保温层缝隙采用同材质同厚度保温条填充，微小缝隙处采用 B 级或 B 级以上的单组分聚氨酯发泡剂填满。夹芯保温层缝隙处理后，保温条靠内叶板侧采用塑料胶带密封或防水卷材处理板缝，如图 6 所示，内叶板板缝浇筑时，防止水泥浆渗入保温板中；内叶板板缝采用现浇混凝土密封方式，先绑扎内叶板后浇带钢筋（图 7）并支侧模板，再浇筑后浇带混凝土，现浇完成效果如图 8 所示。保温条靠外叶板侧采用 LEAC 防水涂料，如图 9 所示，两遍底部涂料刷涂＋两遍面层涂料刷涂的方法形成防水透汽层，以防止雨水从外叶板板缝进入夹芯保温层。外叶板板缝填充直径 30mmPE 棒，并在 PE 棒外侧采用 15mm 厚耐候硅酮密封胶密封。施工完毕后进行后续面层工序。

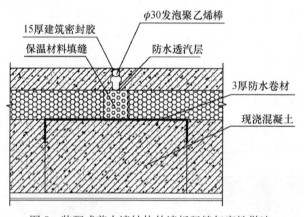

图 5 装配式剪力墙结构外墙板竖缝气密性做法

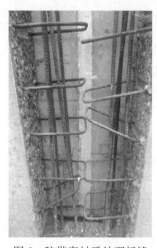

图 6 胶带密封后处理板缝　　图 7 内叶板后浇带钢筋绑扎

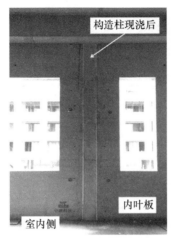

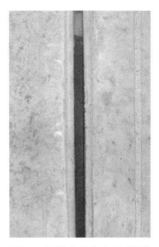

图8　构造柱现浇完成效果　　　　图9　板缝内挤塑板上涂刷
LEAC防水涂料

2. 外墙板横缝气密性施工

外墙板横缝气密性做法如图10所示，保温层采用20mm厚弹性嵌缝材料封堵。内叶板（下层）与叠合楼板连接处采用现浇混凝土方式连接。浇筑完毕后，内叶板（上层）与叠合楼板现浇混凝土层之间缝隙采用高强度灌浆料密封，在灌浆密封前，内叶板板缝两端设置水泥砂浆围挡，如图11所示，以防止灌浆料漏浆。外叶板板缝填充直径25mmPE棒，并在PE棒外侧采用15mm厚耐候硅酮密封胶密封，其密封效果如图12所示。

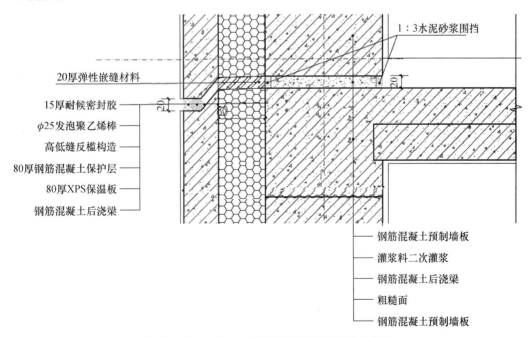

图10　装配式剪力墙结构外墙板横缝气密性做法

图11 水泥砂浆抹倒角及底部灌浆

图12 室外硅酮耐候胶密封效果

3.2.4 外墙板板缝无热桥施工

装配式被动式超低能耗建筑夹芯保温外墙板，应对施工时易产生热桥的板缝进行专门处理，保证保温层的连续性，以做到无热桥施工。

1. 竖缝无热桥施工

外墙板安装就位后，保温层采用同材质同厚度的保温条填缝。根据板缝隙尺寸对保温板进行裁割成保温条，裁割前需要在保温板上弹线定位，确保保温条切割面平整。保温条安装后控制缝隙小于2mm，如不能满足要求，采用聚氨酯发泡剂填充。安装保温条时应采取措施防止其下滑，可在每层墙板顶部加一木块支撑，保温条应填满竖向缝隙，与墙面同高度（图13、图14）。

2. 横缝无热桥施工

可采用聚氨酯现场发泡或块状保温材料进行填充；其中现场发泡在外墙板安装完毕后在室内侧进行，使用块状保温在外墙板（上层）安装之前进行，如图15所示。采用现场发泡法在清理基层界面后固定弹性封闭材料（如PE棒），弹性密封材料用于控制现场发泡时发泡范围，在安装完外墙后在室内侧使用聚氨酯在板缝处进行发泡。发泡要保证缝隙处发泡完整，宜分层多次发泡。采用安装定型保温块法，应在外墙板安装之前将需要安装的保温块安装在规定的位置上，然后进行外墙板安装，安装过程应控制保温块不发生位移。

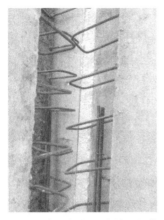

图 13　挤塑板板缝塞挤塑板条　　　　图 14　挤塑板条填充及发泡剂填缝

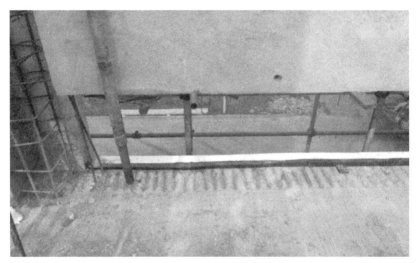

图 15　上下层夹芯保温墙板之间加挤塑聚苯板条

3.3　外门窗关键施工技术

德国被动房和我国建设的超低能耗建筑示范项目外墙以外保温系统居多，外窗大多数采用外挂式安装，可以保证外窗和保温层在一个层面上。在夹芯保温墙板中，为保证外窗和保温在同一层面上，需将外窗内嵌式安装，经过长达两个月的反复修改与讨论，最终确定外窗安装节点如图 16 所示。

3.3.1　外窗无热桥内嵌式安装

装配式夹芯保温外墙板预制时，根据设计尺寸预留外窗洞口，将防腐隔热木块预埋在中置保温层内，并通过预埋件将其与内外叶板连接固定，如图 16 所示。窗户洞口

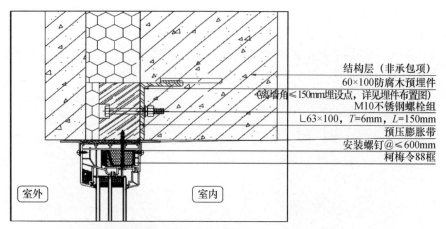

图 16　夹芯保温外墙板外窗安装节点（上节点）

内侧按照一定间距预埋防腐隔热木块，通过固定螺栓将窗框固定在其之上，这样使外窗以内嵌方式安装在装配式夹芯保温外墙板中。该做法既避免了外窗边缘冷热桥的产生，又保证了外窗与外墙保温的连续性。

夹芯保温墙板安装后的洞口如图 17 所示，通过螺钉将窗框固定在防腐木块上。

图 17　夹芯保温外墙板保温层中预埋隔热木块

3.3.2　外窗气密性施工

外窗在安装之前，先将防水隔汽膜和防水透汽膜粘贴于窗框的相应位置，隔汽膜粘贴于室内侧，如图 18 所示，透汽膜粘贴于室外侧，如图 19 所示，窗框四周整体用预压缩膨胀密封带满粘，如图 20 所示。安装时，将窗框放置于应有位置，螺钉钉入防腐木块，如图 21 所示，固定窗框。之后，防水隔汽膜收口应位于内叶板，与内叶板搭接不少于 50mm，如图 22 所示，且粘结剂应饱满、平整，防水透汽膜收口于外叶板，与外叶板搭接应大于 50mm，在角部有附加层，如图 23 所示。被动式外窗气密性处理效果如图 24 和图 25 所示。

图18　窗框边侧防水隔汽膜粘贴

图19　窗框边侧防水透汽膜粘贴

图20　窗框周边预压缩膨胀密封带粘贴

图21　螺钉钉入防腐木块

图22　窗框室外侧粘贴防水透汽膜

图23　窗框室内侧粘贴防水隔汽膜

图24　被动式外窗气密性处理效果（室内侧）

图25　被动式外窗气密性处理效果（室外侧）

对于外窗整体安装的要求，目前安装节点的设计仍然难以实现，且外窗整体在吊装过程中的保护也在一定程度上阻碍了外窗整体安装的实现，这也留下了发现更优更便捷施工工艺和方法的空间。

3.3.3 外遮阳安装

公寓楼南向遮阳采用外挂式安装，如图 26 所示，通过与外墙板上的预埋件焊接固定，遮阳电机电线通过预埋在外墙板的线管与室内连通。外遮阳安装效果如图 27 所示。

图 26　公寓楼外挂式安装　　　　　图 27　遮阳帘展开效果

4　结　论

中建科技成都研发中心公寓楼气密性测试，室内外压差 50Pa 下，建筑平均换气次数为 $0.36h^{-1}$。因此对于装配式建筑来说，很好地满足了被动式超低能耗建筑对于气密性的要求。

本文以一个采用夹芯保温外墙板的装配式超低能耗建筑的实际案例，介绍了外墙板、外窗施工安装技术，特别是对外墙板在高气密性、防水性能、无热桥等方面的特殊施工工艺和技术进行了介绍。夹芯保温外墙板因其在防火、耐久等方面优势明显，将可能成为今后装配式建筑或装配式超低能耗建筑的重要发展方向之一。

参考文献

[1]　万朝阳，陈国新 . 预制夹芯保温墙体保温连接件研究现状 [J]. 玻璃钢/复合材料，2015，(11)：81-84.

[2]　杨佳林，薛伟辰 . 预制夹芯保温墙体 FRP 连接件应用进展 [J]. 低温建筑技术，2012，(8)：139-142.

[3]　叶浩文，李丛笑，朱清宇，等 . 预制装配式实现被动式超低能耗建筑技术与实践——中建科技成都研发中心示范项目 [J]. 动感（生态城市与绿色建筑），2017，(1)：58-67.

[4]　吴自敏，楚洪亮，尹述伟，等 . 装配式混凝土结构被动式超低能耗建筑热桥处理措施 [J]. 建筑节能，2018，46 (9)：70-74.

[5]　吴自敏，楚洪亮，尹述伟，等 . 装配式混凝土结构被动式超低能耗建筑气密性处理措施 [J]. 建筑节能，2018，46 (8)：137-141.

[6]　周炳高，矫贵峰，何称称 . 南通三建超低能耗装配式专家公寓楼示范工程 [J]. 建设科技，2018，(368)：55-64.

钢结构装配式超低能耗建筑外墙材料研究

刘　月*，尹志芳，赵炜璇，丁秀娟

（北京建筑材料科学研究总院有限公司，北京　100041）

摘　要　本文主要介绍了唐山地区建设的装配式钢结构超低能耗样板间案例设计方案，该工程采用了钢结构主体，墙体采用了钢边框（FCL）大板和加气板（ALC）两种材料，按照超低能耗建筑对气密性以及保温连续性的要求进行了细部节点的设计，样板间外墙设计方案经过 BEED 计算，符合超低能耗建筑要求。

关键词　装配式；超低能耗；钢边框大板；加气板

1　引　言

　　装配式钢结构超低能耗样板间项目坐落于河北唐山市丰润区，属于寒冷地区。该样板间建筑面积 215.4m²，建设方是金隅集团股份公司下属唐山冀东发展燕东建设有限公司，本项目采用通用性钢结构框架结构体系，同时将装配式和超低能耗建筑技术相结合，实现结构装配式化，验证钢边框大板和加气板两种墙板体系在装配式超低能耗建筑中的应用性能，项目的设计来源是高层居住建筑中一个典型单元户型，保留了电梯的设计，为今后在高层居住建筑中实现整体技术方案打下一定基础。本项目设计方案一梯两户，分左右对称，两户分别采用加气墙板体系和钢边框墙板体系，总建筑面积 215.4m²。户型呈追字型，南北实际长度为 14.6m，东西宽 7.75m。案例工程效果图如图 1 所示，建筑基本信息见表 1。

图 1　案例工程效果图

　　*通信作者：刘月，女，高级工程师，北京建筑材料科学研究总院有限公司 PHI 被动房咨询师　北京市超低能耗示范项目评审专家，从事超低能耗示范项目相关技术研究。

表 1　建筑基本信息

项目名称	装配式低能耗样板间
项目地点	河北唐山
建筑类型	居住建筑
建设单位	唐山冀东发展燕东建设有限公司
建造年份	2018—2019 年
建筑面积	215.4m²
建筑层数	地上一层
气候区	ⅡB
体型系数	0.59

2　装配式钢结构超低能耗建筑主体材料

　　本项目尝试了钢结构主体与钢边框大板、加气板两种材料在超低能耗建筑中的应用，超低能耗建筑对保温和气密性的要求较高，一般墙体传热系数 K 值要达到 0.15W/(m² · K)，气密性围护结构整体气密性等级 N_{50} 要达到≤0.6/h，为了达到传热系数和气密性等级 N_{50} 的要求，在设计方案中对两种材料墙体的安装方式和细部节点处理都进行了详细说明，施工过程中，多个部位使用了气密膜进行处理。如图 2 和图 3 所示是钢结构主体施工时期的现场情况。

图 2　钢结构主体施工

图 3　钢结构主体

3　加气墙板（ALC）外墙系统方案

3.1　加气外墙保温系统配置方案

　　项目东侧户型的外墙采用加气墙板体系，设计方案为加气外墙采用 150mm 厚板材＋220mm 厚挤塑聚苯板，聚苯板分两层安装，层间设岩棉防火隔离带，内墙采用 200/150/100mm 厚板材。

　　本项目为装配式超低能耗建筑，外墙 K 值按照超低能耗建筑要求进行设计，K 值计算情况如下：

　　150mm 厚外墙 ALC 板＋220mm 厚挤塑聚苯板保温传热系数计算：

　　（1）B05 级砂加气 ALC 板材导热系数检测值 0.11W/(m·K)；

　　（2）加气板材，修正系数可取 1.15；

　　（3）挤塑聚苯板导热系数 0.03W/(m·K)，选用厚度 150mm，修正系数取 1.15；

　　（4）内外传热系数 0.158W/(m²·K)。

　　K 值计算式：$K=1/\{0.158+0.15/(0.11\times1.15)+0.22/(0.03\times1.15)\}=0.13$

　　计算所得 K 值 0.13≤0.158，满足超低能耗建筑外墙 K 值要求。

3.2　加气外墙保温系统气密性措施

　　超低能耗建筑中，气密性要求较高，加气墙板因本身材料结构具有孔隙，使用过程中有可能给建筑气密性带来隐患，所以在气密区界面使用加气墙板的位置统一要求在室内侧进行 2cm 的抹灰处理，除此之外，为了达到超低能耗建筑的气密性要求，加气墙板与板之间缝隙采用专用粘接剂挤实（饱满度不小于 80%）。加气墙板与板之间的处理如图 4 所示，先用专用粘接砂浆粘接，外侧再进行专用粘接砂浆、PE 棒、专用密封胶、专用嵌缝砂浆封堵。图 5 所示是加气板材与结构柱间缝隙处理方式，这部分除了考虑气密性之外，还要考虑钢结构的传热系数较大，所以增加了岩棉保温材料，以解决钢材的导热系数较高的问题。外饰面装修时采用专用抹灰砂浆进行抹灰，厚度3～5mm，封闭板材表面气孔，通过这一系列措施，使加气墙板达到超低能耗建筑墙面气密性要求。

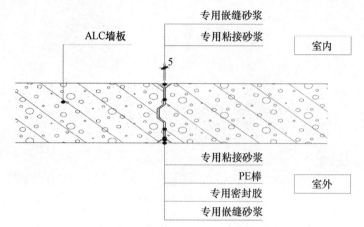

图4　加气板材间缝隙处理方式

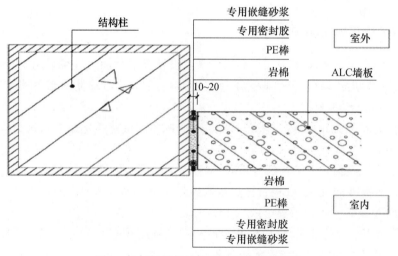

图5　加气板材与结构柱间缝隙处理方式

3.3　加气板材连接方式

加气板材外墙在装配式超低能耗建筑中采用钢管锚方式进行安装，内墙板采用上下U形卡进行安装。安装过程中，根据超低能耗建筑对气密性的要求，外墙板涉及穿气密区的外墙板在安装时要同时注意气密性和热桥部位的处理。

如图6所示，在加气板材超低能耗建筑中外墙连接时，采用钢管锚的方式进行安装，$\phi 12$钢筋在与板面平行方向的在加气板内部，通过与板面垂直方向的M14螺栓相连接，在加气板外表面固定在滑动S板上。如图7所示为安装完的加气板材外墙外表面粘贴了气密性膜材料，如图8所示为加气外墙外表面示意，为了保证加气板材的外表面满足超低能耗建筑的气密性要求，采用专用抹灰砂浆进行抹灰，厚度 3～5mm，以此来保证加气板材外墙面的气密性。

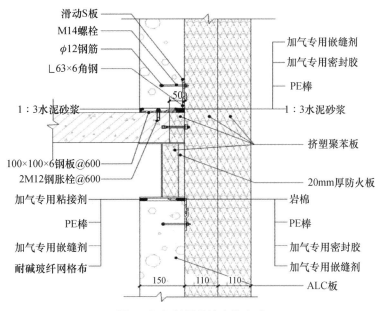

图 6　加气板材外墙安装方式

图 7　加气外墙气密性膜处理节点

　　内墙板采用上下 U 形卡安装，如图 9 所示。在超低能耗建筑中，居室噪声要求小于 25～30dB，所以一般超低能耗建筑在室内施工过程中要进行降噪处理，本项目中使用的加气内墙板有较好的降噪功能，所以本项目在加气墙板体系中未做专门的降噪处理。

　　为了达到较好的气密性，加气板材室内侧在气密层位置的板缝连接处和板与结构

图 8 加气墙板外墙板抹灰处理

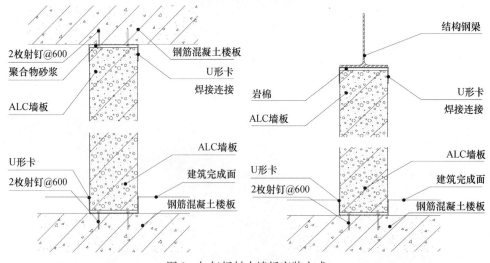

图 9 加气板材内墙板安装方式

处都要进行处理，如图 10 所示，气密性处理可根据实际情况使用气密性膜材料或者抹灰。

3.4 加气板材与外窗的连接

根据超低能耗建筑要求，外窗采用外悬式安装方法，外窗内侧与加气板墙体外侧齐平，为满足外墙节能要求，采用L 160×100×10 角钢进行加固，安装方式如图 11 所示，窗框与加固钢材进行连接并保证安装牢固。角钢与墙体连接要进行断热桥处理。图 11 主要对连接方式进行说明，项目中外窗保温压窗框的气密性处理节点见本文图 15。

如图 12 所示为加气墙板系统中超低能耗用窗的安装施工图，从图 12 中可以看出，连接角钢与框的部分进行了断热桥处理，窗框外部粘贴了防水透汽膜，以保证建筑的气密性。

图 10   加气板材室内侧气密性处理节点

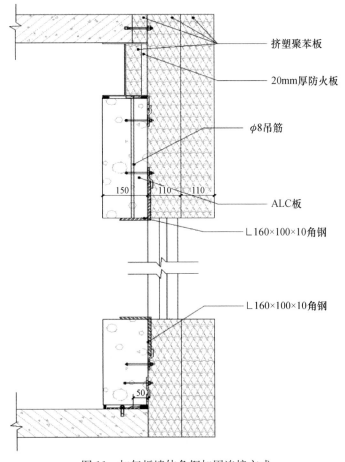

图 11   加气板墙体角钢加固连接方式

图 12　加气墙板外墙与窗交接部分的施工

4　钢边框墙板（FCL）外墙系统方案

4.1　钢边框墙板外保温系统配置方案

在钢结构超低能耗样板间中，钢边框墙板板材总厚度 380mm，自外而内分别为 10mm 皮料（水泥砂浆）、220mm 石墨聚苯板、15mm 皮料（水泥砂浆）、120mm 砂浆聚苯颗粒芯料、15mm 皮料（水泥砂浆），苯板以下为厚度 150mm 的钢边框板，钢边框宽度 140mm。

钢边框墙板板材分为墙体部位和围护部位，墙体部位包含钢边框板和保温层，围护部位只包含保温层以及上下各 10mm 皮料保护层，按照墙体部位和围护部位面积比例 9：1 计算，板材的传热系数为 0.142W/（m² · K）。

自保温板材共分为墙体部分和围护部分（含钢边框）两部分，其中墙体部分按照占总面积 90％计算，围护部分按照占总面积 10％计算。示意图如图 13 所示。

分别对围护部分和墙体部分分别计算热阻和传热系数，计算过程见表 2 和表 3。

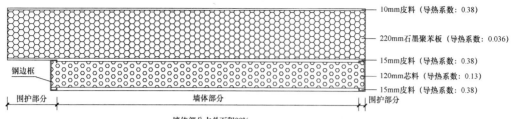

10mm皮料（导热系数: 0.38）
220mm石墨聚苯板（导热系数: 0.036）
15mm皮料（导热系数: 0.38）
120mm芯料（导热系数: 0.13）
15mm皮料（导热系数: 0.38）

钢边框

围护部分　　　墙体部分　　　围护部分

墙体部分占总面积90%
围护部分占总面积10%

图13　钢边框墙板系统配置示意图

表2　墙体部分热阻和传热系数

编号	料层名称	厚度 (mm)	导热系数 [W/(m·K)]	热阻 (m²·K/W)	总热阻 (m²·K/W)	传热系数 [W/(m²·K)]
1	皮料	15	0.38	0.039		
2	芯料	120	0.13	0.923		
3	皮料	15	0.38	0.039	7.138	0.140
4	石墨苯板	220	0.036	6.111		
5	皮料	10	0.38	0.026		

表3　围护部分热阻和传热系数

编号	料层名称	厚度 (mm)	导热系数 [W/(m·K)]	热阻 (m²·K/W)	总热阻 (m²·K/W)	传热系数 [W/(m²·K)]
1	皮料	15	0.38	0.039		
2	石墨苯板	220	0.036	6.111	6.176	0.162
3	皮料	10	0.38	0.026		

通过表2和表3，计算钢边框墙板板材部分墙体的整体传热系数，见表4。通过计算，墙体整体传热系数为 $0.142W/(m^2·K)$，满足超低能耗建筑技术指标要求。

表4　整体传热系数

项目	传热系数 [W/(m²·K)]	面积占比	整体传热系数 [W/(m²·K)]
墙体部分	0.140	90%	0.142
围护部分	0.162	10%	

注：①板材内、外表面换热阻未考虑在内；
　　②钢边框部位热阻较低，将其纳入围护部分计算，且未考虑其热阻数值。

4.2　钢边框板材窗口处理方式

本项目南北朝向，南向窗安装外遮阳，北向窗不安装遮阳帘，分别对带遮阳和不带遮阳两类安装系统的节点设计方案如图14所示，窗框在室内侧与钢边框主体连接位置粘贴防水隔汽膜，窗框在室外侧与钢边框主体连接位置粘贴防水透汽膜。图15所示为超低能耗建筑中外悬式安装窗的细部节点设计图。

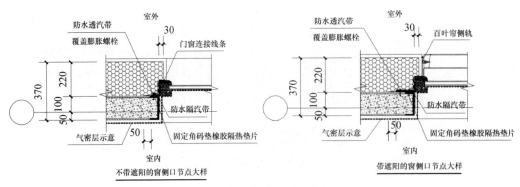

图 14 钢边框窗口处理节点

外窗采用外悬式安装工艺，窗户每平方米重为 100kg，窗洞口的边框采用 140×3 的 C 型钢，经计算满足设计要求。

4.3 钢边框板材的气密性处理

为了满足超低能耗气密性要求，钢边框板材系统室外侧板与结构连接部位采用密封胶处理，钢边框板与板之间进行抹灰处理，如图 15 所示。

图 15 钢边框板材室外气密性处理节点

加气板和钢边框系统板材所有外墙室内侧都进行了隔汽膜粘贴，之后挂网抹灰，如图 16 所示。

图 16 室内侧板材气密性处理

5 结 论

（1）在装配式超低能耗建筑中，主体为钢结构时，加气板（ALC）系统和钢边框（FCL）系统板材都可以作为墙体材料。

（2）使用加气外墙板材系统作为超低能耗建筑的外墙材料时，采用150mm厚板材＋220mm厚挤塑聚苯板，墙体 K 值为 0.13W/(m² · K)。钢边框墙板系统板材总厚度380mm，按照墙体部位和围护部位计算，钢边框墙板板材系统的传热系数为0.142W/(m² · K)。两种材料系统都可达到超低能耗建筑的要求。

（3）根据超低能耗建筑的气密性要求，在加气外墙系统要关注板材的气密性处理，因加气材料自身具有孔隙结构，有可能给建筑气密性带来隐患，所以在气密区界面使用加气墙板的位置统一要求在室内侧进行抹灰或者粘贴气密膜材料处理；钢边框墙板在板边缘与钢结构连接部位也是气密性薄弱点，可使用密封胶或抹灰处理。

（4）在装配式钢结构超低能耗建筑中，钢结构是产生热桥的部位，外悬式窗的安装方式也是容易产生热桥的部位，在施工过程中，要严格按照设计的细部节点处理方式进行隔热处理和保持保温连续有效。

超低/近零能耗建筑整体性能检测与评价

尹宝泉[1*]，任　跃[2]

(1. 天津市建筑设计院，天津　300074；

2. 北京世纪建通科技股份有限公司，北京　100017)

摘　要　我国超低能耗建筑示范面积已逾 600 万 m^2，近零能耗建筑也有了较多的示范，如何开展超低/近零能耗建筑检测及评价，已成为行业发展关注的热点，如何通过示范项目的测评，为超低/近零能耗建筑的大规模推广提供依据，显得尤为重要。本文以国家《近零能耗建筑技术标准》(GB/T 51350—2019) 为依据，通过分析能效指标、室内环境参数、主要设备及系统检测等，提出了超低/近零能耗建筑整体评价方法及工具，将有助于我国超低/近零能耗建筑的推广、规模化发展。

关键词　超低能耗建筑；近零能耗建筑；整体性；检测与评价；后评估

1　引　言

我国建筑节能已经走过 30 多年，从一步节能到四步节能，再到近零能耗建筑，从围护结构性能要求到建筑综合能耗要求，这些发展，表征了我国建筑节能已经从部件节能、系统节能发展到了整体节能阶段，如何在建筑的全生命周期降低建筑能耗，提高建筑质量及水平，成为我国新时代建筑发展的热点。

2019 年 1 月，我国颁布出台了国内首部建筑节能引领性标准——《近零能耗建筑技术标准》(GB/T 51350—2019)，用于指导我国超低能耗、近零能耗建筑、零能耗建筑的设计、建设、评价以及运行管理。由于近零能耗建筑的室内环境性能指标和能效性能指标较四步节能更加严格，为此，应提出科学可靠的性能检测方法，支撑项目竣工验收、评价与认证工作，保证近零能耗建筑运行阶段的有效管理，最终促进我国近零能耗建筑的可持续发展。

目前，国内建筑性能检测标准主要有《公共建筑节能检测标准》(JGJ/T 177—2009)、《居住建筑节能检测标准》(JGJ/T 132—2009)、《建筑通风效果测试与评价标准》(JGJ/T 309—2013)、《建筑门窗遮阳性能检测方法》(JG/T 440—2014)、《可再生能源建筑应用工程评价标准》(GB/T 50801—2013) 等，缺少针对建筑整体性能的检测方法及标准依据。

周建民等针对绿色建筑检测内容广泛、工况复杂、方法多样、仪器先进的特点，指出需要采用集成化的检测方法，即通过结构化的综合布线系统和计算机网络技术，

---

　　* 通信作者：尹宝泉 (1984.1—)，男，博士，高级工程师，单位地址：天津市河西区气象台路 95 号，邮政编码：300074，电子邮箱：yinyou1984@163.com，本论文由国家重点研发计划项目"近零能耗建筑技术体系及关键技术开发"(项目编号：2017YFC0702600) 资助。

将各个分离的检测设备（如声级计、甲醛变送器、风速仪等）功能和信息等集成到相互关联的、统一和协调的系统中，使资源达到充分共享，实现集中、高效、便利的管理。

龚红卫等建立了被动式超低能耗建筑检测指标体系，提出当被动式超低能耗建筑应用的技术出现矛盾时，应综合考虑建筑整体性能，检测时，宜考虑综合性能指标，以使技术达到最佳"低能耗，高能效"的状态点；近零能耗建筑亟须建设系统的检测平台，以更少的人力、精力投入，实现检测内容的系统性、可靠性。

万成龙等对国内某几个典型的被动式超低能耗建筑外窗节能性能进行了测试，结果表明，部分外窗存在空气渗漏、边缘热工较差等问题，导致超低能耗建筑节能效果变差和舒适度降低；也表明仅靠理论模拟计算传热系数是无法保证超低能耗建筑用窗的性能的，需要注重设计、加工、组装和安装环节的质量，还需要对安装后的窗进行评估。

高丽颖等选取大型公共建筑能源审计数据中的 5 栋具有代表性的办公建筑，并对其单位能耗统计数据进行分析，指出必须根据季节和室外温度变化采取不同的节能运行模式，才能保证系统处于最佳运行状态，有必要构建能效监管平台，实现对集中式空调系统准确的能耗运行数据采集及诊断分析工作，调整与指导空调系统的高效运行。

付彩风等针对国内能耗监测平台已经积累大量实时数据而并没有充分利用这一现状，提出一种基于能耗监测数据在线节能诊断方法，根据建筑功能区面积和分项能耗数据采用多元回归分析方法进行拟合，对建筑节能潜力进行判断。

冯国会等为研究近零能耗建筑采暖的最佳运行方式，分阶段对沈阳某近零能耗建筑末寒期连续供暖和停止供暖两种工况下室温进行了监测。研究结果表明，低温间歇供暖是近零能耗建筑的供暖的有效方式，对于建筑的运行节能具有积极意义。

李怀等以 CABR 近零能耗建筑中地源热泵系统实际运行数据为基础，介绍了该地源热泵系统夏季和冬季的运行情况。

M. R. Brambley 等提出依靠传感器和仪表的建筑效率措施，如建筑能源管理系统，照明控制，自动故障检测和诊断（AFDD）以及需求控制通风，可减少 5%～60% 的能耗。

对超低/近零能耗建筑而言，除了在其设计、建造阶段的严格要求外，还应关注其运行的实际效果以及长期的运行管理，以支撑大规模推广应用。而运行阶段的检测不仅要检验建筑实际运行效果是否达到设计要求，更要能够从检测数据中分析建筑的性能特征，也就是说，建筑整体性能检测平台还必须是建筑性能评估平台，并反馈给建筑控制系统，进而调节建筑的运行模式，使建筑保持最佳的运行状态。

2 超低/近零能耗建筑的性能要求

依据国家《近零能耗建筑技术标准》（GB/T 51350—2019），近零能耗建筑为：适应气候特征和场地条件，通过被动式技术手段最大幅度降低建筑供暖、空调、照明需求，通过主动技术措施最大幅度提高能源设备和系统效率，充分利用可再生能源，以最少的能源消耗提供舒适室内环境，且室内环境参数和能耗指标满足本标准规定的建筑，其建筑能耗水平应较国家标准《公共建筑节能设计标准》（GB 50189—2015）和行业标准《严寒和寒冷地区居住建筑节能设计标准》（JGJ 26—2010）、《夏热冬冷地区居住建筑节能设计标准》（JGJ 134—2016）、《夏热冬暖地区居住建筑节能设计标准》（JGJ 75—2012）降低 60%～75%以上。同时该标准指出超低能耗建筑、零能耗建筑分别是近零能耗建筑的初级、高级表现形式，其室内环境指标与近零能耗建筑相同，能效指标略低于近零能耗建筑，因而，本研究所指的检测方法同样适用于超低能耗建筑、零能耗建筑。

近零能耗建筑指标包括两大类：约束性指标和推荐性指标，其推荐性指标可以通过性能化设计进行优化和突破；其约束性指标，主要包括室内环境参数和能耗控制指标两个方面，而室内环境参数指标达标是能耗指标的前提，因而两者必须同时满足近零能耗建筑的要求。为保证建筑室内各项约束性指标满足设计要求，应搭建一套有针对性的建筑性能检测及评估平台，以实时调控推荐性指标，加强运行管理，保证建筑一直处于最佳的运行状态，如图 1 所示。

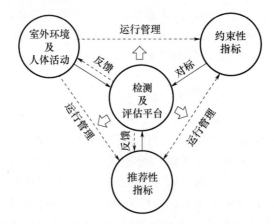

图 1　近零能耗建筑指标体系、检测、运营之间的关系

2.1　约束性指标——室内环境参数

1. 温湿度

健康、舒适的室内环境是近零能耗建筑的基本前提。近零能耗建筑室内环境参数应满足较高的热舒适水平，大部分时间处于热舒适Ⅰ级，见表 1。

表 1　近零能耗建筑主要房间室内热湿环境参数

室内热湿环境参数	冬季	夏季
温度（℃）	≥20	≤26
相对湿度（%）	≥30	≤60

2. 新风量、CO_2 浓度、$PM_{2.5}$

《近零能耗建筑技术标准》最小新风量指标综合考虑了人员污染和建筑污染对人体健康的影响。在人员密集的公共场所，如会议室等，通过监测室内 CO_2 浓度进行新风量控制，对于人员密集场所 CO_2 的体积浓度控制，见表 2。

表 2 人员密集场所室内 CO_2 体积浓度要求

适用场所	室内 CO_2 体积浓度 PPM
人员长期停留区域	900
人员短期停留区域	1200

注：人员长期停留区域，指卧室、起居室、办公室、会议室等，人员短期停留区域指走廊、电梯厅、地下车库等公共区域。

3. 声环境

近零能耗建筑的声环境要求居住建筑室内噪声昼间不应大于 40dB（A），夜间不应大于 30dB（A）。采用高性能的建筑部品，具有较好的隔声能力，但采用的新风热回收系统等也会产生噪声问题，为此，设计过程中应选择低噪声设备、采取减震降噪的技术措施，并应进行声环境检测及评价，以保证近零能耗建筑的质量。

2.2 约束性指标——能效指标

近零能耗建筑的本质是使建筑达到极高的建筑能效，通过提高建筑围护结构热工性能、关键用能设备能源效率等性能指标提升建筑能效，并最终体现在建筑物的负荷及能源消耗强度。能耗的计算范围为建筑供暖、空调、照明、通风等提供公共服务的能源系统，不包括炊事、家电和插座等受个体用户行为影响较大的能源系统消耗。

根据建筑的使用特征，《近零能耗建筑技术标准》分别规定了居住建筑和公共建筑的能效指标，见表 3、表 4。由于居住建筑中非住宅类建筑的使用模式和建筑特点逐渐接近公共建筑，因此非住宅类居住建筑应参考公共建筑的能耗指标。

表 3 近零能耗居住建筑能耗指标及气密性指标

建筑能耗综合值		$\leqslant$55kW·h/(m²·a) 或$\leqslant$6.8kgce/(m²·a)				
建筑本体 性能指标	供暖年耗热量 [kW·h/(m²·a)]	严寒地区	寒冷地区	夏热冬冷地区	温和地区	夏热冬暖地区
		$\leqslant$18	$\leqslant$15	$\leqslant$8		$\leqslant$5
	供冷年耗冷量 [kW·h/(m²·a)]	$\leqslant$3+1.5$\times$WDH$_{20}$+2.0$\times$DDH$_{28}$				
	建筑气密性（换气次数 N_{50}）	$\leqslant$0.6		$\leqslant$1.0		
	可再生能源利用率	$\geqslant$10%				

注：1. 建筑本体性能指标中的照明、生活热水、电梯系统能耗通过建筑能耗综合值进行约束，不做分项限值要求；
　　2. 本表适用于居住建筑中的住宅类建筑，面积的计算基准为套内使用面积。

表 4 近零能耗公共建筑能耗指标及气密性指标

建筑综合节能率		$\geqslant$60%				
建筑本体 性能指标	建筑本体节能率	严寒地区	寒冷地区	夏热冬冷地区	夏热冬暖地区	温和地区
		$\geqslant$30%		$\geqslant$20%		
	建筑气密性（换气次数 N_{50}）	$\leqslant$1.0		—		
	可再生能源利用率	$\geqslant$10%				

注：本表也适用于非住宅类居住建筑。

建筑的标准能耗是在设计阶段，在标准气象条件和运行工况下计算的理论建筑能耗，主要用于约束和引导设计。建筑实际能耗受实际气象条件、使用方式、人均使用面积、使用时间、室内环境参数等多种因素影响，导致建筑标准能耗和实际使用能耗存在一定差距。因而，必须在运行阶段加强对建筑实际能耗的监测，并及时加强物业管理。

2.3 推荐性指标

推荐性指标并非强制性指标，其本意是帮助设计师缩小参数筛选范围，以实现建筑约束性指标。由于运行工况的实时变化特性，能源系统的实时调控也显得尤为重要，因而推荐性指标的检测在建筑运行管理中起着至关重要的作用。

1. 围护结构

围护结构作为室内外环境转换的媒介，其性能优劣将直接影响建筑室内热湿环境。针对不同气候区的特点，该标准对非透明围护结构的传热系数及无热桥设计、透明围护结构的传热系数、太阳的热系数、气密性、遮阳等给了推荐性做法或取值，见表5、表6，这些指标能够有效降低建筑的冷热需求，是近零能耗建筑良好运行的前提保障。

表5 居住建筑/公共建筑非透光围护结构平均传热系数

围护结构部位	传热系数 K [W/(m²·K)]									
	严寒地区		寒冷地区		夏热冬冷地区		夏热冬暖地区		温和地区	
	居建	公建	居建	公建	居建	公建	居建	公建	居建	公建
屋面	0.1~0.15	0.1~0.2	0.1~0.2	0.1~0.3	0.15~0.35	0.15~0.35	0.25~0.4	0.3~0.6	0.2~0.4	0.2~0.6
外墙	0.1~0.15	0.1~0.25	0.15~0.2	0.1~0.3	0.15~0.4	0.15~0.4	0.3~0.8	0.3~0.8	0.2~0.8	0.2~0.8
地面及外挑楼板	0.15~0.3	0.2~0.3	0.2~0.4	0.25~0.4	—	—	—	—	—	—

表6 居住建筑/公共建筑外窗（包括透光幕墙）传热系数（K）和太阳得热系数（SHGC）值

围护结构部位		传热系数 K [W/(m²·K)]									
		严寒地区		寒冷地区		夏热冬冷地区		夏热冬暖地区		温和地区	
		居建	公建	居建	公建	居建	公建	居建	公建	居建	公建
传热系数 K [W/(m²·K)]		≤1.0	≤1.2	≤1.2	≤1.5	≤2.0	≤2.2	≤2.5	≤2.8	≤2.0	≤2.2
太阳得热系数 SHGC	冬季	≥0.45		≥0.45		≥0.4		—		≥0.4	
	夏季	≤0.3		≤0.3		≤0.3	≤0.15	≤0.15		≤0.3	

2. 能源设备和系统

为便于选择高能效的设备和系统，标准给出了相关设备性能要求，见表7。

表7　不同能源设备和系统的性能要求

序号	类型		性能参数	指标
1	分散式房间空气调节器	单冷式	制冷季节能源消耗效率（W·h）/（W·h）	5.4
		热泵型		4.5
2	空气源热泵	热风型	低环境温度名义工况下的性能系数 COP	2.0
		热水型		2.3
3	多联式空调（热泵）机组		制冷综合性能系数 IPLV（C）	6.0
			能效等级（W·h）/（W·h）	4.5
4	冷水（热泵）机组	水冷式	性能系数 COP（W/W）	6.0
			综合部分负荷性能系数 IPLV	7.5
		风冷或蒸发冷却	性能系数 COP（W/W）	3.4
			综合部分负荷性能系数 IPLV	4.0

在降低建筑需求的前提下，近零能耗建筑正式投入使用之后，建筑是否能够按设计意图实现高舒适度低能源消耗，取决于能源设备和系统能否高效，能源设备与系统的高效性包含两层含义：①设备自身制冷、制热效率高，损失率小；②合理制定运行策略，保证设备和系统处于最佳的运行模式。

此外，近零能耗建筑应在正式投入使用的第一个年度进行建筑能源系统调适，"调适"的重点工作在于建筑正常投入使用后在各典型季节性工况和部分负荷工况下，通过验证和调整，确保各用能系统可以按设计实现相应的控制动作，与建筑使用特性契合，保证建筑正常高效运转。调适过程本质是对建筑相关指标的检测、评估、调整、再检测的过程，这再次强调了实时监测、及时管控的重要性。

3. 新风热回收效率等

一方面为了健康和保证室内空气品质设置新风系统，另一方面从舒适度和能耗的角度，近零能耗建筑具有很好的气密性并利用新风热回收系统实现全热交换，在冬季室内外温差较大的地区比普通建筑在保持室内相对湿度方面有明显优势，可以有效避免冬季由于冷风渗透造成的室内空气相对湿度的降低。由此可见，新风系统成为机械通风模式下室内外唯一的空气交换通道，新风系统的正确运行，对维持室内健康舒适环境、同时降低建筑能耗有着至关重要的作用，因此对其热回收装置换热性能、空气净化装置、风机效率及时检测是保证近零能耗建筑正常运行的必要条件，标准要求新风热回收装置换热性能应符合下列规定：显热型显热交换效率不应低于 75%，全热型全热交换效率不应低于 70%。新风热回收系统空气净化装置对大于或等于 $0.5\mu m$ 细颗粒物的一次通过计数效率宜高于 80%，且不应低于 60%。

3　超低/近零能耗建筑整体性能检测

《近零能耗建筑技术标准》附录 E 规定了建筑外围护结构整体气密性能检测方法，附录 F 规定了新风热回收装置热回收效率现场检测方法，但目前国家尚没有完整的近零能耗建筑性能的检测标准出台。目前，河北省《被动式超低能耗建筑节能检测标准》、中国工程建设协会《近零能耗建筑检测评价标准》已经开始征求意见，针对近零能耗建筑的特点规定了检测的时机、时长等，提出了能耗和环境监测系统应具有分析管理功能，对建筑室内外环境和建筑各项能耗进行记录和分析，定期提供能耗账单和用能分析报告，通过对监测数据进行深入分析和挖掘，制定节能策略，发掘建筑的节能潜力。但是，针对目前分门别类的检测工具和方法，因检测工作量大、人为成分多等不利因素，很难实现同步检测，这就导致：①测试数据之间的时间差异使检测结果不具有系统性和整体性，难以系统全面地反映建筑的整体性能，与近零能耗建筑必须同时满足室内环境参数及建筑能耗指标两个约束性指标的要求契合度不高；②与近零能耗建筑运行管理的要求契合度不高，使控制系统的反馈能力差、调节精度低。

3.1　检测参数

对近零能耗建筑的评价应贯穿设计、施工、运行全过程，即预评价、正式评价和运行评价。设计评价是指施工图设计文件审查通过后，对建筑能效指标的核算；施工评价是指建筑竣工验收前，对建筑气密性、围护结构热工缺陷、新风热回收装置性能等进行检测并评价；运行评价是指建筑正式投入使用一年后，对建筑室内环境和能效指标进行检测并评估，这一阶段的评估应以一年为一个周期。运行阶段对公共建筑应以建筑综合节能率为评估指标，且应直接采用分项计量的能耗数据，并对其计量仪表进行校核后采用；对居住建筑应以建筑能耗综合值为评估指标，以栋或典型用户电表、气表等计量仪表的实测数据为依据，经计算分析后采用。

可以看出，施工阶段和运行阶段都必须经过检测评估，施工阶段的检测主要是为了保证建筑的建成效果和施工质量，针对的是推荐性指标的检测，运行阶段的检测则是评估一个建筑是否满足约束性指标的关键。一个建筑只有实际运行效果达到近零能耗建筑的要求，才能真正成为近零能耗建筑。

《近零能耗建筑技术标准》对运行阶段管理有以下几个特点：

（1）定期检测；

（2）每项检测持续时间长；

（3）检测指标多；

（4）依据检测结果调试能源系统、制定运行策略。

可以看出，若采用传统的检测方法，必然要耗费大量的人力、物力，且效率低，人为因素对测试结果影响大。因而，从评估认证以及运行管理的角度来看，需要搭建近零能耗建筑整体性能的检测与评估工具及系统。

3.2　近零能耗建筑检测评价标准

近零能耗技术在实际运行过程中的效果如何，是否真正能够为实现建筑近零能耗做出贡献，这些都需要通过检测来进行印证。同时，对此类建筑进行评价时，可能会出现缺乏充分的数据资料支持评价结果的现象，因此必须进行近零能耗建筑检测才能获得相关必要的数据，由此来支撑相应的评价结果。

针对《近零能耗建筑技术标准》的指标要求，中国工程建设协会标准CECS《近零能耗建筑检测评价标准》已经开始征求意见，用以规范相关检测，指导项目评价。该征求意见稿的检测内容主要包括能效指标计算与检测、室内环境检测、围护结构检测、新风设备检测、可再生能源系统检测五个方面。

3.2.1 能耗检测

为分析建筑各项能耗水平和能耗结构是否合理，监测关键用能设备能耗和效率，及时发现问题并提出改进措施，以实现建筑的近零能耗目标，需要在系统设计时考虑建筑内各能耗环节均实现独立分项计量。公共建筑能耗数据应按照用能核算单位和用能系统进行分类分项提取，提取项应包括冷热源、输配系统、供暖空调末端、生活热水系统、照明系统及电梯等关键用能设备或系统。居住建筑能耗数据应按照公共部分和典型户部分分类分项提取。公共部分应包含公共区域的供暖空调能耗、照明能耗及电梯等关键设备能耗的分项计量数据，典型户的供暖制冷、生活热水、照明及插座的能耗进行分项计量，计量户数不宜少于同类型总户数的 2%，且不少于 5 户。数据中心、食堂、开水间等特殊用能单位的能耗监测数据应单独计算。

此外，能耗监测的同时，还需要关注下列事项：

（1）建筑的低能耗必须在保障建筑的基本功能和舒适健康的室内环境的前提下实现，因此针对公共建筑和居住建筑的不同性质，应设置室内环境监测系统，对温度、湿度等关键室内环境指标进行监测和记录。

（2）为对建筑实际使用过程中的气象条件、人员数量、使用方式等因素进行分析并与设计工况进行对比，以发现系统问题并进一步提升系统节能运行水平，监测系统宜对所在地室外温湿度、太阳辐照度气象参数进行计量，并对公共建筑使用人数进行统计。

（3）能耗和环境监测系统应具有分析管理功能，对建筑室内外环境和建筑各项能耗进行记录和分析，定期提供能耗账单和用能分析报告，通过对监测数据进行深入分析和挖掘，制定节能策略，发掘建筑的节能潜力。

以上可以看出，该检测方法期望建筑室外环境监测、室内环境监测、相关设备性能监测、人体活动情况监测、监测数据的分析与节能潜力的挖掘同步进行，相辅相成。

3.2.2 室内环境检测

《近零能耗建筑检测评价标准》征求意见稿，针对近零能耗建筑室内环境参数规定了室内环境检测的内容，包括室内温湿度（同时检测室外温湿度）、新风量、$PM_{2.5}$ 浓度、噪声、CO_2 浓度、照明六项，并对每项检测的基本条件、抽检数量、检测仪器及方法、判定条件进行了规定。

从检测仪器和方法上看，主要参照国内既有的检测标准，见表 8；从检测基本条件、抽检数量及判定方法上看，遵循国内既有检测标准，或稍作修改：

（1）为保证测试数据的合理性，要求室内温湿度检测持续时间宜与冷热源系统运行同步，且在建筑物达到热稳定后，进行室内温湿度检测。

（2）测试期间的室外温度、湿度测试应与室内温度、湿度的测试同步进行。

（3）考虑人为因素对实际效果的影响，如对室内温湿度判定时，当住户人为调低或调高室内温度设定值时，室内温度、湿度逐时值可不作判断。

表 8　近零能耗建筑室内环境参数检测仪器及方法

检测内容	检测仪器及方法	判定标准
温湿度	《居住建筑节能检测标准》（JGJ/T 132—2009）《公共建筑节能检测标准》（JGJ/T 177—2009）	《近零能耗建筑技术标准》（GB/T 51350—2019）
新风量	《通风与空调工程施工质量验收规范》（GB 50243—2016）	
噪声	《民用建筑隔声设计规范》（GB 50118—2010）	
$PM_{2.5}$ 浓度	《通用系统用空气净化装置》（GB/T 34012—2017）	《建筑通风效果测试与评价标准》（JGJ/T 309—2013）
CO_2 浓度	国内没有出台室内 CO_2 的现场检测方法，故测试仪器应采用 CO_2 浓度测试仪，类比室内温湿度布点方式及计数规则进行检测	《室内空气中二氧化碳卫生标准》（GB/T 17094—1997）
照明	《照明测量方法》（GB/T 5700—2008）	《建筑照明设计标准》（GB 50034—2013）

可以看出，当前对于近零能耗建筑检测方法并没有突破常规建筑的检测方法，对建筑性能的检测尚且达不到实时监控、实时优化的智能化水平，例如，对室内新风量判定时，由于建筑实际运行时，室内人员数量变化很大，计算室内人均新风量时，依然按设计条件进行计算，这就导致了检测脱离了运行管理，使运行管理工作不能有序进行。

3.2.3　围护结构检测

《近零能耗建筑检测评价标准》征求意见稿，对透光及非透光围护结构热工性能及建筑整体气密性监测做出了规定，其中，非透光围护结构热工性能包括热工缺陷、外墙和屋面主体部位传热系数、热桥部位内表面温度和隔热性能的监测；建筑透光围护结构热工性能检测主要是传热系数 K 值现场检测；建筑整体气密性检测主要是在 50Pa 和−50Pa 压差下测量建筑物换气次数。

从监测要求可以看出，这些监测主要是一次性监测，主要用于建筑竣工验收，通常委托检测机构完成，与建筑运行阶段的相关度较小。从实际经验来看，建筑建成之后，围护结构常常会因外力破坏、潮气侵蚀、保温层脱落等因素干扰而性能下降，因此应定期进行检测，以确保其处于正常工作状态。

3.2.4　新风设备检测

新风设备的检测包括实验室检测和现场检测。由于热回收新风机组的性能在不同的室内外温湿度及风量工况下有所不同，因此抽检时应送至第三方试验室依据产品国家标准《空气-空气能量回收装置》（GB/T 21087—2007）规定的试验工况和试验方法进行性能测试，对于新风量大于 $3000m^3/h$ 的热回收机组，由于其体型较大，拆装运输不便，因此规定可在现场进行性能测试。现场检测时，统一规定检测时机组运行于热回收最大风量状态下。

可以看出，《近零能耗建筑检测评价标准》征求意见稿中对新风设备的检测主要用于项目的竣工验收，以保证设备自身的性能满足《近零能耗建筑技术标准》推荐性指标的要求。然而，在近零能耗建筑中应用的热回收新风机组，除了具有热回收功能外，有的机组还具有空调功能，如热回收新风空调一体机，另外，部分热回收新风机组会配有节能运行控制装置，在满足新排风输配风量要求的条件下，根据室内外空气状态、电机功耗等情况，通过调整风机转速、旁通新排风等手段，降低机组的运行能耗。热回收新风机组的实际运行状态多种多样，相关检测方法并不能监测系统的实际运行状况，因而对系统的调适不具有实质性的指导作用。

3.2.5　可再生能源检测

可再生能源的检测包括 4 个方面，即太阳能光伏发电系统检测、太阳能热利用系统检测、地源热泵检测、空气源热泵检测。其中，前三项的检测都包含了短期监测和长期监测，短期监测用于项目验收，长期监测用于掌握系统的实际运行状况及可再生能源贡献量；而空气源热泵检测主要是对实际运行状态下制热性能的一次性监测，并不能有效掌握设备全年的运行状况，因而不能根据建筑的实际运行状况调适，削弱了运行管理的作用。

综上，近零能耗建筑检测标准具有以下特点：

（1）从能耗检测的规定来看，近零能耗建筑运行阶段的检测期望能全方位系统地对整体性能进行评价。

（2）从其他检测指标及其检测方法来看，由于当前缺乏一套系统的多功能检测设备，因而近零能耗建筑运行阶段的检测实质上还是以单项检测为主。

（3）从检测目的来看，多数检测是为了竣工验收，而非基于监测数据指导建筑运行管理。

（4）近零能耗建筑检测指标多，而各个单项检测涉及工具类型、检测方法多样，其整体性能检测平台必须权衡检测需求、检测难易程度等实际情况，集成相应的检测指标及方法。

3.3　整体性能检测

建筑整体性能测评，主要涉及建筑室内外环境、围护结构性能（包括玻璃幕墙）、设备性能等。从测试方法角度主要分两种测试：一是临时性测试，如整体气密性、采光性能等，多用便携设备完成；二是长期在线监测，测试指标变化大，需长期观察采集数据，如室内外环境、设备运行等。设备用在线监测型，功能需有无线通信功能、自带蓄电池、续航时间尽量长、自记数据与远程云存储共存等技术特点。近零能耗建筑整体性能检测模块及相关说明，如表 9、图 2 所示。

表 9　近零能耗建筑整体性能检测模块及检测项

项目	测试模块	技术说明
建筑围护结构监测单元	墙体及外门窗热工性能测试模块	侧重传热系数、热工缺陷测试
	玻璃幕墙热工测试及通风测试模块	幕墙夹层气流、温湿度等测试
	遮阳构件及采光测试模块	遮阳效果及采光系数测试
	热桥及热工缺陷测试模块	热桥及热工缺陷在线监测
	建筑整体气密性测试模块	建筑整体气密性 N_{50} 工况测试

续表

项目	测试模块	技术说明
建筑室外环境监测单元	室外气候环境测试系统	室外温湿度、空气质量监测
	太阳辐射综合监测模块	太阳辐射量监测
建筑室内环境监测单元	室内环境与空气质量测试	温湿度、照度、噪声、CO_2 等监测
	供暖系统监测模块	温度、供暖性能效果监测
	空调通风监测模块	新风热回收效率、通风量等监测
	室内人员数量监测	建筑总体人数监测
建筑水、电、气监测单元	设备负载用电监测模块	主要设备及电器的用电累积量监测
	建筑用水监测模块	建筑总体用水量监测
	建筑用气监测模块	建筑天然气总体用气量监测
建筑可再生能源利用监测单元	太阳能集热系统能效监测	热水系统、太阳能供暖系统等监测
	太阳能光伏系统能效监测	光伏发电效率监测
	热泵系统能效监测	地源热泵、空气源热泵能效监测
能耗监测物联网平台	远程数据传输，WEB端展示	依据国标进行能效指标数据监测
	能耗计算分析软件，预留 API 接口	依据国标进行能效指标对标
其他	视频监控、设备控制干预等	辅助监管设备、执行运行策略

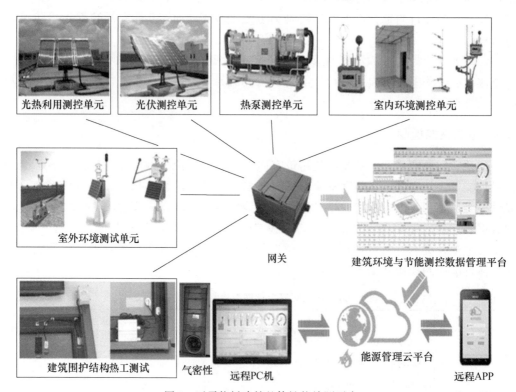

图 2 近零能耗建筑整体性能检测平台

此外，超低/近零能耗建筑性能监测系统，应充分考虑其性能要求，重点涉及室内温湿度、空气质量，建筑能效指标（总能耗、分项能耗指标及设备能效），直观地与设计目标对应，同时有条件时，还应搭建与相应技术措施密切相关的监测系统，如对新风热回收系统热回收效率、过滤效率等监测，以判断系统运转的状态。

4 结 语

近零能耗建筑是高舒适度下的低能耗建筑，提高建筑物能效可能会降低室内环境的质量和舒适度。研究表明，通过实施有效的评估管理系统，能够在不影响热舒适度或室内空气质量的情况下，使建筑能耗保持在较低的水平，这种评估管理系统通过应用适当的运行策略，控制和监测能源使用和室内环境条件，并将建筑物室内环境保持在令人满意的水平，执行能源优化任务。由此可见，现有分门别类的检测技术并不能满足近零能耗建筑运行管理的需求，现有的检测技术亟须做出改变。

因此，有必要针对近零能耗建筑的特点，打破分门别类测试的模式，发展一套系统全面的建筑整体性能检测设备，涵盖能耗、室内舒适度等指标，并基于此检测设备开发一个系统的评估平台，以提高检测的实效性和可靠性，并协调近零能耗建筑约束性指标（室内环境参数与能耗指标）与推荐性指标（围护结构、能源设备和系统等技术性能指标）之间的关系，延展该平台服务的内涵，用于指导建筑的运维管理。

参考文献

[1] 周建民，祁德庆，于洪波，等. 既有建筑绿色化改造室内环境性能评定和检测 [J]. 建设科技，2014（07）：48-51.

[2] 龚红卫，王中原，管超，等. 被动式超低能耗建筑检测技术研究 [J]. 建筑科学，2017，33（12）：188-192.

[3] 万成龙，王洪涛，单波，等. 被动式超低能耗建筑用外窗性能实测分析 [J]. 建设科技，2015（19）：34-36.

[4] 高丽颖，全巍，秦波，等. 北京市办公建筑空调能耗的调查与分析 [J]. 建筑技术，2015，46（01）：79-82.

[5] 付彩风，郑竺凌，朱伟峰. 基于能耗监测数据的在线节能诊断技术研究 [J]. 建筑技术开发，2016，43（10）：51-53.

[6] 冯国会，王桔炜，姜明超，等. 严寒地区近零能耗建筑末寒期低温间歇采暖运行方式研究 [J]. 节能，2018，37（02）：1-6.

[7] 李怀，徐伟，吴剑林，等. 基于实测数据的地源热泵系统在某近零能耗建筑中运行效果分析 [J]. 建筑科学，2015，31（06）：124-130.

[8] M. R. Brambley, P. Haves, S. C. McDonald, et al. Advanced Sensors and Controls for Building Applications: Market Assessment and Potential R&D Pathways [J]. Office of Sciences & Technical Information, 2005.

被动式超低能耗高速服务区能耗模拟与运营优化

赵文忠，张国庆，王建军*，申志超，杨志强

（河北曲港高速公路开发有限公司，河北定州 073000）

摘 要 服务区是高速公路重要节点，同时服务区建筑供能及使用具有特殊性，这就决定了对其进行能耗分析的必要性。目前，被动房在中国已有很多成功的实践，但将其应用于高速公路附属建筑尚属首次。本文依托河北曲港高速公路有限公司所属曲港高速博野服务区新建项目，因地制宜地将超低能耗被动房技术引入其中。围绕曲港高速公路博野服务区被动房项目的设计工作展开研究，采用清华大学开发的 DeST 软件对建筑能耗进行逐时模拟，论证各项指标是否满足被动房设计要求，并对被动房加强参数和节能率进行分析。研究表明，博野北区被动房能够满足相关被动房设计标准，与常规节能型的公共建筑相比，博野北区被动房空调系统年累计耗冷热量能够减少76.1%，节能效果明显，为京津冀地区高速公路服务区被动式节能技术的引入和在交通领域的推广提供了科学指导，并对高速服务区能耗定量化分析、运营优化及节能管理措施采取具有参考意义。

关键词 被动式技术；高速服务区；能耗模拟；运营优化

1 引 言

交通"绿色发展"已成为中国乃至世界的潮流，京津冀区域环境污染较为严重、资源约束趋紧，而且恰逢"千年大计"雄安新区的建设伊始，对河北地区的绿色发展和节能环保提出了更高的要求。以京津冀地区绿色智能化高速交通为目标，拟对高速服务区建筑采用高隔热性能的被动房围护结构技术、装配式技术、太阳能技术综合应用体系，实现低能耗、低污染、高智能的现代化服务区，并且通过绿色化装配式构建技术完成服务区的建设，减少建设期间的环境污染，提高资源利用率。最终形成全周期"绿色、清洁、节能、低能耗"的绿色建筑技术集成式高速服务区。采用包括理论建模、动态模拟、情景预测、技术经济性分析、实地测试等研究方法，完成绿色建筑关键技术在高速公路服务区的设计及建设工作。高速公路服务区作为偏离市区的能源孤岛，因地制宜地利用环境友好的绿色化技术，可降低高速公路能耗，达到节能减排的目的，具有很高的社会环保意义。河北曲港高速公路有限公司所属曲港高速博野服务区新建项目就是采用被动式交通附属建筑技术的典型。博野服务区是被动房技术和太阳能技术的有机结合，既节能环保又舒适宜居，是高速交通建设的发展方向，为京

---

* 通信作者：王建军（1966—），男，山东临沂人，工程师，研究方向为建筑节能，基金项目：基于被动房技术的高速公路附属建筑绿色化设计评价研究与应用，电子邮箱：2794439816@qq.com。

津冀绿色化高速交通形成示范效应。

2 项目概况

博野北区被动房项目位于河北省保定市定州境内，属于曲阳至黄骅港高速公路曲阳至肃宁段。项目定位为综合性建筑，层数2层，高度14.8m，总建筑面积约2600m²，除公共厕所及连廊外，餐厅、超市、客房、会议室均属于被动房设计内容，建筑面积约2100m²。公厕的人员流动过于频繁，建筑气密性无法保证，因此不宜设计成被动房，按照普通服务区建筑标准进行设计。博野区被动房在最大程度遵照德国标准的前提下，结合河北省规范和做法进行设计。本项目方案由河北省交通勘察研究院设计，河北省廊坊设计院进行优化，河北省建筑科技研发有限公司、河北工业大学提供技术咨询并参与项目的整个过程，几家单位的通力协作对项目的顺利进行起到了重要作用。

3 能耗模拟

能耗模拟采用清华大学开发的DeST软件，以整个房间系统为基础，能够很好地反映建筑的热过程。根据设计图纸和相关设计说明进行模型建立，包括围护结构的建立，热工参数的设置，冷热负荷的计算、空调系统的设计选择，对整个空调系统一年的能耗进行逐时的模拟计算。

3.1 建筑地理位置及气象参数

模拟地点：保定市；纬度：北纬38°14′；经度：114°48′。室外气象计算参数采用了保定地区典型气象年的室外气象参数，保定市各月平均干球温度如图1所示。采暖度日数：2746.57；空调度日数：98.61；根据建筑热工分区，保定市属于寒冷地区。冬季空调室外计算干球温度：−11℃；冬季采暖室外计算干球温度：−9℃；采暖期为11月13日至下年3月16日；由于高速公路服务区人员流动较常规公共建筑不同，因此采暖期会稍作调整；夏季空调室外计算干球温度：34.8℃；夏季空调室外计算湿球温度：26.8℃。

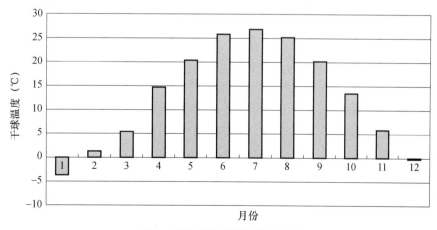

图1 保定市各月平均干球温度

3.2 围护结构定义

围护结构是构成建筑空间，抵御环境不利影响的构件，在寒冷地区，围护结构与房屋的使用质量和能源消耗关系密切。围护结构在冬季应具有保持室内热量，减少热损失的能力，在夏季具有抵抗室外热作用的能力。降低外围护结构的传热系数能够明显提高寒冷季节室内平均温度，但在炎热夏季并不能产生有效的降温效果，因此围护结构的传热系数既要满足标准，也要综合考虑室温变化。

博野区被动房围护结构的相关热物性参数均从 DeST 数据库中选用，参照依据为屋面、外墙、外窗、地面处节点设计材料。

3.3 室内参数设计

3.3.1 室内设计参数

室内设计参数主要包括温度和湿度范围以及人员新风量设定，见表 1。

表 1 室内温湿度

室内环境计算参数	冬季	夏季
温度（℃）	≥20	≤26
相对湿度（%）	≥30	≤60
人员新风量［m³/(h·人)］	30	

人员新风量设置为 30m³/（h·人），满足《民用建筑供暖通风与空气调节设计手册》。

3.3.2 室内热源

主要功能房间人员、照明、设备功率见表 2，均满足《公共建筑节能设计标准》，餐厅、超市的作息分别如图 2 所示。

表 2 主要功能房间人员、照明、设备功率

房间功能	餐厅	超市	客房	办公室
灯光（W/m²）	13	12	15	11
设备（W/m²）	20	13	20	20
人员（m²/人）	15	3	15	4

3.4 DeST 计算模型

通过 DeST 构建简化计算模型，如图 3 所示。

3.5 模拟结果分析

能耗模拟结果见表 3，从模拟结果可以看出，单位面积年采暖需求为 14.63kW·h/(m²·a)，满足被动房评价指标限值 15kW·h/(m²·a)；单位面积年制冷需求为 22.4kW·h/(m²·a)，略高于评价指标限值 15kW·h/(m²·a)，这是由于博野区被动

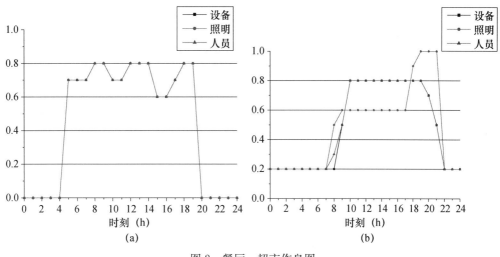

图 2 餐厅、超市作息图

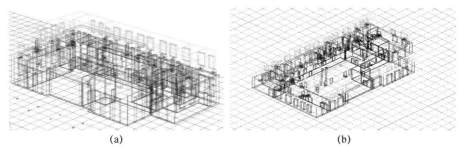

图 3 DeST 构建模型

房作为高速公路附属建筑，其实际人员密度、照明功率、设备功率等均大于常规公共建筑，造成夏季制冷能耗偏大。与我国现行节能标准不同，被动式房屋以一次能源消耗量为限制，并非采用传统的 50％ 或 65％ 相对指标，博野北区被动房总一次能源需求 99.25kW·h/（m²·a），小于被动房 120kW·h/（m²·a）的一次能源限值。通过模拟结果可以看出博野北区被动房能够满足被动房设计标准。

表 3　能耗模拟结果

项目统计	单位	统计值
总建筑空调面积	m²	2040.16
年采暖需求	kW·h	29844.89
年制冷需求	kW·h	45702.90
单位面积年采暖需求	kW·h/（m²·a）	14.63
单位面积年制冷需求	kW·h/（m²·a）	22.40
一次能源需求	kW·h/（m²·a）	99.25

　　与常规满足节能标准的建筑相比，被动房主要加强参数见表 4，能耗对比见表 5。

表 4　被动房加强参数

建筑		节能标准要求		加强参数	
	设计	传热系数 K	遮阳系数 SC	传热系数 K	遮阳系数 SC
围护结构	外墙	0.6	—	0.15	—
	屋面	0.55	—	0.15	—
	外窗	2.5	0.7	0.8	0.4
	天窗	2.5	0.5	0.8	0.3
空调系统		无排风热回收		排风热回收效率 75%	

表 5　能耗对比

建筑	单位	节能标准	被动房加强参数	节能率（%）
年采暖需求	kW·h	205813.30	29844.89	85.4
年制冷需求	kW·h	111338.95	45702.90	60.1
空调系统累计耗冷热量	kW·h	317152.25	75547.79	76.1

从表 5 可以看出，与节能标准建筑相比，加强参数后，被动房年采暖需求减少 85.4%，年制冷需求减少 60.1%，空调系统累计耗冷热量减少 76.1%，节能效果明显。

4　基于能耗模拟的运行管理优化

通过对能耗模拟结果和客流量的变化特点对相应的人员、空调及其他设备作息进行调整，以期达到符合实际工况的运行管理优化。

4.1　基于人员密度变化的新风量调整

新风对于保持人体热舒适、提高室内空气品质、降低污染物浓度具有重要作用。但是大规模地采用新风会造成极大的能源浪费，而高速公路附属建筑人员流动频繁，但其人员密度往往较低，因此根据人员密度合理地调整并供给新风量显得尤为重要。按照《公共建筑节能设计标准》（GB 50189—2015）规定，作为集购物、餐饮等功能于一体的综合性建筑，服务区餐厅及超市新风量应为 20m³/(h·人)，虽然按照此标准能够达到室内人员的基本需求，博野北区服务区主要功能区域，包括餐厅、超市等，其人员密度最大值均小于 0.1 人/m²，考虑到节假日客流量增大，人员密度相应增加，人员密度最大值不超过 0.3 人/m²，因此为了反映并满足不同人员密度下的新风量需求，参考 ASHRAE Standard 62.1-2007 确定服务区主要功能区域餐厅和超市分别为 25m³/(h·人) 和 17m³/(h·人)，餐厅人员所需新风量略有增加，超市人员所需新风量略有降低。服务区公厕机械通风换气次数应不小于 10 次/h，人员密度最大值约为 0.1 人/m²，节假日人员密度最大值低于 0.3 人/m²，考虑到公厕的特殊环境及人员对空气品质的要求，公厕机械通风换气次数不再变动。

4.2　空调系统运行调整

由于过渡环境下人员对室内温度要求降低，与常规公共建筑有所不同，服务区内的主要功能区域餐厅和超市的室内温度将依据温度要求及人员在室率有所调整，不同于《公共建筑节能设计标准》和《民用建筑供暖通风与空调调节设计规范》，冬季室内设定温度低2℃，夏季室内温度高2℃，室内人员依然能够维持热舒适状态。对博野北区服务区餐厅、超市空调系统供温进行调整，如图4、图5所示。

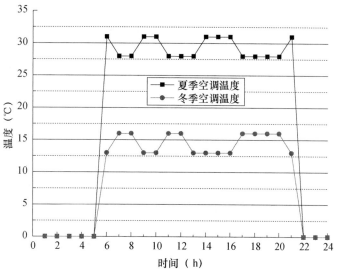

图 4　餐厅空调系统运行调整

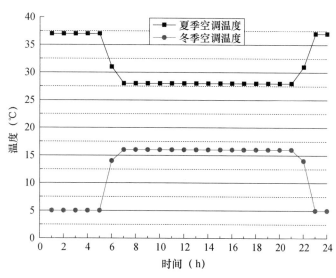

图 5　超市空调系统运行调整

由图4和图5可以看出，餐厅空调系统开启时间为日间6时至夜间9时，超市空调系统开启时间为全天24小时。

参考文献

［1］　住房和城乡建设部科技与产业化发展中心．中国被动式低能耗建筑年度发展研究报告 2017

[M]. 北京：中国建筑工业出版社，2017.

[2] 章文杰，郝斌，刘珊，程杰 . 新风对采用被动房技术的居住建筑能耗的影响 [J]. 暖通空调，2015，45（02）：93-97＋92.

[3] 简毅文，王瑞锋 . EnergyPlus 与 DeST 的对比验证研究 [J]. 暖通空调，2011，41（03）：93-97.

[4] 钱程 . 夏热冬冷地区被动房的外围护结构热工参数研究 [D]. 南京：南京工业大学，2015.

[5] 中华人民共和国住房和城乡建设部 . 公共建筑节能设计标准（GB 50189—2015）[S]. 北京：中国建筑工业出版社，2015.

[6] 潘广辉，李占文，权红，张云朋 . 被动房屋设计与实践之一：被动房节能技术理论与实践浅谈 [J]. 建设科技，2013，（12）：77-79.

[7] 冯瑶 . 基于黑箱理论的商业综合体人员滞留量规律及疏散设计研究 [D]. 北京：中国矿业大学，2016.

[8] 苑广普，矫立超，戎贤，等 . 高速公路服务区被动式超低能耗建筑实践研究 [J]. 建筑节能，2019（01）：82-87.

[9] 章文杰，郝斌，刘珊，等 . 新风对采用被动房技术的居住建筑能耗的影响 [J]. 暖通空调，2015，45（2）：93-97＋92.

[10] Wang S，Liu X，Gates S. An introduction of new features for conventional and hybrid GSHP simulations in eQUEST 3.7 [J]. Energy and Buildings，2015，105：368-376.

[11] Xing J，Ren P，Ling J. Analysis of energy efficiency retrofit scheme for hotel buildings using eQuest software：A case study from Tianjin，China [J]. Energy and Buildings，2015，87：14-24.

示范项目篇

商业性冰上运动场馆超低能耗目标实现技术路径研究

肖　伟[1*]，李晋秋[1]，林波荣[2]

（1. 北京清华同衡规划设计研究院有限公司，北京　100085；

2. 清华大学建筑学院，北京　100084）

摘　要　以2022年北京冬奥会为契机，政府将大力提倡全国范围内广泛开展冰雪运动。可以预见，我国商业性冰上运动场馆将迎来较快发展，由于此类建筑具有营业时间长，运行能耗大等特点，研究此类建筑的节能设计措施，特别是超低能耗目标的实现技术路径，具有重要的现实意义和研究价值。本文针对商业性冰上运动场馆类建筑，以五棵松冰上运动中心为例，研究了实现超低能耗目标（即供暖、空调和照明一次能源节能率≥60%）的技术路径。从"降低需求、提高能效、开源补强"三个方面展开研究，重点介绍了全空气空调机组排风热回收、制冰余热回收、磁悬浮变频冷水机组、冰场溶液除湿机组、柔性光伏组件发电系统等节能技术措施。采用能耗模拟软件DeST-C针对超低能耗设计建筑和参照建筑［《公共建筑节能设计标准》（GB 50189—2015）］进行了全年能耗模拟计算，并统计得出各节能技术措施节能贡献率。根据各节能技术措施的节能贡献率统计结果，贡献率较为显著的技术包括（由高到低）：冰场溶液除湿替代转轮除湿、LED照明灯具、全空气空调机组排风热回收、全空气空调机组风机变频控制、制冰余热回收、磁悬浮变频冷水机组等。

关键词　冰上运动场馆；超低能耗；暖通空调系统；能耗模拟；冰场除湿

1　引　言

　　随着我国人民生活水平的提高，冰上运动逐渐受到人们的欢迎。以2022年北京冬奥会为契机，政府将大力提倡全国范围内广泛开展冰雪运动。室内冰上运动场馆由于采用人工冰场，打破了地域和时间的限制，特别是商业性冰上运动场馆，除了配置人工冰场之外还会辅以商业配套服务设施，具有较好的盈利性。可以预见，我国商业性冰上运动场馆将迎来较快发展，由于此类建筑具有营业时间长、运行能耗大等特点，研究此类建筑的节能设计措施，特别是超低能耗（相对于国家节能标准节能60%以上）的实现技术路径，具有重要的现实意义和研究价值。本论文以北京市五棵松冰上运动中心为例，探讨商业性冰上运动场馆的超低能耗目标实现技术路径，并进行能耗模拟计算，以量化各技术措施的节能贡献率。

　　＊通信作者：肖伟（1981.9—），男，教授级高级工程师，北京市海淀区清河中街清河嘉园东区甲一号东塔1222室，邮编：100085。

2 工程概况

2.1 项目简介

五棵松冰上运动中心位于北京市海淀区五棵松桥东北角，东临西翠路，南邻复兴路，五棵松篮球馆东南侧，距离五棵松用地红线东侧间距约13m，距离五棵松用地红线南侧间距约为15m。与对面的篮球广场形成对称性布局方式，突出了五棵松篮球馆南侧的空间序列（图1）。作为承接2022年北京冬奥会冰球比赛的热身馆及训练馆，五棵松冰上运动中心完善了五棵松体育文化中心的整体空间格局，满足了未来多功能的体育需求。目前该项目已于2019年6月完成结构封底，预计2019年底可投入使用。

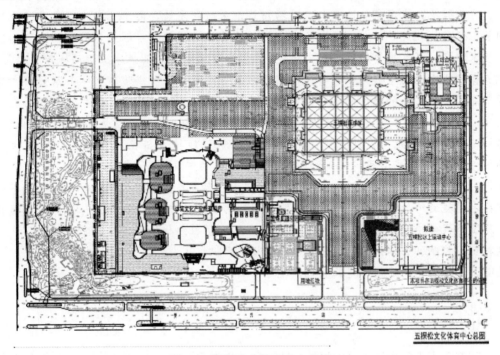

图1 五棵松文化体育中心总图

建筑主要功能：作为2022年冬季奥运会冰球比赛的热身馆及训练馆，本项目内含一块标准的冰球比赛场，一块标准训练场，除此之外还包括一个剧场、比赛配套服务、体育文化互动体验等功能区域。

建筑规模与性质：五棵松冰上运动中心共设置南北两块30m×60m的标准冰面，其中北侧标准冰球比赛场含看台1703座，南侧训练场含看台204座。

项目规划用地面积：300301.69m²

其中地上建筑面积：16400m²

地下建筑面积：22000m²

建筑类别：多层民用公共建筑

建筑层数：地上2层，地下2层

建筑高度：17.25m（指室外地面至屋面檐口高度）

建筑结构形式：地下为框架、剪力墙结构，地上为钢桁架结构

地基基础形式：梁板式筏型基础

本工程为3类，设计使用年限为50年，抗震设防烈度为8度

地下室防水等级一级，屋面防水等级一级

建筑主要技术经济指标见表1，用地指标见表2，赛后功能明细见表3。

表1　主要技术经济指标表

名称	数量	单位	备注
规划总用地面积	300301.69	m²	五棵松体育中心整体核算
总建筑面积	38400	m²	
其中：地上建筑面积	16400	m²	
地下建筑面积	22000	m²	
建筑物基底总面积	6721	m²	
建筑高度	17.25	m	
建筑层数	地上2层，地下2层		
建筑容积率	0.39		五棵松体育中心整体核算
绿地率	≥35	%	五棵松体育中心整体核算

表2　新建五棵松冰上运动中心用地指标表

指标		单位	数量	备注
总用地面积		m²	300301.69	五棵松文化体育中心整体核算
本项目建设用地面积		m²	17000	
新建总建筑面积		m²	38400	
其中	地上建筑面积	m²	16400	
	地下建筑面积	m²	22000	
绿地率		%	≥35	五棵松文化体育中心整体核算
建筑高度		m	17.25	
基础埋深		m	−12.35	
建筑层数			B2/2F	

表3　新建五棵松冰上运动中心赛后功能明细表

楼层	地下	地上	总计
冰球场地	5030	—	5030
看台、观众休息区	2680	—	2680
训练场辅助用房	3270	80	3350
设备机房	3400	850	4250
体育文化综合配套服务	1870	7610	9480
公共厅及交通空间	5750	4180	9930

楼层	地下	地上	总计
剧场	—	3680	3680
合计	22000	16400	38400
备注			

备注	1. 赛时地下功能：冰球场地、看台、观众休息区、训练场辅助用房、设备机房、媒体办公区、公共厅及交通空间、体育文化综合配套服务；地上功能：设备机房、赛时办公、赛事体验区、运动培训、公共厅及交通空间、报告厅。功能设置符合奥组委要求。 2. 赛后地下功能：冰球场地、看台、观众休息区、训练场辅助用房、设备机房、公共厅及交通空间、体育文化综合配套服务；地上功能：设备机房、公共厅及交通空间、剧场、体育文化综合配套服务。

2.2 暖通空调系统原方案简介

2.2.1 非冰场区域

1. 冷源系统

制冷机房设于地下一层，采用 3 台常规离心冷水机组，供应 7℃/12℃空调冷水；空调冷水泵与冷水机组采用一一对应布置方式，其供回水总管之间设置压差旁通管，使冷源侧定流量运行；末端设备设两通调节阀，冷水循环泵采用变频调速控制方式，系统为变流量运行。

2. 热源系统

热力站设于地下一层，由城市热网引入一对 DN200 管道作为一次热源，冬季供回水温度为 125℃/65℃。通过 2 台即热式热交换器和热水循环泵，为建筑物供应供回水温度为 60℃/45℃热水。热水循环泵采用变频调速控制方式，系统为变流量运行。

3. 末端系统

功能区供暖空调系统设置见表 4。

表 4 功能区供暖空调系统表

功能区名称	供暖空调系统
体能训练、休息室、更衣室	风机盘管加新风系统，两管制系统
地下一层观众区	定风量全空气系统（过渡季可 70%全新风运行）
剧场观众、舞台区	定风量全空气系统（过渡季可 70%全新风运行）
配套服务	风机盘管加新风系统，两管制系统
配套服务	风机盘管加新风换气机系统，两管制系统
二层体育文化综合配套会厅	定风量全空气系统（过渡季可 70%全新风运行）
消防控制室、弱电机房、灯光音响控制	多联分体空调器

2.2.2 冰场区域

1. 制冰系统

配置中温螺杆制冰主机 3 台，制冷剂采用 R22 制冷剂。冰场制冰系统采用间接制冷的方式，载冷剂为浓度40％的乙二醇溶液，以确保系统性能稳定。

2.冰场除湿系统

冰场除湿系统采用转轮除湿机组，室内湿度控制在50％左右，湿负荷为149kg/h。转轮除湿机组新风回风混合后经过转轮再生段升温除湿，再经过表冷段等湿降温后送风，新风经电加热升温后对转轮中吸湿后的固体进行再生。

3　超低能耗指标要求

根据《北京市超低能耗建筑示范项目技术要点》的规定，公共建筑能耗指标及气密性指标要求见表5。

表5　超低能耗公共建筑能耗性能指标及气密性指标

项目	规定
能耗指标	节能率 $\eta \geqslant 60\%$[①]
气密性指标	换气次数 $N_{50} \leqslant 0.6$[②]

注：①为超低能耗公共建筑供暖、空调和照明一次能源消耗量与满足《公共建筑节能设计标准》（GB 50189—2015）的参照建筑相比的相对节能率。

②室内外压差50Pa的条件下，每小时的换气次数。

建筑关键部品性能参数要求见表6。

表6　超低能耗公共建筑关键部品性能参数

建筑关键部品	参数	指标
外墙	传热系数 K 值 $[W/(m^2 \cdot K)]$	$0.10 \sim 0.30$
屋面	传热系数 K 值 $[W/(m^2 \cdot K)]$	$0.10 \sim 0.20$
地面	传热系数 K 值 $[W/(m^2 \cdot K)]$	$0.15 \sim 0.25$
外窗	传热系数 K 值 $[W/(m^2 \cdot K)]$	$\leqslant 1.0$
	太阳得热系数综合 $SHGC$ 值	冬季：$SHGC \geqslant 0.45$ 夏季：$SHGC \leqslant 0.30$
	气密性	8级
	水密性	6级
用能设备	冷源能效	冷水（热泵）机组制冷性能系数比《公共建筑节能设计标准》（GB 50189—2015）提高10％以上
空气-空气热回收装置	全热回收效率（焓交换效率）（％）	$\geqslant 70\%$
	显热回收效率（％）	$\geqslant 75\%$

4　超低能耗技术路径研究

4.1　总体技术思路

根据《北京市超低能耗示范项目技术要点》的规定，公共建筑最为关键的指标是能耗指标，即供暖、空调和照明一次能源消耗量与满足《公共建筑节能设计标准》（GB 50189—2015）的参照建筑相比的相对节能率 $\eta \geqslant 60\%$。

要实现节能率60%的目标，需要从三个方面开展研究，即"降低需求、提高能效、开源补强"。

"降低需求"指通过优化围护结构热工性能降低围护结构所产生的空调冷热负荷，通过采用排风热回收装置降低新风所产生的空调冷热负荷，通过采用制冰余热回收降低本项目市政用热量。

"提高能效"指通过采用高性能冷水机组、高效水泵风机、风机水泵变频、冰场除湿优化等技术措施，提高设备能效，降低能源消耗。

"开源补强"指通过采用可再生能源系统，如光伏发电系统替代一部分传统能源，降低常规能源的消耗量。

4.2 降低需求技术研究

公共建筑通过采用高性能围护结构可以降低一定的空调冷热负荷，本文不再展开阐述，重点阐述和暖通空调系统相关的内容。

4.2.1 排风热回收

公共建筑中比较常见的是在新风机组中设置排风热回收装置，但由于本项目以全空气空调机组为主，仅在新风机组设置热回收节能贡献较小。因此在本项目暖通空调系统原方案的基础上，考虑在全空气空调机组中增设转轮式全热回收装置，且全热回收效率需达到70%，可有效降低本项目空调新风负荷。转轮热回收全空气空调机组如图2所示。

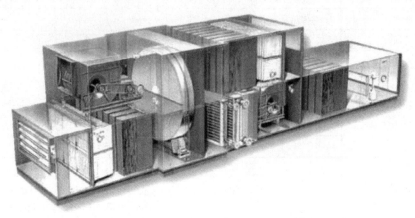

图2　转轮热回收全空气空调机组示意图

4.2.2 制冰余热回收

制冰区域的制冰主机原方案采用中温螺杆制冰主机3台，制冷剂采用R22制冷剂。建议采用二氧化碳为制冷剂的制冰主机替代原方案，制冰主机制冰功率466kW，输入功率186kW，在常规开放时间，每台制冰主机对应一块冰场，负荷率约75%，可高效回收制冰机组的余热（可以直接制取60～65℃的热水）用于冬季供热，余热回收效率 $\geqslant 75\%$。

4.3 提高能效技术研究

对于暖通空调系统比较常见的是采用高效水泵风机、风机水泵变频等节能技术措施；对于照明系统，采用 LED 照明灯具替代常规荧光灯是较好的节能措施，尤其对于冰场区域，采用 LED 灯具替代传统金卤灯等高耗能灯具，具有显著的节能效果，本文不再展开阐述。除了以上提及的提高能效技术措施外，本文将重点介绍高性能冷水机组和冰场除湿系统优化等技术措施。

4.3.1 高性能冷水机组

对于非冰场区域，暖通空调系统原方案采用 3 台常规离心冷水机组，供应 7℃/12℃空调冷水。本项目拟采用 3 台磁悬浮变频离心式冷水机组替代原方案，磁悬浮变频离心式冷水机组具有更高的性能系数，特别是部分负荷性能系数（IPLV）高达 10.0 以上，可以更好地适应商业性冰上运动场馆未来实际运营当中的各种部分负荷工况，具有较好的节能表现。某品牌磁悬浮变频离心机与常规离心机部分负荷性能对比如图 3 所示。

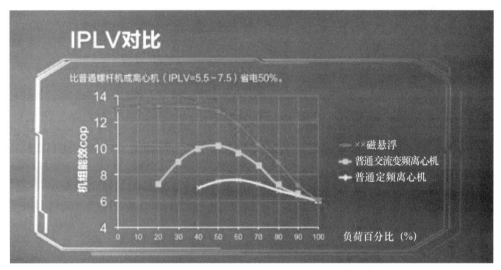

图 3　两种离心机部分负荷性能对比示意图

4.3.2 冰场除湿优化

原方案冰场除湿系统采用转轮除湿方式，回风经过转轮再生段升温除湿，再经过表冷段等湿降温后送风，新风加热后对转轮中吸湿后的固体进行再生，存在大量的冷热抵消，能耗很大。

本项目拟采用溶液除湿的方式，回风进入除湿单元中被降温、除湿到达送风状态点。除湿单元中变稀的溶液被送入再生单元进行浓缩。热泵循环的制冷量用于降低溶液温度以提高除湿能力，冷凝器的排热量用于浓缩再生溶液，能源利用效率较高。溶液除湿机组示意如图 4 所示。

常规冰场转轮除湿与新型冰场溶液除湿系统对比见表 7。

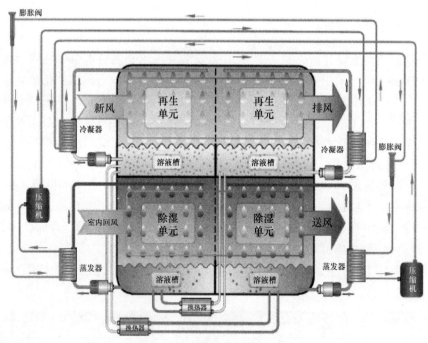

图 4　溶液除湿机组示意图

表 7　不同除湿方式对比表

比较项目	转轮除湿	溶液除湿
减小系统投资	转轮除湿后需要冷冻水降温，增加冷机装机冷量	自带冷热源系统，无需冷冻水降温，相比转轮除湿系统减小冷水机组装机冷量
安装难度	接管较多，安装较为复杂	机组无需冷冻水接管，管路布置更简单，安装较为容易
运行能耗	转轮除湿再生空气温度较高，采用电加热的方式实现再生过程，且转轮除湿后需要冷冻水降温，因此能耗较高	采用溶液对空气进行降温除湿或者升温加湿，机组自带冷热源，运行 COP 高。系统年运行费用低 70% 左右
卫生健康	1. 有交叉感染风险； 2. 室内产生冷凝水，易滋生霉菌； 3. 有漏风问题	1. 无交叉感染风险； 2. 无冷凝水，无潮湿表面，不滋生霉菌
除湿方式	采用转轮除湿，机组尺寸较大，且存在转轮芯体易堵塞、使用寿命短等问题	1. 利用盐溶液除湿，温湿度独立控制，除湿后无需再热； 2. 溶液除湿，避免转轮除湿系统除湿升温后再冷的过程，造成能耗浪费的后果
维护工作量及成本	转轮除湿需要经常清洁转轮滤芯芯体中的积尘，定期更换转轮等，后期维护工作量大	后期维护工作量减少 40%，维护成本可节约 30% 以上

4.4　开源补强技术研究

本项目可再生能源利用拟采用光伏发电系统。原方案光伏发电组件安装于本项目中部的采光顶，如图 5 虚线区域所示。

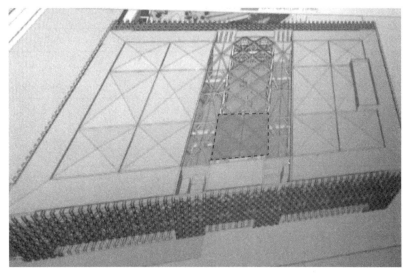

图 5　原方案光伏组件安装位置示意图

如图 5 所示，原方案光伏组件需要安装于采光顶玻璃夹层，存在光电转化效率低、施工界面划分不清、施工和后期维护难度大、建安成本高等诸多问题，因此建议取消此处光伏组件，变更为在直立锁边屋面进行安装，并将采光顶修改为不透光屋面，以有利于节能和改善室内热舒适。

建议在直立锁边屋面粘贴光伏柔性组件，如图 6 所示。

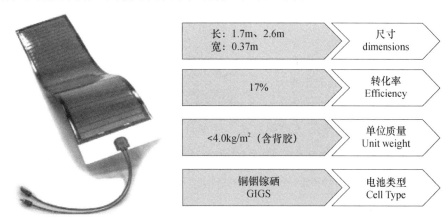

长：1.7m、2.6m 宽：0.37m	尺寸 dimensions
17%	转化率 Efficiency
<4.0kg/m² （含背胶）	单位质量 Unit weight
铜铟镓硒 GIGS	电池类型 Cell Type

图 6　原柔性光伏组件参数示意图

光伏柔性组件板型覆盖宽度不小于 400mm，肋高不大于 50mm，对于屋面荷载影响较小。直接粘贴的光伏柔性组件光电转化率高、施工界面划分清晰、施工和后期维护难度小、建安成本适中。建议光伏组件安装面积不低于 500m²，以实现超低能耗示范工程节能率目标。

5　节能率模拟计算

采用能耗模拟软件 DeST-C 进行模拟计算，本项目通过改善围护结构性能导致的建筑年供暖需求和年供冷需求即全年累计冷热负荷对比，见表 8。

表 8　围护结构性能优化前后全年冷热负荷对比

需求类别	参照建筑	设计建筑
全年累计冷负荷（万 kW·h）	313.97	320.76
全年累计热负荷（万 kW·h）	273.91	241.41

本项目节能措施的关键参数与参照建筑的对比见表 9。

表 9　设计建筑和参照建筑关键指标对比

节能措施	设计建筑关键指标	参照建筑关键指标 （GB 50189—2015）
磁悬浮冷机	$IPLV \geqslant 10.0$	$IPLV = 6.20$
降低空调水系统耗电输冷（热）比	$ECR = 0.0222$ $EHR = 0.0060$	$ECR = 0.0277$ $EHR = 0.0075$
空调水泵变频	空调冷冻水泵和热水泵变频控制	仅采取台数控制
降低全空气空调机组风机的单位风量耗功率	风机效率≥80% 送风机 $W_s = 0.24$ 回风机 $W_s = 0.20$	送风机 $W_s = 0.30$ 回风机 $W_s = 0.27$
全空气空调机组变频	AHU 送风机和回风机根据室内负荷变化进行变频控制	风机定频运行
排风热回收降低供冷能耗	全热回收效率≥70%	无排风热回收
排风热回收降低供热能耗	全热回收效率≥70%	无排风热回收
制冰余热回收降低供热能耗	热回收效率≥75%	无制冰余热利用
冰场除湿节能	溶液除湿机组	转轮除湿机组
光伏发电	发电效率≥15%	无光伏发电

本项目各耗能系统一次能源消耗量及节能率计算结果见表 10。

表 10　参照建筑和超低能耗建筑全年能耗（一次能源）对比

能耗拆分	参照建筑全年能耗（吨标准煤）	超低能耗建筑全年能耗（吨标准煤）
热源系统	410.87	39.69
冷源系统	245.59	144.41
空调水泵	72.09	34.13
末端风机	270.07	77.75
照明	641.09	368.22
冰场除湿	396	121.2
光伏发电		−17.84
合计	2035.71	767.56
节能率	62.30%	

参照建筑和设计建筑供暖空调照明系统能耗对比如图 7 所示。

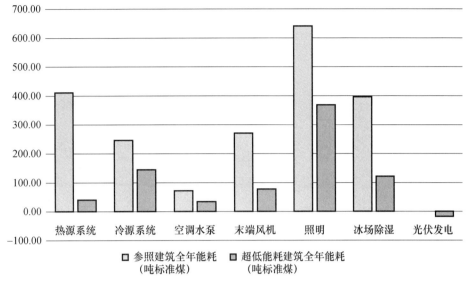

图 7 能耗对比示意

各项节能措施产生的节能率见表 11。

表 11 各节能措施节能贡献率统计

节能措施	节能量（万 kW·h）	一次能源节能量（吨标准煤）	分项节能率
围护结构降低供冷能耗	−1.09	−3.94	−0.19%
围护结构降低供热能耗	32.50	48.75	2.39%
磁悬浮冷机	18.56	66.83	3.28%
降低水泵 $EC(H)R$	4.00	14.42	0.71%
空调水泵变频	6.54	23.54	1.16%
降低风机 Ws	10.51	37.83	1.86%
AHU 变频	37.52	135.06	6.63%
风机盘管减少开启时间	5.40	19.43	0.95%
排风热回收降低供冷能耗	10.64	38.29	1.88%
排风热回收降低供热能耗	129.45	194.17	9.54%
制冰余热回收降低供热能耗	85.50	128.25	6.30%
节能灯具	75.80	272.87	13.40%
溶液除湿	76.33	274.80	13.50%
光伏发电	4.96	17.84	0.88%
合计	—	1268.14	62.30%

各节能措施的节能率对比如图 8 所示。

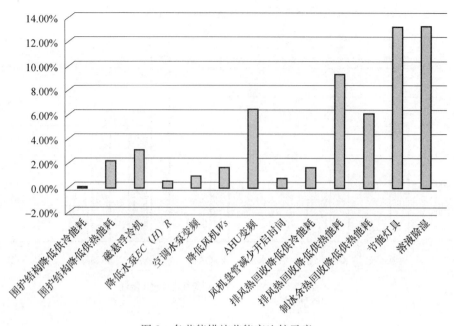

图 8　各节能措施节能率比较示意

6　结　论

本文针对商业性冰上运动场馆类建筑，以五棵松冰上运动中心为例，研究了实现超低能耗目标（即供暖、空调和照明一次能源节能率≥60%）的技术路径。从"降低需求、提高能效、开源补强"三个方面展开研究，重点介绍了全空气空调机组排风热回收、制冰余热回收、磁悬浮变频冷水机组、冰场溶液除湿机组、柔性光伏组件发电系统等节能技术措施。采用能耗模拟软件 DeST-C 针对超低能耗设计建筑和参照建筑［基于《公共建筑节能设计标准》（GB 50189—2015）］进行了全年能耗模拟计算，并统计得出各节能技术措施节能贡献率。根据各节能技术措施的节能贡献率的统计结果，贡献率较为显著的技术包括（由高到低）：冰场溶液除湿替代转轮除湿、LED 照明灯具、全空气空调机组排风热回收、全空气空调机组风机变频控制、制冰余热回收、磁悬浮变频冷水机组等。

因此对于商业性冰上运动场馆类建筑，如果以实现超低能耗设计为目标，建议重点考虑以上节能技术措施。当然在选择技术组合时，除了技术本身的节能性之外，还需考虑技术的经济性、成熟度、维护性等因素，综合做出科学、合理、适用的研判。

参考文献

[1]　北京市住房和城乡建设委员会. 北京市超低能耗建筑示范项目技术要点［EB/OL］.（2017-07-17）［2019-07-15］. http://zjw.beijing.gov.cn/bjjs/xxgk/gfxwj/zfcxjswwj/428513/index.shtml

[2]　中国建筑科学研究院. 公共建筑节能设计标准（GB 50189—2015）［S］. 北京：中国建筑工业出版社，2015.

延庆冬奥村超低能耗建筑的设计实践

陈　颖[1*]，史　阳[2]，王婕宁[2]

（1. 中城投集团第五工程局有限公司，北京　100041

2. 北京实创鑫诚节能技术有限公司，北京　100043）

摘　要　超低能耗建筑是北京市提高建筑品质的重要推广方向。截至 2018 年年底，北京市已有超过 26 个超低能耗建筑示范项目。北京 2022 年冬奥会及冬残奥会延庆赛区场馆设施建设项目延庆冬奥村 D6 居住组团作为唯一的酒店类示范项目，其独特的地理和自然条件对达到北京市超低能耗建筑技术指标提出了较高要求。本文对项目在建筑围护结构、制冷采暖和通风系统、照明系统以及可再生能源应用等方面的节能设计进行阐述，并使用 IES-VE 软件对项目的一次能源消耗进行模拟分析。经验证，项目整体技术指标达到北京市超低能耗建筑示范项目的要求。

关键词　超低能耗建筑；酒店建筑；冬奥村；IES-VE

1　引　言

　　超低能耗建筑定义为"适应气候特征和自然条件，通过保温隔热性能和气密性能更高的围护结构，采用高效新风热回收技术，最大程度地降低建筑供暖供冷需求，并充分利用可再生能源，以更少的能源消耗提供室内舒适环境并能满足绿色建筑基本要求的建筑"。北京市 2016 年正式出台《北京市推动超低能耗建筑发展行动计划（2016—2018 年）》，以推广超低能耗建筑示范项目为目标，旨在进一步提升首都的建筑品质。截至 2018 年年底，北京市已通过 26 个超低能耗建筑示范项目，总示范面积突破 47 万 m^2。26 个示范项目以保障性公共租赁房、商品住宅、科研办公和学校建筑等为主，而酒店类建筑因其特殊的舒适性要求和使用性质，在示范项目中占比较低，其中北京 2022 年冬奥会及冬残奥会延庆赛区场馆设施建设项目延庆冬奥村 D6 居住组团成为唯一的酒店类示范项目。

2　工程概况

　　北京 2022 年冬奥会及冬残奥会延庆赛区场馆设施建设项目延庆冬奥村 D6 居住组团项目位于燕山山脉军都山以南的小海坨南麓冬奥村北侧。项目由北京控股集团有限公司、万科企业股份有限公司、北京住总集团有限责任公司和中国建筑一局（集团）有限公司作为股东企业，共同成立的北京国嘉高山滑雪有限公司负责工程的投资、建

---

　　*通信作者：陈颖（1977.09—），男，北京人，英国特许注册工程师，单位地址：北京市石景山区金顶北路 69 号院 2 号楼，邮编：100041，电子邮箱：ychenbbtdc@163.com。

设及赛后运营工作。

冬奥村建设在延庆赛区核心区南区东部，共有八个组团，其中有公共组团 2 个，居住组团 6 个，总建筑面积 118091m²，其中地上建筑面积 91000m²，地下建筑面积 27091m²（图 1、图 2）。

图 1　项目区位图

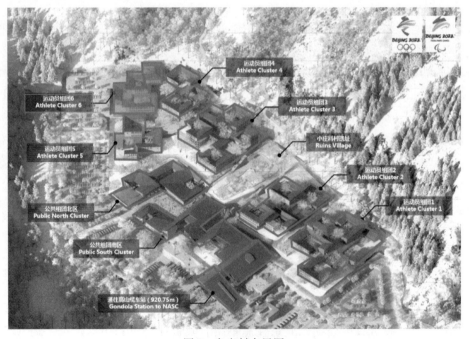

图 2　冬奥村布局图

超低能耗示范项目的 D6 居住组团位于整个冬奥村的最北侧，赛时用于运动员、随队官员的休息空间，赛后计划用于高星级酒店。本项目视野较为开阔，可观望到对面的海坨山。

D6 居住组团总建筑面积 16260m²，地上建筑面积 8128m²，地下建筑面积 8132m²，建筑地上 5 层，地下 2 层，建筑高度 22.35m。超低能耗建筑示范面积为 10731m²（包含全部地上建筑和地下一层车库以外的 1734m² 客房区以及地下二层 1291m² 辅助用房）。

北京冬奥会及冬残奥会延庆赛区的冬奥村正在争取北京市绿色建筑三星级设计标识。D6 居住组团是以超低能耗、绿色生态、舒适于一体的高品质建筑体。其被动式设计是最大的示范特点。

3 技术指标

3.1 建筑规划和节能设计

D6 居住组团所在的延庆冬奥村位于延庆赛区核心区南区东部，海坨山脚下一块相对平缓的台地，但东西向和南北向均存在 30~42m 的高差。

D6 居住组团水平高程在冬奥村中绝对标高处于最高点，在建筑设计中通过通风外窗、通风中庭等手段充分利用自然通风提高室内通风效果，尤其是赛后过渡季可充分利用自然通风节能。

D6 组团体形系数 0.26，窗墙比分别为：东南 26.9%；西北 42.6%；西南 49.1%；东北 50%。

就其非透光围护结构，D6 组团建筑具有良好的隔热性：外墙、屋面、地面楼板、架空楼板的保温性做法均符合超低能耗指标要求（表 1）。

表 1 关键部品性能参数

建筑关键部品	参数 W/(m²·K)	设计建筑	超低能耗建筑指标
外墙	K 值	0.25	0.10~0.30
屋面	K 值	0.19	0.10~0.20
挑空楼板	K 值	0.20	0.15~0.25

B1 至地上 2 层"石笼墙饰面钢筋混凝土墙"：采用两块 75mm 厚的憎水岩棉保温板（防火 A 级）错位粘贴；地上 3 至 5 层"实木饰面加气混凝土砌块墙"：采用两块 100mm 厚的憎水岩棉保温板（防火 A 级）错位粘贴，传热系数：0.25W/(m²·K)。

屋面采用 190mm 厚挤塑聚苯保温板；地面和挑空楼板保温做法为 190mm 厚挤塑聚苯板保温（图 3、图 4）。

从 D6 建筑透光结构分析，项目采用窗墙结构，门窗型材采用玻璃钢型材，窗框传热系数值为 1.3，型材内填充聚氨酯发泡，玻璃为 5+22A+5Low-E+V+5 真空玻璃，整窗传热系数 $K=0.8$W/(m²·K)。同时窗户气密性 8 级，抗风压性 9 级，水密性能 6 级，隔声性能 40dB（图 5）。

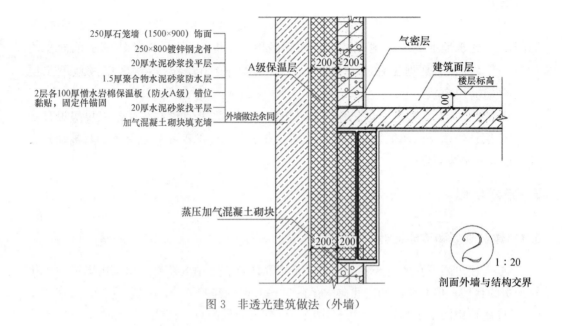

图 3　非透光建筑做法（外墙）

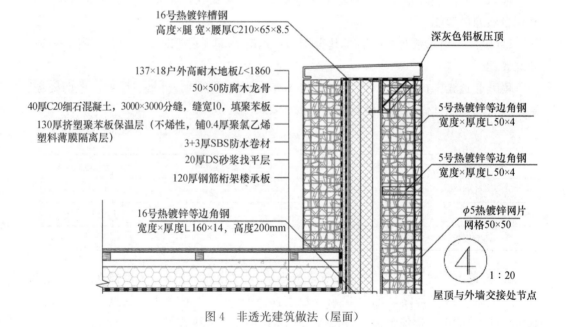

图 4　非透光建筑做法（屋面）

3.2　遮阳系统可行性分析

冬奥村地处燕山山脉军都山以南的小海坨南麓，被山环绕，建筑群沿自然高程排布，散布坐落于林间，夏季凉爽，热负荷较低。本项目二层、四层和五层屋面有外挑，对夏季降低辐射得热有积极作用。为充分利用建筑所在地的自然条件，有效和景观设计融合，方案团队对项目是否需要安装外遮阳系统进行软件模拟分析。通过模拟本项

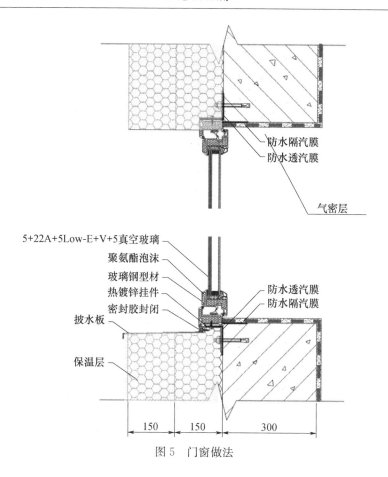

5+22A+5Low-E+V+5真空玻璃
聚氨酯泡沫
玻璃钢型材
热镀锌挂件
密封胶封闭
披水板
保温层

防水隔汽膜
防水透汽膜
气密层
防水透汽膜
防水隔汽膜

150　150　300

图5　门窗做法

目实际情况和无此地形和屋顶设计条件透过窗的太阳辐射得热量，估算东、西、南向的遮阳系数（图6～图9）。

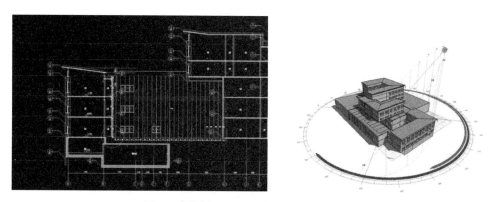

图6　建筑剖面图（左）和软件模型（右）

通过 Eco-tect 软件模拟夏季太阳辐射最强日，透过窗的太阳辐射得热量图（图7）。

以一层和四层作为代表楼层，其计算模拟结果如图8和图9所示。

通过模拟可得出东、西和南向外窗位置平均太阳辐射得热量（Wh/m²）（表2）。

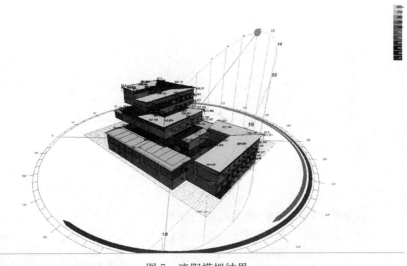

图 7　遮阳模拟结果

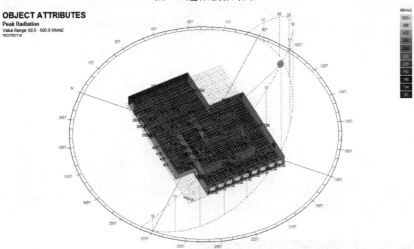

图 8　一层遮阳模拟结果

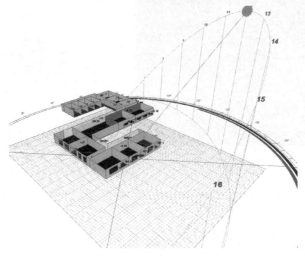

图 9　四层遮阳模拟结果

表2　东、西和南向典型外窗平均太阳辐射得热量模拟计算（Wh/m²）

方位		一层	四层
西侧	考虑地形条件和屋顶外檐	405	358
	不考虑	541	533
南侧	考虑地形条件和屋顶外檐	470.52	467
	不考虑	496	490
东侧	考虑地形条件和屋顶外檐	337	466
	不考虑	376	512

可得出，西侧各层的遮阳系数区间为 0.67～0.74，南侧各层的遮阳系数区间为 0.94～0.95，东侧各层的遮阳系数区间为 0.89～0.91。各立面的综合遮阳系数均高于 0.625，由此可见，各立面建筑设计无法满足超低能耗建筑"夏季太阳得热系数综合 $SHGC$ 值不高于 0.25"，故东西南向立面外窗配置活动遮阳百叶，由电机自动驱动，可根据太阳照射及其角度变化，自动调节光线射入的角度和入射通光量。

3.3　防热桥和气密层做法

如图10～图12所示为项目防热桥和气密层做法。

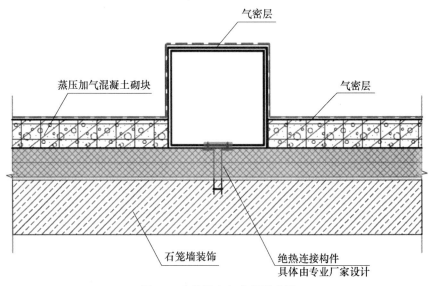

图10　防热桥和气密层做法图

3.4　空调系统说明

3.4.1　冷热源说明

D6组团采用赛区集中能源中心提供的一次热水供冬季空调、采暖系统换热使用。能源中心设置在延庆赛区南端，一次热力水温 70～115℃，工作压力 1.6MPa。

能源中心冷源采用高效电制冷水冷机组，冷机采用 2 台离心式、1 台螺杆式组合供冷。机组的 COP 比北京市公共建筑节能设计规范的要求提高至少 10%，离心式 $COP=$

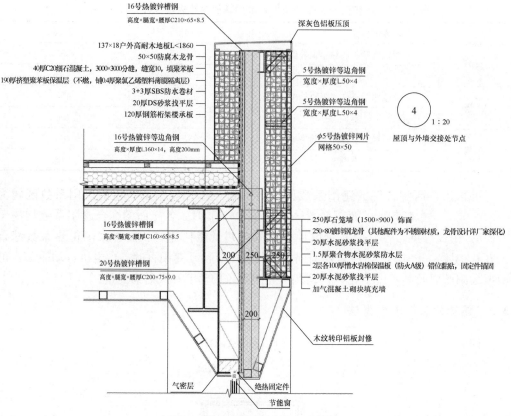

图 11　女儿墙气密层做法示意图

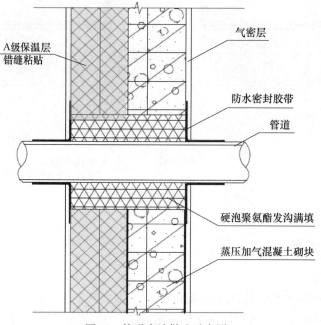

图 12　管道穿墙做法示意图

6.432，螺杆机组 $COP=6.104$。

能源中心热源为高效燃气锅炉，热效率＝98%。末端采用风机盘管加新风空调系统。

3.4.2 高效热回收新风系统

D6 运动员组团新风量按照 $50m^3/(h \cdot 人)$ 设计，运动员公寓、运动员公寓走廊、办公区设置风机盘管加热回收新风系统，三套新风热回收机组服务于各层标高的运动员公寓房间，新风机组显热回收效率＞75%，新风系统风机设置变频器，节能运行。

项目对空调送风进行深度处理：新风机组设置粗效、中效过滤器和净化除尘装置以减少可吸入颗粒物、杀菌除尘、清除有害污染物，达到 $PM_{2.5}$ 净化级别。室内循环空气净化处理采用便携式或者移动式空气净化设备并达到 $PM_{2.5}$ 净化级别，满足空气品质需求。

风机盘管加新风热回收系统（或新风）系统，设备设置初效、中效过滤、预热段、显热热回收功能段、盘管段、加湿段、送风机段以及空气净化装置以提高送风洁净度。公共区域风机盘管采用直流无刷型电机，安静且有一定节能效果。

3.5 照明及其他节能技术

照明的节能设计符合《建筑照明设计标准》（GB 50034—2013）目标值要求。功能区采用 LED 光源，客房 LPD（照明功率密度）值达到了 $6W/m^2$。走廊在保证 50lux 照度下，其 LPD 值在 $3.5W/m^2$ 以下。为减少照明用电能耗，照明控制系统按照酒店的功能特征选用合理的智能照明控制措施。

根据奥组委要求：在运动员组团每栋客房楼的门厅或楼道内安装 1～2 台空气电子监管设备，一个监测站点通常设立 1～5 个公共场所室内空气质量在线监测仪的集成机柜，机柜内包含以下监测指标：温湿度、总挥发性有机物（TVOC）、二氧化碳（CO_2）、噪声、$PM_{10}/PM_{2.5}$ 等，并可以自由扩展其他空气质量监测指标。

3.6 可再生能源设计

D6 运动员组团淋浴间、厨房等部位采用集中热水供应系统，热源由屋面太阳能集热器和辅助热源提供，辅助热源为延庆赛区集中建设的能源站。

太阳能生活热水系统采用集中集热、集中供热方式，太阳能热能作为预热热媒间接使用，与辅助热源串联；太阳能集热系统为闭式系统，太阳能集热器设于南向屋面，采用平板式集热器，共铺设 $210m^2$，平均日产 60℃热水量 $30L/m^2$。

为提高电力综合利用效率，冬奥赛区场馆设计采用由张家口经过绿色电力输送网路输配而来的绿色电力，张家口的风电、太阳能发电、抽蓄储能电力将用于包括冬奥村在内的延庆赛区，进一步降低冬奥村的非可再生能源需求。

4 节能模拟

4.1 建筑规划和节能设计

《北京市超低能耗建筑示范工程项目及奖励资金管理暂行办法》中对节能率的相关

规定如下：供暖、空调和照明一次能源消耗量与满足《公共建筑节能设计标准》（GB 50189—2015）的参照建筑相比的相对节能率不低于60％。

本项目采用 IES 软件进行模拟，IES 用来在建筑前期对建筑的光照、太阳能及温度效应进行模拟，可详细分析不同设计策略对负荷和能耗的影响。

4.2 能耗模拟结果

一次能源消耗模拟结果如图13所示，本项目供暖、空调和照明一次能源消耗量与满足《公共建筑节能设计标准》（GB 50189—2015）的参照建筑相比，节能率达到60.9％。

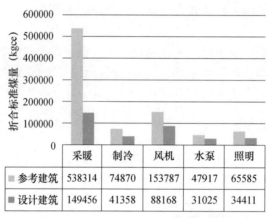

图13 设计建筑和参考建筑能耗对比

5 结论与讨论

（1）延庆冬奥村 D6 居住组团在方案设计时以超低能耗建筑示范项目技术指标为设计指导，在整体布局上最大限度利用自然通风，并通过高效的围护结构保温及防热桥、气密性做法，结合高效节能的空调采暖系统设计，及智能照明系统和太阳能集热系统等可再生能源的应用，综合降低建筑整体的一次能源消耗，达到北京市超低能耗建筑示范项目的要求。

（2）延庆地区作为北京夏都，气候冬冷夏凉，年平均温度约为13℃，平均湿度约为55％，气温高月平均为24.6℃，低为−6.8℃，该气候特点下推广超低能耗建筑具有天然优势。

（3）本项目作为沿自然高程设计的建筑结构，其地下一层设计有客房，其气密性和防热桥做法有一定难度，对后期施工做法提出更高要求，也是后期施工技术管理的重点。

参考文献

［1］ 中华人民共和国住房和城乡建设部．被动式超低能耗绿色建筑技术导则（试行）（居住建筑）［EB/OL］．（2015-11-10）．http：//www.mohurd.gov.cn/wjfb/201511/t20151113_225589.html.

［2］ 北京市住房和城乡建设委员会，北京市规划和国土资源管理委员会．关于2018年第三批超低能耗建筑示范项目专家评审结果的公示［EB/OL］．（2018-09-30）．http：//zjw.beijing.gov.cn/

bjjs/xxgk/gsgg/gcjs_jzjnyjcjg_tzgg15/527036/index. shtml.

[3] 北京市住房和城乡建设委员会，北京市规划和国土资源管理委员会. 关于 2018 年第二批超低能耗建筑示范项目专家评审结果的公示［EB/OL］.（2018-08-20）. http：//zjw. beijing. gov. cn/bjjs/xxgk/gsgg/gcjs_jzjnyjcjg_tzgg15/524063/index. shtml.

[4] 北京市住房和城乡建设委员会，北京市规划和国土资源管理委员会. 关于 2018 年第一批超低能耗建筑示范项目专家评审结果的公示［EB/OL］.（2018-07-10）. http：//zjw. beijing. gov. cn/bjjs/xxgk/gsgg/gcjs_jzjnyjcjg_tzgg15/521054/index. shtml.

[5] 北京市住房和城乡建设委员会，北京市规划和国土资源管理委员会. 关于北京市超低能耗建筑示范项目（2016—2017）专家评审结果的公示［EB/OL］.（2017-09-26）. http：//zjw. beijing. gov. cn/bjjs/gcjs/jzjnyjcjg/tzgg/433215/index. shtml.

金隅西砂超低能耗建筑示范项目
关键技术研究与应用

路国忠[1,2*]，刘　月[1,2]，尹志芳[1,2]，郜伟军[3]

(1. 北京建筑材料科学研究总院；2. 北京市被动式低能耗建筑工程技术研究中心；

3. 金隅砂浆有限公司，北京　100041)

摘　要　本文结合北京金隅西砂12号示范项目的特点，对高性能围护结构、新风热回收系统、建筑气密性、无热桥设计等超低能耗建筑的关键技术进行了研究和应用，实现了建筑在非机械、不耗能或少耗能的条件下，满足供暖制冷的能源需求和良好的室内环境质量与居住舒适度。

关键词　优良外保温系统；高效节能窗；热回收新风系统；气密层；无热桥设计

超低能耗建筑是以超低的建筑能耗值为约束目标，具有高保温隔热性能，高气密性的外围护结构，以及高效热回收的新风系统，同时能够满足室内舒适性环境的建筑。

超低能耗建筑的基本原则，是在冬季通过最小化热损失并最大化获取阳光，明显降低供暖需求；而在夏季通过被动窗、遮阳及朝向优化最小化获取热能，降低制冷能耗。超低能耗建筑宜采取被动优先、主动优化的技术措施，达到采暖制冷能耗的良好平衡，实现超低能耗的目标。

超低能耗建筑的基本规定，是通过充分利用场地的自然资源，采取合理朝向；建筑应满足自然通风和自然采光的要求，同时降低通风和照明能耗；建筑的电器等用能设备应为符合国家相关标准的节能设备；建筑的体形系数不应大于0.4；同时外窗宜设置遮阳。

金隅以金玉府（西砂西区）公租房12号楼作为超低能耗建筑示范项目，也是北京市首批超低能耗建筑示范项目。该示范项目位于北京市海淀区砂石厂路18号，地下1层，地上16层，地上建筑面积5953.97m²，地下417.6m²，总建筑面积6371.65m²，建筑高度44.9m。金玉府项目效果图和12号楼效果图分别如图1和图2所示。

本文结合金隅西砂12号示范项目特点，对高性能围护结构、新风热回收系统、建筑气密性、无热桥设计等超低能耗建筑关键技术进行了系统研究。

＊通信作者：路国忠，教授级高工，北京市被动式低能耗建筑工程技术研究中心主任，主要从事超低绿色能耗建筑和建筑节能与绿色建材等方面的研究。

图 1　金玉府项目效果图

1　优良的外保温系统

从我国建筑热工设计分区来看，北京市属于寒冷地区，冬季寒冷干燥，夏季高温多雨。建筑应满足冬季保温，同时兼顾夏季防热的要求。

超低能耗建筑优良的外保温系统既要有良好的保温性能，同时要满足现行规范的防火要求。在建筑中因不透明围护结构热损失占建筑热损失可达 70% 以上，所以加强不透明围护结构的保温性能，降低其 K 值，可有效减少建筑能耗；同时外保温材料燃烧性能要满足 (GB 50016—2014)《建筑设计防火规范》中的要求；外保温系统和细部节点的断热桥保温处理应做到精细化施工。

图 2　12 号楼效果图

通过对示范项目的调研，课题组研发了满足超低能耗建筑要求的岩棉条 A 级外保温系统、改性石墨聚苯板 B1 级外保温系统和装配式预制夹心墙板系统。

金隅星岩棉外保温系统采用导热系数 λ 为 0.044W/(m·K)、抗拉强度为 136kPa、酸度系数为 2.1、厚度为 250mm 的岩棉条，由粘锚结合、以粘为主，层间加托架的双网体系构成。岩棉条外保温构造如图 3 所示。

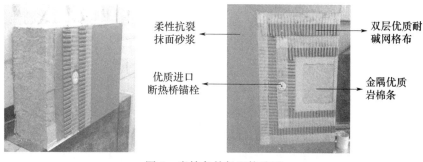

图 3　岩棉条外保温构造图

在确定岩棉条外保温系统构造及施工工艺后，通过建立模型进行模拟计算分析保温层厚度对建筑能耗的影响，进行耐候性试验测试系统的耐久性，通过抗风压、抗垂挂试验测试系统的安全性，同时考虑安装（层间托架）及施工方式对能耗的影响。

1.1 保温层厚度对能耗的影响

分别采用 200mm、250mm、300mm、330mm 四种岩棉条厚度构成的外墙保温系统分别对系统的冷热需求进行比较分析，具体结果见表 1；在考虑外遮阳影响、传热系数不同的情况下，四种厚度的外墙保温系统对冷需求几乎无影响。当保温层厚度增加至300mm 及以上时，外墙保温层岩棉条厚度对热需求的影响较低。因此综合考虑，外保温系统采用厚度为 250mm 的岩棉条。

表 1   不同保温层厚度对能耗的影响分析

岩棉条厚度（mm）	200		250		300		330	
有无外遮阳	无	有	无	有	无	有	无	有
传热系数 [W/(m²·K)]	0.23		0.19		0.15		0.14	
热需求（kW·h/m²）	7.01	8.02	6.30	7.15	5.65	6.36	5.41	6.07
冷需求（kW·h/m²）	27.25	20.63	27.11	20.48	26.99	20.35	26.94	20.30

图 4 为建筑全年采暖能耗与外保温岩棉板厚度的关系曲线。当岩棉板厚度由 200mm 增加至 330mm 时，传热系数从 0.2W/(m²·K) 降低至 0.12W/(m²·K)，而建筑全年采暖能耗仅降低 0.08kW·h/(m²·a)。因此从建筑能耗和经济性角度，岩棉条厚度选为 250mm 较为合理。

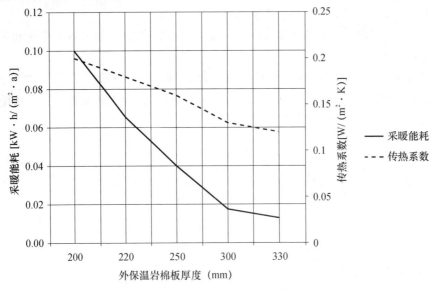

图 4   采暖能耗随外保温岩棉板厚度的变化

1.2 耐久性

为了验证 250mm 厚岩棉条外保温系统在模拟自然条件下的耐久性，参照标准进行了大型的耐候性试验。试验中对岩棉条外保温系统进行了热雨循环 80 次、冷热循环 5 次的耐候性测试，试验结果如图 5 所示。

试验结果表明，250mm 厚岩棉条外保温系统满足《外墙外保温施工技术规程》（JGJ 144—2004）的要求。试验后，热成像照片显示颜色比较均匀，在内外温差较大（50℃）的情况下，岩棉条之间没有热桥现象，保温隔热、耐候性良好。

图 5　岩棉条外保温系统耐久性试验

1.3 安全性

通过抗风荷载试验来验证 250mm 厚岩棉条外保温系统在模拟负风压条件下的安全性。试验采用的岩棉条，垂直板面抗拉强度大于 130kPa，理论计算是安全的；试验墙通过了大型抗风压试验，证明是安全的。系统抗风荷载试验如图 6 所示。

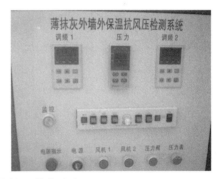

图 6　外保温系统抗风荷载试验

通过抗剪切试验来验证 250mm 厚岩棉条外保温系统在自然条件下的抗垂挂能力。试验结果表明，托架可有效减小岩棉条外保温系统的纵向位移，提高了系统的抗剪切能力和稳定性。系统抗垂挂试验如图 7 所示。

1.4 层间托架对能耗的影响

托架方案为在每两层楼增加一层托架，托架横向间距 800～1000mm。托架尺寸为 L（长）×50mm（宽）×5mm（材料厚），传热系数为 50W/(m²·K)；保温隔热垫片

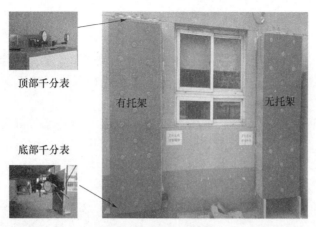

图 7　抗垂挂试验墙体

（复合材料），厚度 5mm，传热系数为 0.024W/（m² · K）。

模拟计算安装层间托架对保温系统传热性能的影响，通过模拟结果可知托架挑出长度在保温层厚度的 2/3 左右时，对系统的传热系数影响很小；同时托架一定要采用隔热垫块做断热桥处理。层间托架对能耗的影响如图 8 所示。

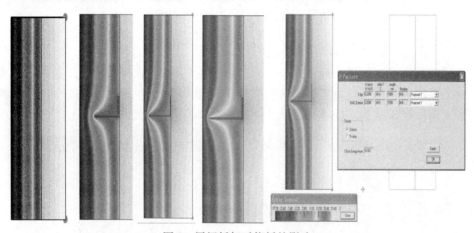

图 8　层间托架对能耗的影响

2　高效节能窗系统

超低能耗建筑的设计、施工及运行以建筑能耗值为约束目标，对节能窗部分，应采用隔热性能、遮阳性能及气密性能更高的外窗系统，同时还要满足无热桥的设计与施工。

综合来看，使用于超低能耗建筑的外窗有铝合金门窗、塑钢门窗、铝包木门窗等。以铝木复合节能窗为主，开发了高效节能窗系统。

2.1　铝木复合节能窗

爱乐屋铝木复合节能窗的框型材采用 78mm 厚落叶松指接集成材，松木类的集成材导热系数值为 0.13W/（m · K）；外附 20mm 铝框，内填难燃高效保温材料，可将传热系数由 1.8W/（m² · K）降低至 1.3W/（m² · K）。被动式铝木复合窗节点构造如图 9 所示。

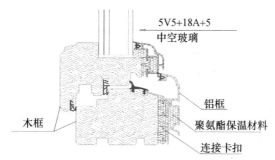

图 9　被动式铝木复合窗节点图

铝木复合节能窗的玻璃部分采用三玻两腔一中空一真空＋Low-E 的复合玻璃，玻璃的配置 5＋18A（暖边）＋5V5。主要性能指标为：传热系数为 0.516W/(m²·K)，光热比 1.41，太阳能总透射比 0.522。

铝木复合节能窗玻璃间隔采用暖边间隔条——SWISSPACER ADBANCE 舒贝舍普通型暖边间隔条，导热系数 λ 值为 0.290W/(m·K)。

节能窗框扇搭接的密封采用了四道密封胶条的设计，形成的 3 个密封腔室有利于减少气体的对流，大大提高整窗的气密性。四道密封比三道密封的节能窗具有更好的密闭性能，水密性和抗风压性能分别提升一个等级，六个锁点更增加了被动式铝木复合窗的抗风压性。被动式铝木复合窗细部结构如图 10 所示。

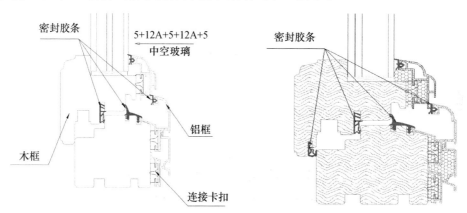

图 10　被动式铝木复合窗细部结构示意

综上，高效节能窗的设计主要考虑型材类型及结构、复合玻璃配置、密封和锁点设置等方面。主体结构为木型材，塑料连接卡扣固定铝合金型材，窗框木型材与铝框中间填充高效难燃保温材料，有效降低了窗型材的传热系数。窗玻璃系统采用三玻两腔一中空一真空＋Low-E 玻璃，暖边间隔条，提高了窗玻璃的保温性能。采用四道密封胶条，提高了节能窗密闭性；六道锁点，提高了整窗抗风压性能。

经检测，铝木复合窗窗框传热系数 1.3W/(m²·K)，整窗传热系数 0.8W/(m²·K)，气密性 8 级，水密性 6 级，抗风压性 9 级，为目前窗的最高等级；抗结露因子 10 级，空气隔声性能 4 级。产品取得了德国被动房屋研究所的 PHI 认证和住房城乡建设部科技与产业化中心康居产品认证。

2.2 节能窗的安装

超低能耗建筑的东西向房间应考虑日晒，为降低夏季制冷能耗，应做活动式外遮阳系统。遮阳应采用外悬式安装方式，将窗户安装在保温层内，窗户内侧粘贴防水隔汽膜、外侧粘贴防水透汽膜。

安装方式不同，热桥线性传热系数和窗的安装传热系数差异较大，经模拟计算，当窗户装在砌体上导致保温层中断时，整窗的线性传热系数将由 $0.005\text{W}/(\text{m}^2 \cdot \text{K})$ 增加至 $0.15\text{W}/(\text{m}^2 \cdot \text{K})$。节能窗的安装细节如图 11 所示。

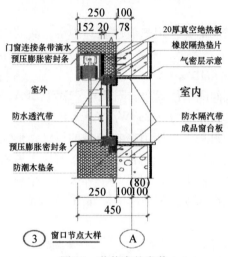

图 11 节能窗的安装

3 高效热回收新风系统

在高气密性的超低能耗建筑内，为用户提供新鲜空气是不容忽视的。过滤空气中的颗粒物，可以为住户提供清洁的新鲜空气，合理的气流组织保证了送风的舒适度；安装高效热回收装置的新风系统，可将排风能量预热（冬季）/预冷（夏季）新风，从而降低能耗。高效热回收新风系统包括集中式、半集中式、分户式。

超低能耗建筑无散热器采暖，为防止冬季室内温度过低，新风系统出风温度必须满足最低要求；为保证超低能耗建筑室内温度舒适性，应始终保证新风出口温度在17℃以上。对于风机能耗，要求在输送单位体积空气时风机电耗 W_s 的值不高于 $0.45\text{W}/(\text{m}^3 \cdot \text{h})$。从安全性考虑，新风热交换器必须采取防冻措施。尤其当新风温度低于0℃时，热回收装置排风侧由于含湿量较高，所凝结的水汽有可能结冰，因此新风应有预热等防冻措施。

本项目设置两套 $7000\text{m}^3/\text{h}$ 的集中送、排风系统，按照高低分区的方式设置两套系统，每套系统负责8层，系统机房分别设置在地下一层机房和屋面机房内，末端采用风管穿楼板在房间外墙角落向各房间送风，卫生间回风经过回风总管和热交换器排至室外。系统采用高效热回收新风机组，全热回收效率70%，空气源热泵为制冷/采暖系统的辅助能源。厨房采用单独补风排风系统，各层走廊南北外墙上设置补风口，厨房排风各层竖向连通，排至屋面。其中，标准层新风布置平面如图12所示。

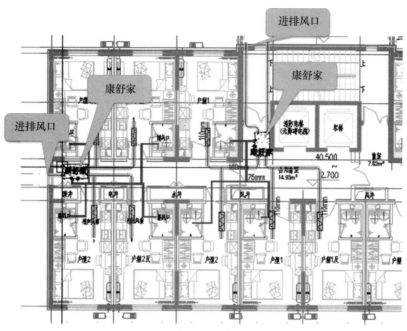

图 12　标准层新风布置平面图

为避免在极致寒冷天气新风机组结露，热回收系统的防冻措施采用电加热器，设定在室外温度低于－10℃时启用。新风系统的热交换器采用世界上最先进的板式热回收，液体树脂胶密封，以避免新风的二次污染问题的出现。

新风系统的加湿器加湿量 30kg/h，采用双次汽化循环喷雾加湿器，保证水的利用率高，以达到节能减排之目的。

热回收装置内设送、排风风机，新风侧应处于正压区，排风侧应处于负压区。送、排风系统，采用西门子电机，其可靠稳定的运行，保证了整个系统的稳定，并通过西门子变频调速控制器，配合风压传感器，调整风速风压，保证机组新风量的输入，从而保证空气的质量，单位风量风机耗功率应小于 0.45W/（m³/h）。

4　完整连续的气密层设计

气密层是指建筑中无缝隙的可阻止气体渗漏的围护层。超低能耗建筑中优良的气密性可有效降低采暖负荷、提高人员的居住舒适度、避免室内结露发霉、减少噪声和空气污染，因此通过在建筑内围护结构形成完整连续的气密层来严格控制建筑内外空气的无组织流动。

在建筑所有平、剖面图纸上，铅笔可沿气密层连续完整地走通，中间无中断。建筑气密层设置示意如图 13 所示。

本项目气密层为地上 16 层外围护结构包裹范围、地下室的核心筒及屋面机房。

现浇混凝土或经过 20mm 以上抹灰处理后的砌体外墙可视作气密层。在门窗安装、管道穿外墙及气密层上的插座等则需要采取专门的处理措施，并绘制节点详图。细部节点气密性处理措施如图 14 所示。

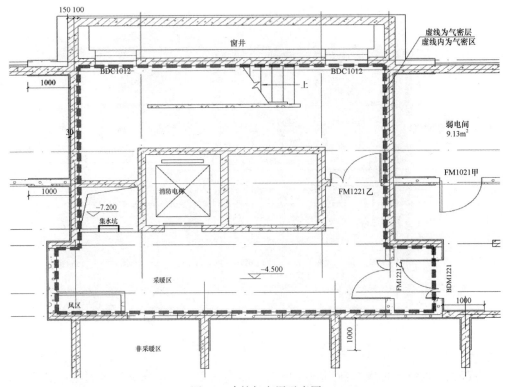

图 13　建筑气密层示意图

图 14　细部节点气密性处理措施

5　无热桥设计方法

建筑施工中常见的热桥包括结构性热桥、系统性热桥、几何热桥。

结构性热桥：由于建筑的结构构件梁、柱、板等穿透保温层导致保温层不连续或者减薄所引起热桥，应尽量消除。

系统性热桥：固定外保温系统的锚栓、金属连接件，及固定各类设备、下水管的支架等。系统性热桥一般不可避免，但一定要断热桥处理。

几何热桥：几何结构变化导致局部传热系数增大而引起的热桥。如阴阳角及屋顶女儿墙处的保温隔热处理。图15～图18为项目的部分无热桥节点设计。

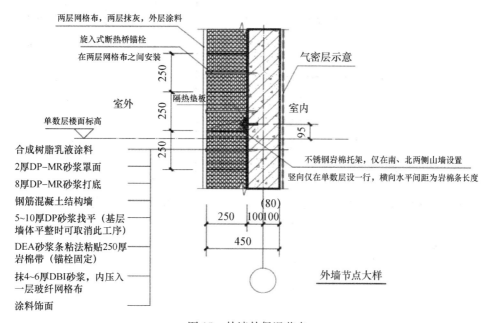

图15　外墙外保温节点

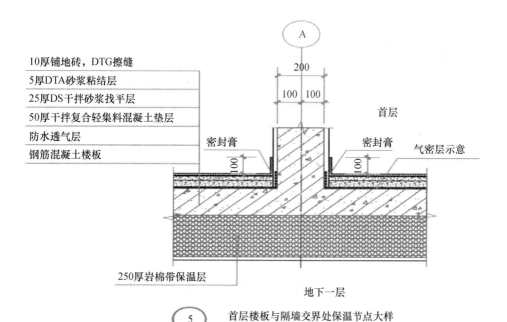

图16　首层楼板与隔墙交界处保温节点

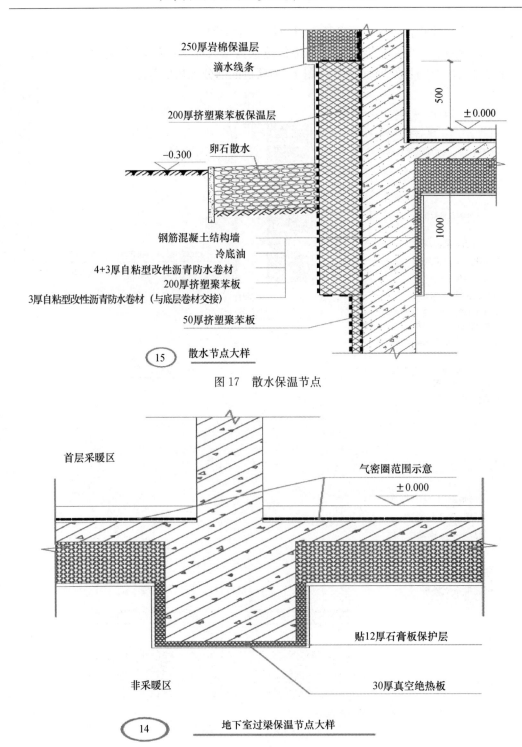

250厚岩棉保温层

滴水线条

200厚挤塑聚苯板保温层

卵石散水

−0.300

±0.000

500

1000

钢筋混凝土结构墙

冷底油

4+3厚自粘型改性沥青防水卷材

200厚挤塑聚苯板

3厚自粘型改性沥青防水卷材（与底层卷材交接）

50厚挤塑聚苯板

15　散水节点大样

图 17　散水保温节点

首层采暖区

气密圈范围示意

±0.000

贴12厚石膏板保护层

非采暖区

30厚真空绝热板

14　地下室过梁保温节点大样

图 18　地下室过梁保温节点

6　结　语

发展超低能耗建筑，技术和设计是基础、材料是关键、施工是保障。超低能耗建筑，主要依赖高性能围护结构、新风热回收、气密性、可调遮阳等建筑技术，但实现被动式超低能耗的难点主要在技术的适宜性。通过对北京市超低能耗建筑关键技术的研究，总结超低能耗建筑的关键技术工艺，对超低能耗建筑的技术推进做出积极探索。

参考文献

［1］中华人民共和国住房和城乡建设部．被动式超低能耗绿色建筑技术导则（试行）（居住建筑）［EB/OL］．（2015-11-10）．http：//www. mohurd. gov. cn/wjfb/201511/t20151113 _ 225589. html.

被动式和主动式结合的超低能耗
公寓建筑案例实践
——东方雨虹 E 楼倒班宿舍

康一亭*，吴剑林，刘瑞捷，马　健

（中国建筑科学研究院有限公司建筑环境与节能研究院，北京　100013）

摘　要　本文以公寓建筑为例，按照《北京市超低能耗建筑示范项目技术要点》指标进行设计。采用被动式与主动式结合的方式，通过对建筑室内环境、无热桥、气密性等被动式设计及新风热回收等高效主动能源设计，利用 IBE 能耗模拟软件计算得到全年一次能源消耗量，计算结果满足《北京市超低能耗建筑示范项目技术要点》对全年能耗指标的要求。

关键词　无热桥设计；气密性设计；新风热回收

1　案例概况

"E楼倒班宿舍"为东方雨虹民用建材有限责任公司建设的装备研发总部基地建设项目，位于北京经济技术开发区Ⅲ-4 街区 C4M1 地块。地块用地性质为 M1 一类工业用地，地块东至经海路，西至经海四路，南至科创九街，北至 C4 区间路，园区总平面图如图 1 所示。园区地上共 7 栋单体建筑，其中"E楼倒班宿舍"申报北京市超低能耗示范项目，申报范围包括地上建筑面积及和地上相连接的地下一、二层的楼梯间及电梯间的面积，共计 12381.2m²，地上建筑面积为 12173m²，共十二层，房间主要功能为倒班宿舍及其配套设施。E楼倒班宿舍效果图如图 2 所示，首层平面图与立面图分别如图 3 和图 4 所示。

在建筑设计中，采用被动式超低能耗建筑的技术措施，同时结合高效冷热源等主动式节能技术，以最小的能源消耗提供最优的室内环境。该楼由中国建筑设计研究院有限公司设计，中国建筑科学研究院有限公司、住房城乡建设部科技与产业化发展中心提供被动式超低能耗建筑技术咨询。

2　设计目标与指标体系

超低能耗建筑技术指标以建筑能耗值为导向，主要技术指标包括能耗指标、气密性指标及室内环境参数。本案例 E 楼宿舍根据《北京市超低能耗建筑示范项目技术要点》与《被动式超低能耗绿色建筑技术导则》（试行）（居住建筑）进行设计，并选取较高要求作为设计指标。

---

　　* 通信作者：康一亭，女，工程师，电子邮箱：sunshinekyt@126.com。

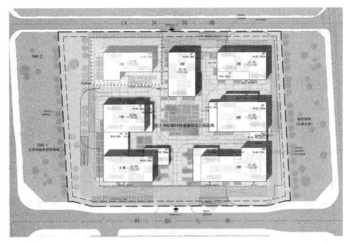

图 1　园区总平面图

图 2　东方雨虹 E 楼倒班宿舍效果图

图 3　E 楼首层平面图

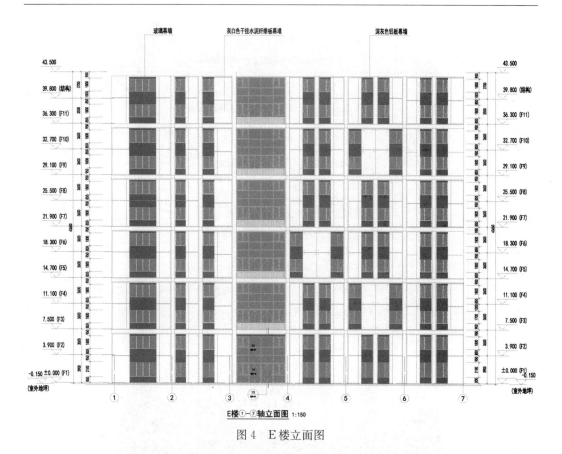

图4　E楼立面图

2.1　室内环境设计参数

本案例根据《北京市超低能耗建筑示范项目技术要点》与《被动式超低能耗绿色建筑技术导则》（试行）（居住建筑）中对室内环境参数的要求进行设计，具体指标见表1。

表1　E楼室内环境参数指标

室内环境参数	冬季	夏季
温度（℃）	20	26
相对湿度（%）	30	60
新风量［m³/(h·人)］	30	
噪声 dB（A）	昼间≤40；夜间≤30	

2.2　能耗及气密性指标

北京市处于寒冷地区，《北京市超低能耗建筑示范项目技术要点》与《被动式超低能耗绿色建筑技术导则》（试行）（居住建筑）对气密性等级、年供暖供冷需求、一次能源消耗量指标进行了限定，具体指标见表2。

表 2　E 楼性能指标

编号	指标名称	北京市超低能耗示范项目指标（商品住房 9～13 层）	北京市超低能耗示范项目指标（公租房≤40m²）	被动式超低能耗绿色建筑技术导则指标
1	气密性等级 N_{50}	≤0.6	≤0.6	≤0.6
2	年供暖需求	≤12kW·h/(m²·a)	≤8kW·h/(m²·a)	≤15kW·h/(m²·a)
3	年供冷需求	≤18kW·h/(m²·a)	≤35kW·h/(m²·a)	≤18kW·h/(m²·a)
4	一次能源消耗	≤40kW·h/(m²·a)	≤55kW·h/(m²·a)	≤60kW·h/(m²·a)

2.3　建筑关键部品及性能参数要求

对于建筑关键部品的性能，《被动式超低能耗绿色建筑技术导则》（试行）（居住建筑）中给出了性能参数推荐值，《北京市超低能耗建筑示范项目技术要点》给出了明确的限定值，具体参数见表 3。

表 3　关键部品性能参数指标要求

建筑关键部品	参数及单位	北京市超低能耗建筑示范项目技术要点	被动式超低能耗绿色建筑技术导则
外墙	传热系数 K 值 [W/(m²·K)]	商品住房≤0.15	0.1～0.25
		公共租赁住房≤0.20	
屋面	传热系数 K 值 [W/(m²·K)]	≤0.15	0.1～0.25
地面	传热系数 K 值 [W/(m²·K)]	≤0.20	0.15～0.35
与采暖空调空间相邻非采暖空调空间楼板	传热系数 K 值 [W/(m²·K)]	≤0.20	—
外窗	传热系数 K 值 [W/(m²·K)]	≤1.0	0.8～1.5
	太阳得热系数综合 $SHGC$ 值	冬季：$SHGC$≥0.45 夏季：$SHGC$≤0.30	冬季：$SHGC$≥0.45 夏季：$SHGC$≤0.30
	气密性	≥8 级	≥8 级
	水密性	≥6 级	≥6 级
空气-空气热回收装置	全热回收效率（含交换效率）（%）	≥70%	≥70%
	显热回收效率（%）	≥75%	≥75%
	热回收装置单位风量风机耗功率 [W/(m³·h)]	<0.45	<0.45

在设计过程中，通过对主要影响因子，如外墙传热系数、外窗传热系数、外窗遮阳系数、新风热回收效率等进行敏感性分析，从而合理选取性能参数，实现方案优化。

3 主要技术措施

本案例采用被动式设计与主动式设计相结合的方式，通过对围护结构、无热桥设计、气密性设计及主动式能源技术设计的结合，实现《被动式超低能耗绿色建筑技术导则》（试行）（居住建筑）及《北京市超低能耗建筑示范项目技术要点》的要求。

3.1 围护结构设计

1. 外墙保温做法

外墙采用导热系数为 0.040W/(m·K) 的 270mm 厚岩棉板，外表面采用纤维水泥板或类似的装饰板。保温层连续，不出现结构性热桥，外保温系统的连接锚栓采取阻断热桥措施。

2. 屋面做法

屋面外保温材料采用 250mm 挤塑聚苯板，水平防火隔离带处保温材料改为岩棉板，宽度为 500mm。保温层下铺设隔汽层，保温层上铺设 4mm＋3mm 厚两层防水卷材。屋面做法节点图如图 5 所示。

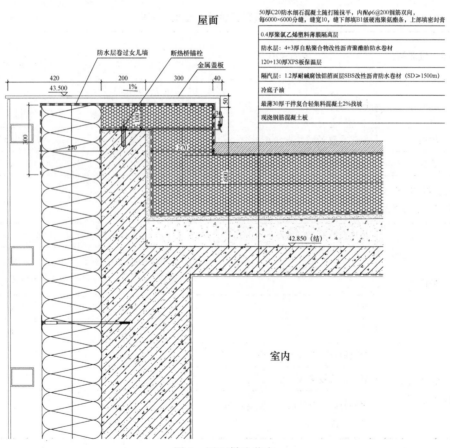

图 5 屋面做法节点

3. 地下室外墙外保温做法

自室外地坪以上 300mm 伸入地下部分，采用挤塑聚苯板保温材料，保温内外侧由防水层包裹，并在地上与外墙交圈。

4. 地下室顶板及首层地面保温做法

非采暖地下室顶板的保温材料采用 180mm 厚岩棉保温板，保证地面或地下室上部楼板不出现内部结露现象。地下室外墙及顶板做法节点图如图 6 所示。

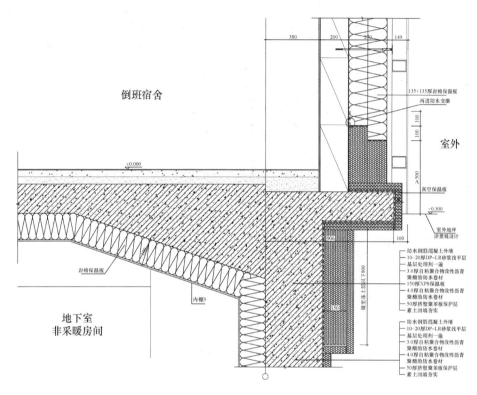

地下室外墙及顶板

图 6　地下室外墙及顶板节点

5. 外窗、外门及玻璃幕墙节点做法

外窗及玻璃幕墙使用铝合金型材，外窗开启扇的开启方式为内平开。玻璃类型为三玻两腔 6mmLow-E＋12A＋6mm＋9A＋6mmLow-E 中空玻璃，两层 Low-E 膜分别位于玻璃室内侧空腔的两壁，从而提高外窗的保温遮阳性能。

E 楼外窗及玻璃幕墙的 K 值不高于 $1.0\mathrm{W/(m^2 \cdot K)}$，$SHGC$ 值不低于 0.45。

外门窗产品的气密性等级为 8 级、水密性等级为 6 级、抗风压性能等级为 9 级。建筑四个外立面的外窗均采用电动可调节外遮阳，由电动控制并且与楼宇控制系统联动。外窗做法节点、玻璃幕墙做法节点、外门做法节点分别如图 7、图 8、图 9 所示。

3.2　无热桥设计

外墙及屋面采用双层保温错缝粘接方式，避免保温材料间出现通缝，保温层采用断桥锚栓固定。在外墙上使用断热桥的锚固件。管道穿外墙部位预留套管并预留足够的保温间隙。户内开关、插座接线盒等均置于内墙上，以免影响外墙保温性能。部分热桥处理详图如图 10 和图 11 所示。

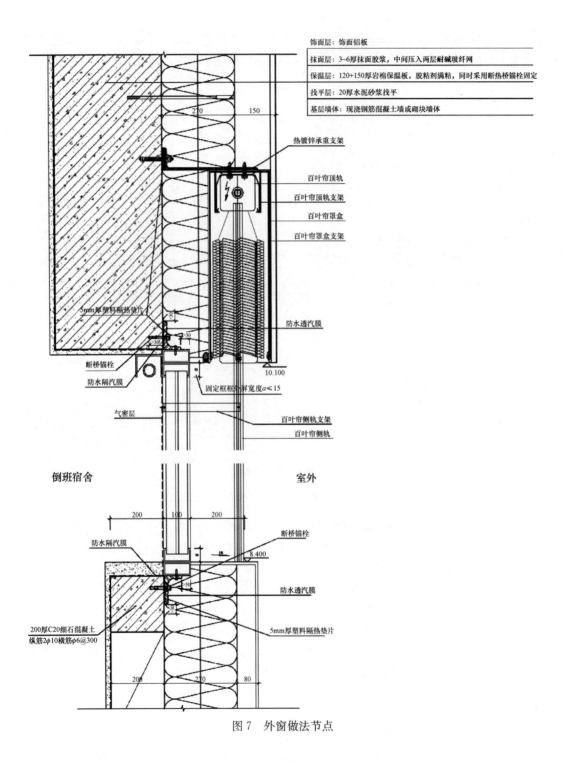

饰面层：饰面铝板

抹面层：3～6厚抹面胶浆，中间压入两层耐碱玻纤网

保温层：120+150厚岩棉保温板，胶粘剂满粘，同时采用断热锚栓固定

找平层：20厚水泥砂浆找平

基层墙体：现浇钢筋混凝土墙或砌块墙体

热镀锌承重支架
百叶帘顶轨
百叶帘顶轨支架
百叶帘罩盒
百叶帘罩盒支架

5mm厚塑料隔热垫片
防水透汽膜
断桥锚栓
防水隔汽膜
10.100
固定框框外屏宽度a≤15
气密层
百叶帘侧轨支架
百叶帘侧轨

倒班宿舍
室外

防水隔汽膜
断桥锚栓
8.400
防水透汽膜
200厚C20细石混凝土
纵筋2φ10横筋φ6@300
5mm厚塑料隔热垫片

图7 外窗做法节点

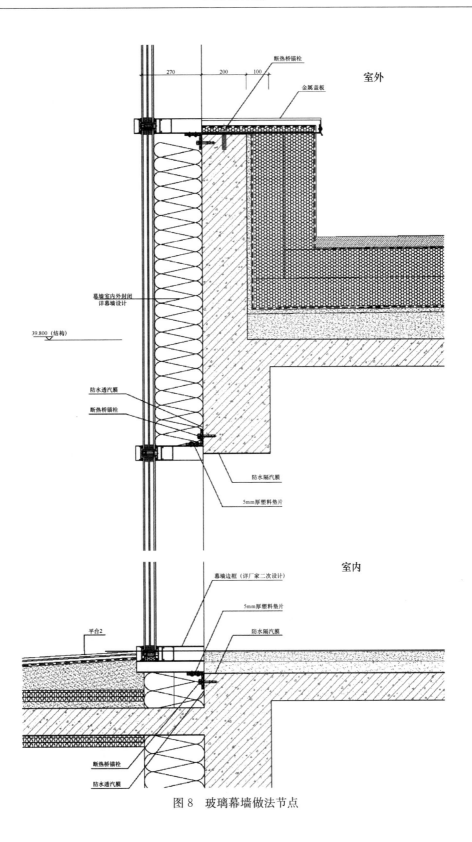

图 8　玻璃幕墙做法节点

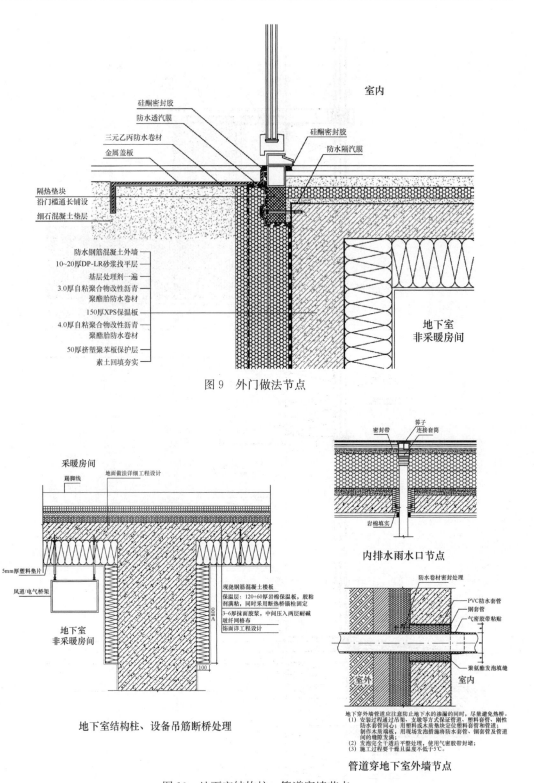

图 9　外门做法节点

图 10　地下室结构柱、管道穿墙节点

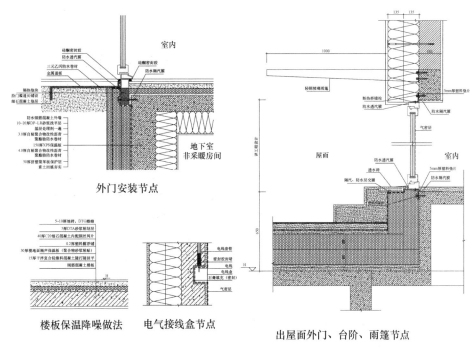

图 11　外门、楼板、接线盒、出屋面节点

3.3　气密性设计

　　E楼的气密性设计采用简洁的建筑造型和节点设计，减少或避免出现气密性难以处理的节点。选用气密性等级高的外门窗及玻璃幕墙。选择抹灰层、硬质的材料板（如密度板、石材）、气密性薄膜等构成气密层。选择适用的气密性材料做节点气密性处理，如紧实完整的混凝土、气密性薄膜、专用膨胀密封条、专用气密性处理涂料等材料。对门洞、窗洞、电气接线盒、管线贯穿处等易发生气密性问题的部位，进行节点设计。部分节点处理详图如图12和图13所示。

3.4　主动能源应用

　　1. 冷热源

　　采用变冷媒流量多联机来满足建筑供冷供热需求。室外机设置在屋顶，设备 IPLV 不低于7，单台制冷量为 28～56kW，采用 R410 环保制冷剂。

　　2. 热回收新风系统

　　（1）为满足超低能耗建筑能耗指标，选用全热交换新风机组，热回收效率不应低于 70%，新风量设计值为每人 30m³/h，每户 60m³/h；每户排风量 45m³/h。

　　（2）新风机组带有电辅热装置，在室外温度较低时，根据回风温度自动开启进行预热，风机采用变频调速电机。

　　（3）新风换气机的新风入口处设置 G4＋F8 过滤器，排风口处设置 G4 过滤器。

　　（4）新风机组进行消声隔震处理，新风出口处和排风入口处设消声装置，风机与风管连接处应采用软连接。

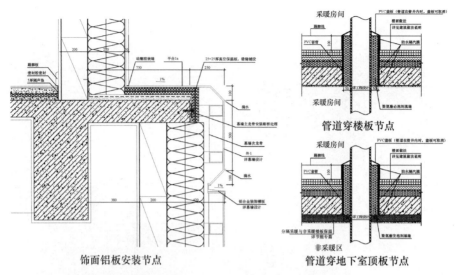

图 12　饰面安装、管道穿楼板及地下室顶板节点

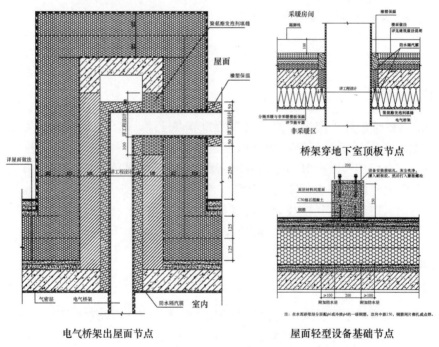

图 13　桥架穿屋面及地下室顶板、屋面轻型设备基础节点

（5）与室外连通的新风管路上安装保温密闭型电动风阀，并与系统联动，保证建筑的气密性。

3. 照明及设备节能

E 楼的照明设计遵循《建筑照明设计标准》（GB 50034—2013）中关于照明功率密度和照度的要求，主要房间宿舍的照明功率密度满足标准目标值的要求。走道、楼梯间、楼梯前室、电梯前室等公共区域照明灯具均采用触摸延时开关控制、双灯头高效节能灯具。门厅、休息厅、活动室等采用 LED 高效灯具，并采用分区、分组控制措施。电梯采用节能电梯，采用变频控制，并满足国家节能电梯相关设计规范。水泵、风机等采用高效节能产品，并采用变频控制等节电措施。

4. 可再生能源利用

E 楼宿舍有较大的生活热水需求，使用屋顶太阳能集热器提供宿舍的生活热水，太阳能集热器集中设置于屋顶。采用全玻璃真空管集热器。E 楼太阳能生活热水系统图如图 14 所示。

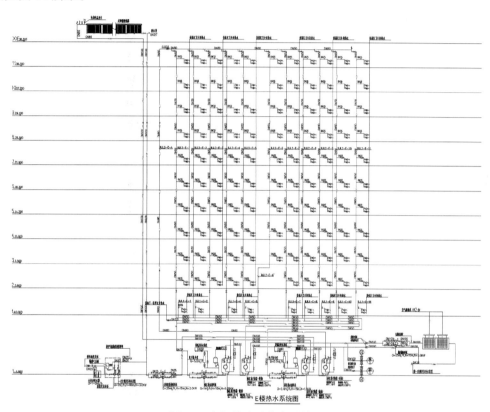

图 14　太阳能生活热水系统图

3.5　监测平台设计

1. 能耗监测平台

设立能耗监测平台，对建筑耗电量、耗水量、耗气量、供热量、供冷量进行监测，耗电量需要对照明插座、电力、空调等系统分项计量。

2. 室内环境监测平台

对典型房间的室内环境进行监测，监测内容包括室内空气温度、相对湿度、CO_2 浓度及 $PM_{2.5}$ 等颗粒物浓度。

4　负荷模拟计算及结果对比

本案例采用 IBE 进行能耗模拟分析，经过计算，年供暖需求 3.44kW・h/(m²・a)，年供冷需求 14.56kW・h/(m²・a)，供暖、空调和照明一次能源消耗量为 33.31kW・

h/(m² · a)，满足北京市超低能耗示范工程的要求，具体结果见表 4。

表 4　能耗计算及结果对比

项目		设计模拟	北京市示范项目（商品住房9~13层）要求	北京市示范项目（公共租赁房≤40m²）要求	是否满足要求
能耗指标	年供暖需求 [kW·h/(m²·a)]	3.44	≤12	≤8	满足
	年供冷需求 [kW·h/(m²·a)]	14.56	≤18	≤35	满足
	年供暖、供冷和照明一次能源消耗量 [kW·h/(m²·a)]	33.31	≤40	≤55	满足
气密性指标	换气次数 N_{50}	0.60	≤0.6	≤0.6	满足
结论		本案例的技术满足指标《北京市超低能耗建筑示范项目技术要点》的要求			

5　结　语

5.1　节能预测分析

本案例采用高性能保温的外围护结构及高保温性能的外窗，并实现完整包裹的气密层，年供暖需求为 3.44kW·h/(m²·a)。通过采用高效的制冷机组，同时在建筑的各个朝向设置可调节外遮阳，年供冷需求为 14.56kW·h/(m²·a)，一次能源消耗量为 33.31kW·h/(m²·a)，节能效果显著。

5.2　环境影响分析

本案例通过多种技术措施实现一次能源消耗量 33.31kW·h/(m²·a)，可以有效地减少煤、天然气、电等不可再生资源的消耗，缓解能源短缺的压力，减少 CO_2 等污染物的排放，实现人、建筑与环境的友好共存。

5.3　示范项目推广前景分析

超低能耗建筑根据"被动优先，主动优化"的原则，通过气候环境引导、性能化、一体化设计，因地制宜地利用自然条件，营造舒适健康的室内环境，提高建筑使用寿命，极大降低能源消耗。通过该示范项目，能够带动相关产业发展及技术更新，推进市场成熟转变。

参考文献

[1] 杨柳，杨晶晶，宋冰，等 . 被动式超低能耗建筑设计基础与应用 [J]. 科学通报，2015，60（18）：1698-1710.

[2] 中华人民共和国住房与城乡建设部 . 被动式超低能耗绿色建筑技术导则（试行）（居住建筑）[EB/OL]. 北京：2015.

［3］　王学宛，张时聪，徐伟，等．超低能耗建筑设计方法与典型案例研究［J］．建筑科学，2016，32（04）：44-53.

［4］　段飞，乔刚．被动式超低能耗建筑气密性设计研究［J］．建材与装饰，2018（51）：68-69.

［5］　中华人民共和国住房与城乡建设部．建筑照明设计标准（GB 50034—2013）［S］．北京：中国建筑工业出版社，2014.

北京大兴半壁店天友·零舍改造项目

——被动式超低能耗乡居技术集成

（2018—2019 年超低能耗建筑新建、改建项目案例分析）

郭润博*，邱 扬

（天津市天友建筑设计股份有限公司，天津 300401）

摘 要 本项目为北京市科委课题——绿色智慧乡村关键技术与集成应用研究子课题"绿色乡居建筑技术集成研究与示范"的示范项目。本项目为改造项目，研究内容分为三个方面，首先是寻找适用于京津冀地区乡居建筑的低成本被动式超低能耗节能技术，其次是研究不同结构形式下被动式超低能耗建造技术，最终探讨近零能耗绿色乡居在京津冀农村地区的可行性。

关键词 乡居改造；被动式超低能耗；技术集成体系；近零能耗

1 研究背景

根据我们对京津冀地区乡居的实地考察调研发现，京津冀地区乡居多采用粗犷式邻里帮工的建造方式，建筑结构多为 370 厚烧结黏土砖的砖混结构，无保温构造，门窗多采用铝合金框单玻窗，保温隔热性能不佳，容易出现冷凝现象。据统计，京津冀地区乡居在冬季采暖情况下，室内采暖温度多维持在 10～12℃，室内热舒适性差，采暖能耗约占到生活总能耗的 80%。

2018 年全国两会中央农村工作会议提出"中国特色的乡村发展道路"，在"八个坚持"中，强调要坚持绿色生态导向，推动农业农村可持续发展；在"七条道路"中，指出"必须坚持人与自然和谐共生，走乡村绿色发展之路"。

为研究出适用于京津冀地区农宅的低成本被动式超低能耗绿色技术，推动被动式超低能耗建筑在京津冀农村地区的发展，探索不同结构形式被动式超低能耗的建筑节能策略，我们以北京市大兴区半壁店天友·零舍改造项目为依托，从围护结构、建筑遮阳、自然通风采光、暖通空调及可再生能源等方面进行改造设计，希望可以总结出一套适用于京津冀地区的被动式超低能耗绿色乡居设计的技术集成体系。

2 天友·零舍改造项目现状介绍

2.1 项目区位及气候特点介绍

天友·零舍项目位于北京市大兴区魏善庄镇半壁店村，融合《北京城市总体规划

---

* 通信作者：郭润博，中级建筑师，天津市天友建筑设计股份有限公司，地址：天津市南开区华苑产业园区开华道 17 号。

(2016—2030年)》"一核一主一副、两轴多点一区"的城市结构中的"中轴线及其延长线""多点中的大兴"以及"九楔生态走廊"三个功能特点（图1）。

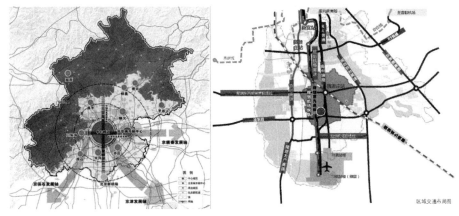

图1 半壁店村区位分析

该区四季分明，冬季较长且寒冷干燥，夏季较炎热滋润，降雨量相对集中；气温年较差较大，日照较丰富；过渡季短促，气温变化剧烈；春季雨雪稀少，多大风、风沙天气；夏秋多冰雹和雷暴。

针对大兴区气候特点的设计对策概括为：传统采暖（主动式太阳能）＋被动式太阳能设计＋自然通风（建筑蓄热、蒸发冷却）。

2.2 改造前农宅状况介绍

天友·零舍改造项目原建筑为二进制院落（图2），前院建筑较为完整，建筑高度4.6m，满足基本使用功能，但是无保温，门窗形式为铝合金推拉窗，传热系数较大，气密性较差，以保留改造为主；后院为红砖建筑，建造年代为20世纪80年代，木窗，建筑高度3m，建筑破损严重，室内环境较差，无法满足正常使用需求，我们采用拆除重建的方式。原建筑状况见表1。

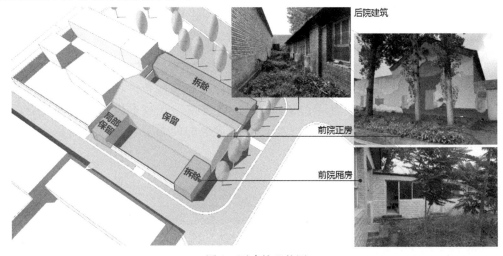

图2 原建筑现状图

表 1　改造住宅原状汇总表

	前院	后院
结构形式	砖混（砌体结构）	砖混（砌体结构）
外墙	370 厚烧结黏土砖墙无保温	370 厚烧结黏土砖墙无保温
外窗	单玻推拉铝合金窗	单玻平开木窗
屋面	钢架坡屋面＋红瓦	木屋架坡屋面＋灰瓦
地面	混凝土地面无保温	混凝土地面无保温
窗墙比	南向：0.4；东西北无外窗	南向：0.6；东西北无外窗
采暖形式	空气源热泵＋散热器	无
改造建议	保留改造	拆除重建

3　天友·零舍改造项目被动式超低能耗技术集成体系

3.1　改造指标及依据

近年来我国被动式超低能耗建筑发展迅速，各地方标准相继出台，2019 年初我国颁布《近零能耗建筑技术标准》（GB/T 51350—2019），并于 2019 年 9 月 1 日起开始实施，本项目依据该标准进行设计实施（表 2）。

表 2　近零能耗建筑指标控制

建筑能耗综合值	$\leqslant 55 \text{kW} \cdot \text{h}/(\text{m}^2 \cdot \text{a})$
供暖年耗热量	$\leqslant 15 \text{kW} \cdot \text{h}/(\text{m}^2 \cdot \text{a})$
建筑气密性（换气次数 N_{50}）	0.6
可再生能源利用率	$\geqslant 10\%$
外墙传热系数	$0.15 \sim 0.20 \text{W}/(\text{m}^2 \cdot \text{K})$
屋面传热系数	$0.10 \sim 0.20 \text{W}/(\text{m}^2 \cdot \text{K})$
地面及外挑楼板传热系数	$0.20 \sim 0.40 \text{W}/(\text{m}^2 \cdot \text{K})$
外窗（包括透光幕墙）传热系数	$\leqslant 1.2 \text{W}/(\text{m}^2 \cdot \text{K})$

依据标准规定，近零能耗建筑为适应气候特征和场地条件，通过被动式建筑设计最大幅度降低建筑供暖、空调、照明需求，通过主动式技术措施最大幅度提高能源设备与系统效率，充分利用可再生能源，以最少的能源消耗提供舒适室内环境的建筑。

3.2　建筑平面及气密层确定

天友·零舍项目总用地面积 888.69m²，改造后建筑面积 402.34m²，容积率 0.45，建筑密度 42%，因项目为示范项目，所以在建筑功能方面包括居住模块展示及接待、图书、会议等，并结合京津冀地区气候特点合理设置阳光间及温室花房，建筑平面图及功能分区如图3所示。建筑风格沿袭北方地区农村传统红砖农宅形象，新建部分采用木质表皮系统，效果图如图4所示。

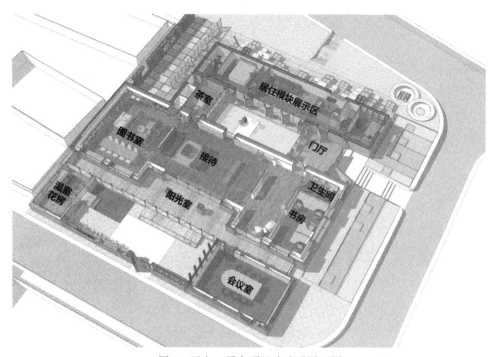

图3　天友·零舍项目改造后平面图

图4　天友·零舍改造后效果图

本项目保留原建筑前后院的二进制院落形式，通过设置入口门厅及楼梯间将前院与后院连接，形成连通的室内空间形式，考虑建筑功能及节点设置，本项目最终确定3个气密区（具体分区形式分别如图5、图6所示），装配式居住模块为气密区1区，展示办公为气密区2区，会议室为气密区3区，气密层采用20厚水泥砂浆。

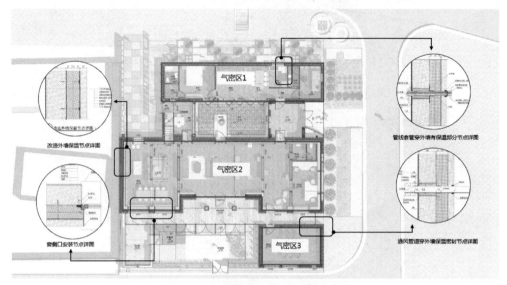

图5　天友·零舍气密区划分平面图

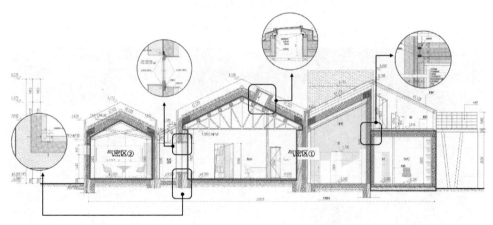

图6　天友·零舍气密区划分剖面图

3.3　被动式节能技术集成

天友·零舍改造项目的被动式节能技术主要包括围护结构节能设计、自然通风采光设计、被动得热设计及可调节遮阳设计等。

在围护结构优化设计中，天友·零舍改造项目根据不同的结构形式制定了不同的节能策略。首先确定围护结构传热系数，外墙≤0.12W/(m²·K)，屋面≤0.10W/(m²·K)，外窗≤1.0W/(m²·K)，天窗≤1.2W/(m²·K)；其次针对不同结构形式确定围护结构做法，具体做法形式如表3及图7、图8所示；最后通过建筑节点优化设计保证围护结构的气密性。

表3　围护结构做法表

部位		做法	传热系数 W/(m²·K)
外墙	改造	360厚烧结砖（保留）+240厚挤塑聚苯板+120厚烧结砖（新加）	0.12
	木结构	15厚欧松板+200厚岩棉+15厚欧松板+120厚挤塑板	0.12
	装配式	15厚欧松板+90厚岩棉+15厚欧松板+250厚挤塑板	0.11
屋面	改造	15厚欧松板+350厚挤塑聚苯板+40厚水泥砂浆	0.09
	木结构	15厚欧松板+350厚挤塑聚苯板+40厚水泥砂浆	0.09
	装配式	15厚欧松板+90厚岩棉+15厚欧松板+300厚挤塑板	0.08
幕墙	填充幕墙	10厚竹钢+150厚岩棉+30厚欧松板+10厚竹钢	0.30
	透明幕墙	5mm透明玻璃+12Ar+5mm透明玻璃+0.15（真空）+5mm透明玻璃	1.00
外窗		建筑用隔热型材［5mm透明玻璃+12Ar+5mm透明玻璃+0.15（真空）+5mm透明玻璃］	0.78

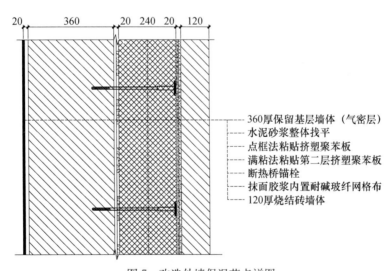

图7　改造外墙保温节点详图

在自然采光方面，本项目采用侧面采光与屋顶采光相结合的方式，在保证节能要求的前提下最大化增加南向外窗采光面积，减少北向及东西向外窗采光面积，同时在图书室、展厅、办公室及起居厅四个部位设置可开启天窗，室内采光效果如图9所示，通过模拟分析，本项目室内85%以上面积比例满足自然采光标准要求。

天友·零舍改造项目结合西北侧楼梯间设置通风井，通过过渡季风压作用及夏季热压作用增强室内自然通风效果，经模拟分析，本项目在过渡季室内自然通风情况下

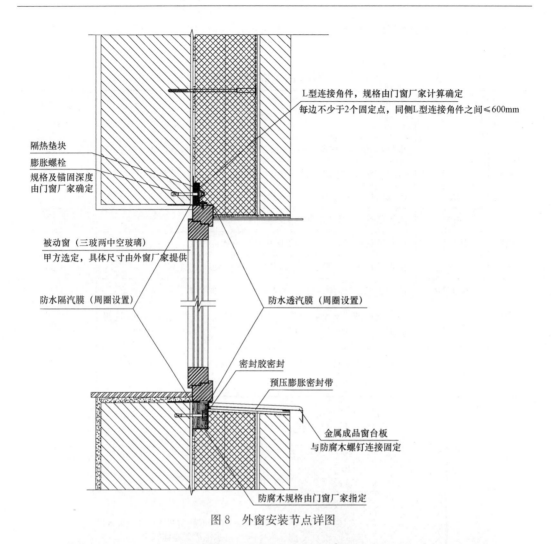

隔热垫块
膨胀螺栓
规格及锚固深度
由门窗厂家确定

L型连接角件，规格由门窗厂家计算确定
每边不少于2个固定点，同侧L型连接角件之间≤600mm

被动窗（三玻两中空玻璃）
甲方选定，具体尺寸由外窗厂家提供

防水隔汽膜（周圈设置）

防水透汽膜（周圈设置）

密封胶密封

预压膨胀密封带

金属成品窗台板
与防腐木螺钉连接固定

防腐木规格由门窗厂家指定

图8　外窗安装节点详图

图9　图书室室内自然采光效果分析

室内平均风速为 0.5m/s（外窗全部打开工况下），如图10所示。

图 10 通风井室内通风效果模拟分析

3.4 主动式节能技术集成

天友·零舍改造项目主动式技术集成主要包括高效热回收系统、节能灯具及节能照明控制方式、节水管网及节水器具。

本项目改造项目采用带高效热（冷）回收装置的新风一体机作为项目冷热源及新风系统，热回收效率不低于75%，室内设计温度为冬季20℃，夏季26℃，设计新风量为30m³/(h·人)。

本项目装配式模块内采用集成化卫浴系统（图11），与普通卫浴系统相比具有布局最优化、安装简单化、操作智能化、使用成本最低化、卫浴过程娱乐化、配套设计个性化的特点。

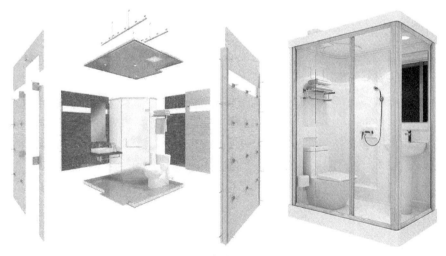

图 11 集成卫浴系统

3.5 可再生能源技术集成

本项目在可再生能源利用方面主要采用太阳能光电系统（太阳能光伏瓦系统、彩色薄膜光伏系统、柔性光伏装置系统，如图12所示）及太阳能热水系统。

图12　太阳能光电技术集成效果图

本项目屋面瓦采用灰色太阳能光伏瓦（汉瓦），既能保留传统建筑屋面瓦形式，又能起到节约资源、降低碳排放的效果，本项目南侧屋面共设置太阳能光伏瓦200块，采用40块组串，共5串，输入到一台单相6kW的并网逆变器；项目在阳光房顶部设置BIPV欧瑞康彩色薄膜光伏系统，安装14片，透光率20%，采用2块组串，共7串，输入到一台单相1.1kW的并网逆变器。

北京市的年辐照量为5346MJ/m²，采用PVSYST 6.4.3中的Metro数据模拟进行发电量计算，本项目汉瓦的首年发电量为0.84万kW·h，25年发电量为18.9万kW·h；BIPV采光顶首年发电量为0.13万kW·h，25年发电量为2.9万kW·h。

项目设置太阳能热水系统以满足装配式居住模块卫生间热水需求，经计算项目平均热水用量为320L/d，太阳能热水保证率为50%。

4　被动式超低能耗节能改造效果评价分析

在项目设计过程中，我们采用性能优化的设计方式，考虑项目为一层院落式农宅建筑，建筑形体较为不利，所以在项目设计初我们采取降低围护结构传热系数的方式进行耗热量补偿（表3），设计过程中我们采用优化建筑体型系数、优化建筑东西向外窗、优化建筑南北向外窗及天窗的方式进行建筑的定量分析及优化，最终确定了项目的设计方案，并达到《被动式超低能耗绿色建筑技术导则（试行）》（居住建筑）的要求，见表4、表5。本项目采用的技术集成系统如图13所示。

表4　建筑负荷计算结果

	热负荷 （kW·h）	单位建筑面积热负荷 （kW·h/m²）	冷负荷 （kW·h）	单位建筑面积冷负荷 （kW·h/m²）
1月	1263.43	4.29	0.00	0.00
2月	660.64	2.24	0.00	0.00
3月	466.47	1.58	0.00	0.00
4月	104.10	0.35	0.32	0.00
5月	26.00	0.09	12.08	0.04

续表

	热负荷 （kW·h）	单位建筑面积热负荷 （kW·h/m²）	冷负荷 （kW·h）	单位建筑面积冷负荷 （kW·h/m²）
6 月	0.00	0.00	576.42	1.96
7 月	0.00	0.00	789.53	2.68
8 月	0.00	0.00	659.12	2.24
9 月	7.87	0.03	90.45	0.31
10 月	141.62	0.48	0.58	0.00
11 月	457.46	1.55	0.0	0.0
12 月	1077.49	3.66	0.0	0.0
全年	4205.08	14.27	2128.50	7.23

表 5　建筑一次能源消耗量及碳排放量计算

项目	单位	数值
一次能源消耗量	kgce	118.75
单位使用面积一次能源消耗量	kgce/m²	0.40
建筑碳排放量	kgCO₂	256.04
单位使用面积碳排放量	kgCO₂/m²	0.87
可再生能源系统减碳量	kgCO₂/m²	13.33

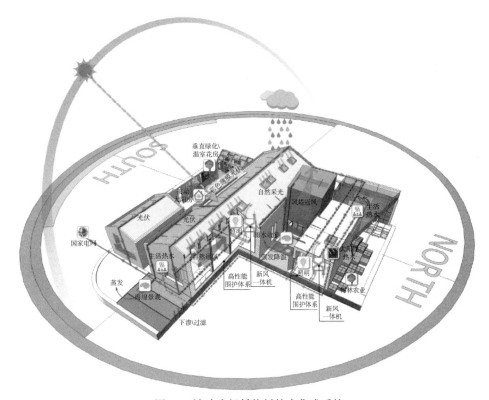

图 13　被动式超低能耗技术集成系统

5　结　语

本项目为北京市科委课题——绿色智慧乡村关键技术与集成应用研究子课题"绿色乡居建筑技术集成研究与示范"的示范工程，且为旧农宅改造项目，在项目被动式超低能耗设计过程中存在很多难点和技术问题，在本项目设计过程中，我们得到以下结论：

（1）建筑形体的体型系数对被动式超低能耗建筑能耗及热负荷的不利影响较大，且应该尽量避免高大空间设置。

（2）农村地区建筑施工方式较为粗犷，所以我们应该在保证整体节能效果的前提下，简化部分被动式超低能耗建筑的构造节点设计，比如尽量通过独立式结构设计避免相连建筑，如阳光房、楼梯等部位结构性热桥的出现。

（3）结合场地周边环境，合理利用高大落叶乔木为建筑夏季遮阴，同时也不会影响建筑冬季得热效果。

另外，本项目定位为技术集成研究与示范项目，所以，项目中综合运用多种结构体系及展示技术，项目建造成本略高，约为 5500 元/平方米。

参考文献

［1］　中华人民共和国住房和城乡建设部．近零能耗建筑技术标准（GB/T 51350—2019）［S］．北京：中国建筑工业出版社，2019.

［2］　中华人民共和国住房和城乡建设部．被动式超低能耗绿色建筑技术导则（试行）（居住建筑）［EB/OL］．（2015-11-10）．http：//www.mohurd.gov.cn/wjfb/201511/t20151113 _ 225589.html.

超低能耗居住建筑设计案例浅析

——鸿坤凤凰城 4A 地块 13＃、15＃项目

汪 妮*

（河北建研科技有限公司，河北石家庄 050227）

摘 要 超低能耗建筑是利用保温隔热性能和气密性更好的围护结构，采用高效热回收新风技术，最大限度地降低建筑采暖和制冷需求，充分利用可再生能源，适应气候特征和自然条件，以更少的能源消耗提供舒适的室内环境并满足绿色建筑基本要求的技术体系。超低能耗建筑的技术要点主要体现在高效的保温措施、高效节能窗、无热桥节点处理措施、气密性措施、高效热回收新风系统和可再生能源的利用六个方面。作为华北地区房地产行业的领跑者，鸿坤也在超低能耗建筑方面做出了重要实践。

关键词 超低能耗；高效外围护机构；无热桥；气密性；新风系统

1 引 言

随着经济和社会的快速发展，人们的生活水平不断提高，对工作、生活环境的要求也越来越高，生活品质的提升导致建筑能耗迅速增加。近年来，化石能源储量急剧下降，环境污染日益严重，社会的焦点聚集在"节能减排、保护环境"之上。建筑业的能耗已高达社会能源总消耗的三分之一，北方城镇采暖能耗约占我国建筑总能耗的24.6％，随着建筑面积的不断增加，建筑能耗和采暖能耗将会急速增加。而采暖主要以集中供热、区域锅炉房和农村小锅炉为主，这些采暖方式都以煤为主要能源，不仅极大消耗了储量有限的化石能源造成能源供应紧张，而且燃煤增加的排放已经引起一系列的环境问题。改变这一现状的唯一突破口就是降低建筑本体能源需求，提高建筑节能水平，而超低能耗建筑作为当今世界具有领先技术优势的建筑，具有"超低能耗、高效舒适、低排放"的特点，发展超低能耗建筑，对于受困于能源紧缺危机双重压力的中国，既有现实意义，又将产生深远影响。

2019 年两会提出"被动式超低能耗绿色建筑将成为未来绿色建筑的必然趋势"。被动式超低能耗绿色建筑是当今世界最先进的节能建筑，在欧盟国家发展迅速（以每年8％的速度递增）。

未来中国 30％新建建筑达到超低能耗，可再生能源满足新建建筑 30％能耗，既有建筑改造 30％达到超低能耗，预计到 2020 年，我国至少建成 5000 个超低能耗建筑，

---

*通信作者：汪妮，女，1987 年生，工程师，任职于河北建研科技有限公司，地址：河北省石家庄市鹿泉区槐安西路 395 号，邮编：050227，电子邮箱：380899730@qq.com。

建筑面积超过 1 亿平方米，产业规模达到千亿级，促进建筑规划、设计、施工、咨询、建材、设备行业的全面升级换代，建筑节能 4.0——迈入超低能耗时代。

目前，我国的超低能耗建筑技术，相对于德国等欧洲国家还比较落后。这更需要我们在超低能耗建筑的设计、施工、运营等各方面做更多的探索与实践。鸿坤凤凰城 4A 地块 13♯、15♯楼项目是鸿坤地产打造的鸿坤集团第一个超低能耗项目。

2　关于超低能耗建筑

超低能耗建筑，又简称"被动房"（Passive house），是指不通过传统的采暖方式和主动的空调形式来实现舒适的冬季和夏季室内环境建筑。

超低能耗建筑作为对建筑节能要求更高的绿色建筑，在建筑节能和室内环境两个方面要求更为突出。低能耗绿色建筑是指充分利用气候特征和自然条件，提高建筑物围护结构保温隔热性能和气密性，采用可再生能源，在极少使用常规能源的条件下，为人们提供健康舒适的室内环境，并能满足绿色建筑的要求。

2.1　起源

德国作为"Passive House"（国内称被动式低能耗建筑或被动式超低能耗建筑）的兴起地，其《节能法》（EnEG2013）要求自 2019 年起新建政府公共建筑达到"Passive House"标准、2021 年起所有新建建筑达到"Passive House"标准、2050 年所有存量建筑改造成"Passive House"建筑。目前，诸多欧洲国家和美国都制定了"Passive House"的发展规划。

2.2　国内外发展情况

1988 年，"被动房"被提出后，于 1991 年，在德古沃尔夫冈·菲斯特教授参与下，世界上第一栋被动房建成。2000 年后，丹麦、瑞士、奥地利等欧洲国家也正式引入被动房概念，制定建筑物能耗认证制度。此外，美国也于 2002 年建立了第一栋由被动房研究所评鉴的建筑物——伊利诺伊州史密斯屋。在 20 多年的发展过程中，欧美各国逐渐形成了不同的被动式超低能耗建筑体系。

国内的被动式超低能耗建筑起步较晚。2006 年，中德两国政府共同参与，德国能源署与住房城乡建设部科技与产业发展中心成立了"德中促进中国建筑节能工作小组"，2009 年住房城乡建设部科技发展促进中心和德国能源署决定开展"中国被动式低能耗建筑示范建筑项目"，2011 年住房城乡建设部与德国联邦交通、建设和城市发展部在德国签署《关于建筑节能与低碳生态城市建设技术合作谅解备忘录》，被动式超低能耗建筑在中国得到了很快的发展。被动式超低能耗建筑经历了从无到有、从个别的试点建筑到成规模化的住区开发、从只有住宅建筑到各种建筑类型、从北方地区的试点到全国各气候区开展试点建设、从无标准依据到河北省《被动式超低能耗居住建筑节能设计标准》和国家《近零能耗建筑技术标准》。我国的被动式超低能耗建筑的发展已由起步期进入了快速发展时期，在当前的社会发展与环境压力下，其推广和发展速度将越来越快。

3 鸿坤集团首个超低能耗建筑项目

3.1 项目概况

廊坊鸿坤凤凰城4A地块13♯、15♯楼项目（图1）是由鸿坤房地产开发有限公司开发建设的，是鸿坤集团建造的第一个被动式超低能耗建筑项目，建筑面积3035.56m²，地上4层，框架-剪力墙结构。本工程主要朝向为南北向，为居住建筑。

鸿坤凤凰城被动房项目节能方案参考河北省《被动式低能耗居住建筑节能设计标准》DB13（J）/T 177—2015及德国被动房研究所的推荐性指标进行设计，采用的关键节能技术包括：高效的外围护结构、无热桥节点设计、良好的气密性、高效热回收新风、供暖系统、制冷系统。计划获得德国PHI的认证。

图1 鸿坤凤凰城13♯、15♯楼效果图

3.2 鸿坤凤凰城超低能耗建筑指标参数

1. 能耗指标及建筑气密性指标（表1）

表1 建筑能耗性能指标及气密性指标

指标名称	参数
年供暖需求［kW·h/(m²·a)］	14
年供冷需求［kW·h/(m²·a)］	14
房屋总一次能源需求［kW·h/(m²·a)］	114
建筑气密性指标	换气次数 $N_{50} \leqslant 0.6h^{-1}$

2. 室内环境参数（表2）

表2 超低能耗居住建筑室内环境参数

室内环境参数	单位	参数
温度	℃	20～26

续表

室内环境参数	单位	参数
相对湿度	％	35～65
新风量	m³/(h·人)	30
噪声	dB（A）	卧室、起居室和书房：≤30；放置新风机组的设备用房：≤35
围护结构内表面温度与室内温度差值	℃	≤3
二氧化碳浓度（ppm）	—	≤1000

3. 各项技术性能指标（表3）

表3 建筑关键部品性能参数

建筑关键部品	参数	设计
外墙	传热系数 K 值 [W/(m²·K)]	0.12
屋面	传热系数 K 值 [W/(m²·K)]	0.14
地面	传热系数 K 值 [W/(m²·K)]	0.14
分户楼板	传热系数 K 值 [W/(m²·K)]	0.46
分户墙	传热系数 K 值 [W/(m²·K)]	0.58
外窗	传热系数 K 值 [W/(m²·K)]	1.0
	太阳得热系数综合 $SHGC$ 值	0.5
	抗风压性	9级
	气密性	8级
	水密性	4级
能源环境一体机	热回收效率	75％

3.3 设计技术要点

1. 建筑节能规划设计

鸿坤凤凰城 4A 地块 13♯、15♯ 楼节能方案参照德国被动房研究所确定的被动房标准及河北省《被动式低能耗居住建筑节能设计标准》的指标要求进行设计，采用被动房模拟软件 PHPP 对建筑能耗进行计算，不断优化相关技术，最终形成了经济、合理、可行的技术方案，方案包括：高性能的围护结构保温、高性能的保温外窗、无热桥设计、良好的气密性和带高效热回收的新风系统。

2. 高效保温措施

鸿坤凤凰城 4A 地块 13♯、15♯ 楼项目外墙采用保温材料 250mm 厚石墨聚苯板加 250mm 厚岩棉防火隔离带，并采用工程应用已经较为成熟的薄抹灰外墙外保温做法（图2）。屋面采用 220mm 厚挤塑聚苯板，分层错缝干铺，且屋面设置两层防水（图3）。首层地面地板上方铺设 220mm 厚挤塑聚苯板，保温板铺设方式同屋面（图4）。楼梯间隔墙粘贴 20mm 厚真空绝热板，分户墙两侧分别粘贴 10mm 厚真空绝热板，分户楼板干铺 60mm 厚挤塑聚苯板。

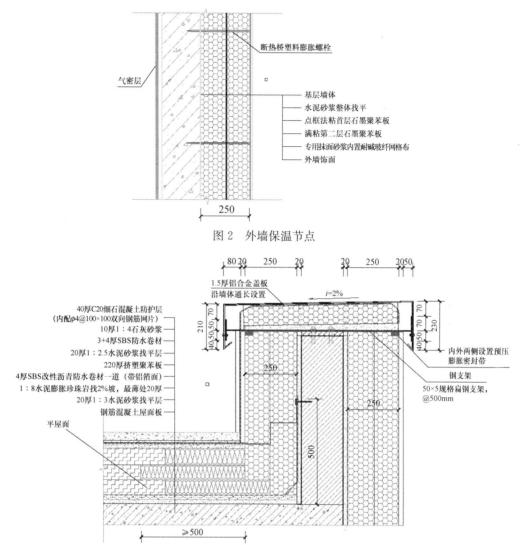

图 2 外墙保温节点

图 3 屋面及女儿墙保温节点

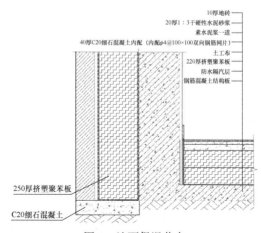

图 4 地面保温节点

3. 高效节能外门窗

鸿坤凤凰城4A地块13#、15#楼外窗采用三玻充氩气层暖边塑料型外窗，玻璃配置5Low-E＋16Ar＋5Low-E＋16Ar＋5，与墙体结合部位采用防水隔（透）汽膜粘贴，开启方式为内开内倒（图5）。外窗整体传热系数1.0W/(m²·K)，玻璃太阳得热系数（SHGC）≥0.45。

外门窗气密、水密及抗风压性能等级依据国家标准《建筑外门窗气密、水密、抗风压性能分级及检测方法》（GB/T 7106—2008），其气密性等级不应低于8级，水密性等级不应低于4级，抗风压性能应按现行国家标准《建筑结构荷载规范》（GB 50009—2012）计算确定。

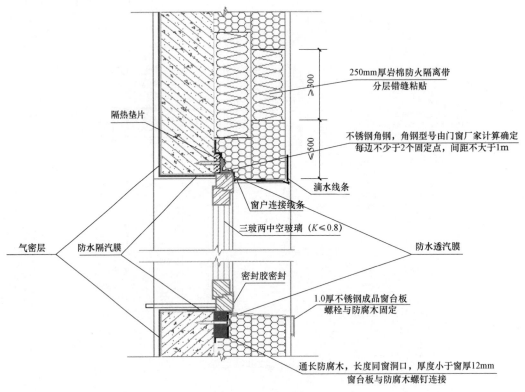

图5　被动窗安装节点

4. 无热桥节点设计

建筑外围护结构保温性能提高后，热桥成为影响围护结构保温效果、室内环境舒适度及建筑能耗的重要因素。主要包括保温层连接、外窗与结构墙体连接、穿气密层的管道处理等。鸿坤凤凰城4A地块13#、15#楼项目外墙石墨聚苯板采用粘贴＋锚固的方式，保温板分层错缝粘贴，避免出现通缝。外门窗采用门窗框内表面与结构外表面齐平的安装方式，保温板覆盖门窗框。管道穿气密层部位，开洞时应预留出足够的保温间隙。以管道穿外墙为例，节点处理措施如图6所示。

5. 建筑气密性设计

良好的气密性可以减少建筑冬季冷风渗透，降低夏季非受控通风导致的供冷需求增加，避免湿气侵入造成的建筑发霉、结露和损坏，减少室外噪声和空气污染等不良

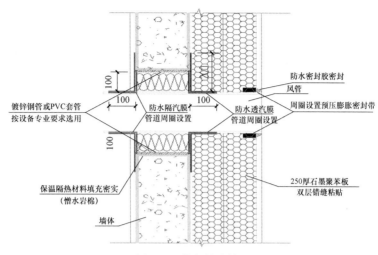

图 6 风管穿外墙做法

因素对室内环境的影响，提高室内环境品质。被动式低能耗建筑要求建筑物具有良好气密性，而气密性的保障应贯穿整个建筑设计、材料选择以及施工等各个环节。

鸿坤凤凰城 4A 地块 13♯、15♯ 楼地上空间和通往地下的交通核为被动区域。超低能耗建筑应有连续并包围整个被动区域的气密层，建筑平面图、剖面图及节点详图中宜标示出清晰的气密性。根据建筑设计方案，每户和公共区域（楼梯间、电梯间、管道井）分别由单独的气密层包围，因此地下部分的楼梯间、电梯间与周围储藏间之间应设置被动门分隔，气密层标示示意图如图 7 所示。

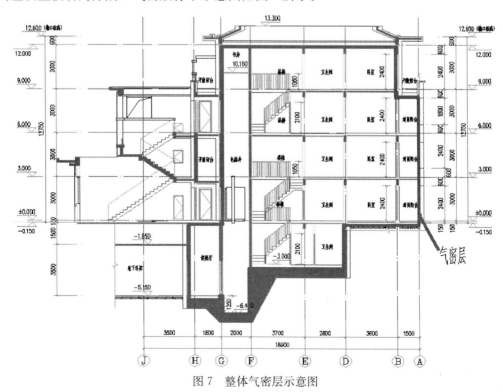

图 7 整体气密层示意图

6. 空调新风系统设计

鸿坤凤凰城 4A 地块 13#、15# 项目空调系统方案为每户采用一台能源环境机对各户房间进行供冷、供热及新风供给，其冷热源为空气源热泵主机。能源环境机根据需求采用吊顶式，安装位置选取在厨房内。室内气流组织设计按各主要功能房间分别设置送风口，在餐厅设置集中回风口，空调系统可根据室内温度和 CO_2 浓度自动运行。

新风系统的管路设计、风速设计、进排风口设置等由设计方参照相关标准进行深化设计。新风系统应满足以下要求：新风量应满足每人每小时 $30m^3$ 新风量的要求，且应满足《民用建筑供暖通风及空气调节设计规范》（GB 50736—2012）中最小换气次数的规定；新风热回收系统宜采用全热回收，全热回收效率≥70%，显热热回收效率≥75%；新风引入室内应设置两道过滤：初效过滤器（G4）、高中效过滤器（F8）；新风系统可根据室内 CO_2 浓度实现自动启停；通向室外的新风管道包覆 80mm 厚橡塑保温，通向室外的排风管道包覆 60mm 厚橡塑保温，应在现场做标识加以区分；室内送风管道包覆 30mm 厚橡塑保温（图 8）。

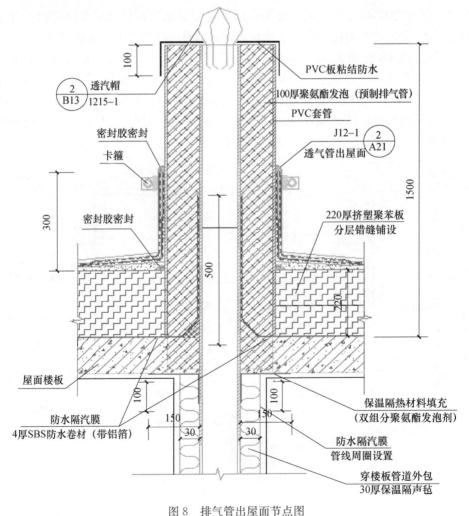

图 8　排气管出屋面节点图

4 结 语

超低能耗建筑已成为建筑节能发展的必然趋势，逐步迈向超低能耗，也是我国建筑节能工作的目标和方向。随着我国建筑节能工作的深入和国际发展思路的引入，国内超低能耗建筑已经陆续涌现，且目前部分省市已经进入强制执行阶段，如何进一步提升绿色建筑的节能性能，使其达到超低能耗，将是未来建筑领域节能减排、应对气候变化的主要工作。

未来在国家政策的大力扶持下，鸿坤集团也将加入超低能耗建筑推进的引领者、践行集团绿色发展理念，积极推进超低能耗建筑的发展。

参考文献

[1]　[德] 贝特霍尔德·考夫曼，[德] 沃尔夫冈·费斯特. 德国被动房设计和施工指南 [M]. 徐智勇，译. 北京：中国建筑工业出版社，2015.

[2]　河北省住房和城乡建设厅. 被动式低能耗居住建筑节能设计标准 [DB13 (J)/T 177—2015] [S]. 北京：中国建筑工业出版社，2015.

[3]　中华人民共和国住房和城乡建设部. 被动式超低能耗绿色建筑技术导则（试行）（居住建筑）[EB/OL]. (2015-11-10).

装配式超低能耗建筑设计案例分析

——住宅公园 A01 项目

高建会*，刘海娇，张　凯

（河北绿色建材有限公司，河北高碑店　074000）

摘　要　为了响应国家乡村振兴战略规划，我司建设了住宅公园，目的是进行农村住宅建筑实现生态宜居技术的探索。我司按照农村居民的生产和生活习惯，在提高室内舒适性和耐久性的前提下，运用目前世界上最先进的被动房理论进行设计，采用不同类型的装配式建筑技术施工，以期实现被动房技术与装配式建造技术的完美结合，最大限度地实现节能与舒适的双重效果。需要说明的是，我们在建筑能耗指标方面并不盲目追求达到德国被动房技术标准，而是充分利用其技术原理，结合农村生产力和经济发展水平，在提高室内舒适度的前提下，在大部分人经济能力可以接受的情况下实现比现有建筑减排二氧化碳 50％以上的节能效果。

本案例对住宅公园内各类建筑从户型设计、节能技术、材料运用、建造技术、能耗水平及经济效益方面进行详细解读，为美丽农村建设和实现农村振兴提供参考。

关键词　超低能耗建筑；装配式；农村房屋节能改造；可再生能源利用；示范项目

1　引　言

2018 年 9 月，中共中央、国务院印发了《乡村振兴战略规划（2018—2022 年）》。"产业兴旺、生态宜居、乡风文明、治理有效、生活富裕"是乡村振兴战略的总要求。乡村振兴，生态宜居是关键。在促进乡村生态宜居方面，提出强化资源保护与节约利用，推进农业清洁生产，集中治理农业环境突出问题，实现农业绿色发展，并确定推进美丽宜居乡村建设，持续改善农村人居环境。2018 年 11 月，河北省委、省政府正式印发《河北省乡村振兴战略规划（2018—2022 年）》。围绕生态宜居这个乡村振兴的关键，着力打造京津冀生态环境支撑区，坚持尊重自然、顺应自然、保护自然，统筹山水林田湖海草系统治理，全面改善农村人居环境，实现"百姓富、生态美"的有机统一，让良好生态成为乡村振兴的支撑点。

运用被动式超低能耗建筑技术和装配式建筑技术、使用绿色建材产品、提高建筑物保温隔热性能、降低建筑能耗、充分利用可再生能源是缓解自然资源、能源资源供求矛盾，实现可持续发展和减少环境污染、实现生态美的有效途径。

───────────────

　　*通信作者：高建会，男，工程师，德国 PHI 认证被动房设计师，国家一级建造师，从事被动房设计与技术咨询工作。通信地址：河北高碑店东方路 1 号门窗科技大厦。邮编：074000，电子邮箱：jianhuigao@low-carn.com。

2 工程概况

住宅公园 A01 工程位于河北省高碑店市中国国际门窗城内，中国门窗博物馆北侧，是采用钢筋混凝土框架柱结构与墙体保温一体化技术体系建造而成的被动式超低能耗建筑。具体信息详见表 1。

表 1 A01 工程概况

工程名称	住宅公园 A01 工程		
建筑面积	199.12m²		
建筑高度	8.73m	体型系数	0.51
层数	地上 2 层	结构装配率	75%
层高	首层 3.6m，二层 3.5m	朝向	南北向
结构形式	钢筋混凝土框架结构＋墙板装配式		

3 建筑设计

本工程位于寒冷 B 区，冬季以保温和获取太阳热量为主，同时兼顾夏季遮阳隔热。南北朝向，有利于冬季太阳得热和避免夏季西晒。主出入口位于建筑南侧且设计门斗，有利于避免冬季冷风入侵和减少人员出入对室内能量造成的损失。

窗墙比的确定见表 2，综合以下因素考虑：美观、当地生活习惯、满足自然采光需求、自然通风需求、减少冬季能量损失和夏季太阳辐射得热、冬季获取合理太阳得热量等。

表 2 窗墙面积比

工程名称	南向	北向	东西向
A01 工程	0.31	0.12	0.03

建筑形体紧凑，在符合当地民俗和美观的基础上使建筑更简约，有利于建筑物内部能量的保持。

南北通透的户型设计，更有利于形成"穿堂风"，实现自然通风效果。门窗的有效开启面积：A01 工程为 19.2m²，能够满足自然通风要求。实景照片参见图 1。图 2、图 3 为平面布置图。

图 1 A01 实景照片

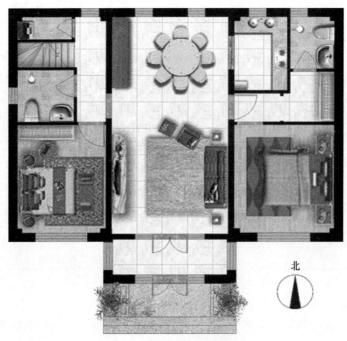

图 2 A01 工程首层平面图

图 3 A01 工程二层平面图

4 被动式超低能耗绿色建筑技术应用

4.1 保温系统设计

在建筑物四周设置连续无间断的保温层，如图 4 所示的粗实线，三图分别为（a）首层、（b）二层及（c）剖面图的保温范围示意图，保温层的保温性能优于普通节能建筑一倍左右。

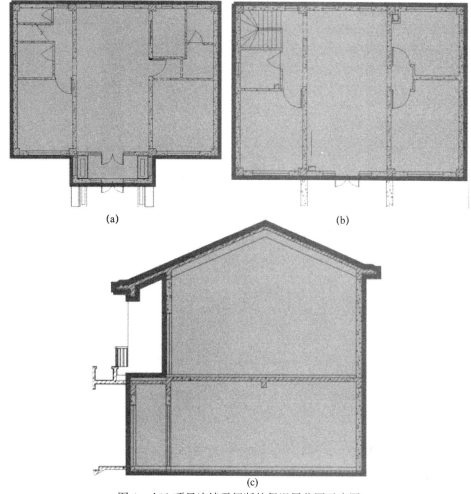

图4　A01项目连续无间断的保温层范围示意图

4.2　保温材料选择

本工程选用高效保温材料，具有保温效果好、自重轻、价格低、施工简便的优点，保温材料的性能指标见表3，图5为材料保温性能对比分析图。

表3　本建筑使用的保温材料性能指标

材料名称	密度（kg/m³）	导热系数［W/(m·K)］	使用部位
石墨聚苯板	20	0.032	外墙中置保温层
挤塑聚苯板	30	0.030	屋顶和地面
聚氨酯发泡		0.022	保温板填缝、穿墙管道

4.3　屋面构造

屋面设置200mm厚挤塑板保温层，整体传热系数0.145W/(m²·K)，保温性能相当于36m厚的钢筋混凝土。屋面构造做法如图6所示。

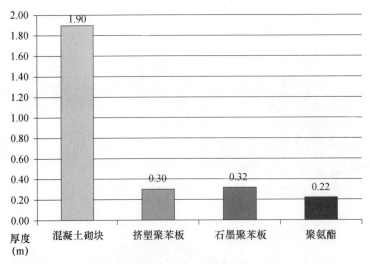

图 5　热阻为 10m·K/W 时不同材料厚度对比

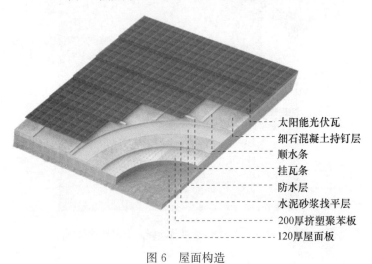

图 6　屋面构造

4.4　地面构造

首层地面设置 200mm 厚的挤塑聚苯板作为保温层，整体传热系数 0.145W/（m²·K），保温性能相当于 36m 厚的钢筋混凝土，构造做法如图 7 所示。

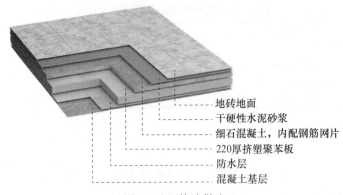

图 7　地面构造做法

4.5 外墙构造

外墙采用双层 120mm 厚轻集料混凝土夹芯板墙，中置 80mm 厚石墨聚苯板，整体传热系数为 0.13W/(m² · K)，保温性能相当于 40m 厚的钢筋混凝土。外墙做法如图 8 所示。

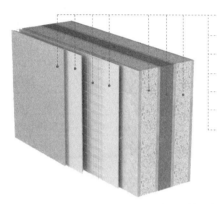

外墙真石漆涂料
聚合物水泥防水砂浆
耐碱玻纤网格布
水泥砂浆找平层
120厚轻集料混凝土夹芯板外叶板
80厚石墨聚苯板
120厚轻集料混凝土夹芯板内叶板

图 8　外墙做法

轻集料混凝土夹芯板材（图 9）使用的是高分子发泡水泥技术，将聚苯颗粒与混凝土有机结合到一起，并在外表面采用高分子防裂砂浆加玻璃纤维网格布处理形成的板材。轻集料混凝土板具有轻质、高强、节能、隔声、防火等特点。

图 9　轻集料混凝土夹芯板材

石墨聚苯板（SEPS）如图 10 所示，是在传统的聚苯板原材料中增加石墨颗粒而生产出的保温材料，具有良好的防火性能（B1 级），具有比普通聚苯板、岩棉等无机类保温材料更好的保温性能。

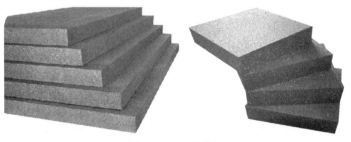

图 10　石墨聚苯板

4.6 门窗技术

本工程采用保温隔热性能优异的奥润顺达塑钢 88 系列门窗。门窗性能参数见表 4。

表 4 门窗性能配置表

序号	项目	A01 项目性能配置
1	门窗系列名称	塑钢 88 系列
2	整窗传热系数	0.8W/(m² · K)
3	玻璃配置	5Low-E＋16Ar＋5＋16Ar＋5Low-E 暖边
4	窗框传热系数	0.8W/(m² · K)
5	玻璃性能参数	Ug＝0.65W/（m² · K）；g＝0.48
6	气密性	8 级
7	水密性	5 级
8	抗风压性	7 级

该类型门窗与普通门窗相比在保温性能、气密性能、隔声性能、无冷风感等方面较优。窗样式参见图 11。

5 无热桥技术要点

热桥是建筑中热量传输比较集中的部位。热桥的存在不仅会造成大量的能量损失，而且还会引起室内发霉和结露，降低建筑物的耐久性。本建筑采用无热桥设计理念进行设计，对于一些无法避免的建筑构造采取技术措施进行断热桥处理。其具体部位包括结构柱外侧、基础墙体等。

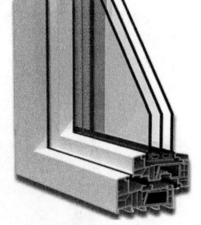

图 11 塑钢 88 系列窗样式

5.1 无断热桥措施的结构柱部位热量损失分析

图 12 为结构柱部位常规施工做法，结构柱外缘直接与室外空气接触，无保温层的包裹，由于钢筋混凝土材料的导热系数极高，室内会有大量的能耗由此散失，此部位即为一个巨大的"热桥"。经专用热桥软件模拟计算，该部位的热桥值为 0.77W/(m · K)，本建筑该热桥长度约 30m，当室内外温差为 25℃时，此部位的热桥造成约 578W 的热量损失。柱子内表面最低温度为 9℃，室内温度 20℃、相对湿度 60％（被动房标准）时露点温度为 11.9℃，内表面温度低于室内露点温度，此时墙角内侧有结露和发霉的风险。热桥模拟计算结果如图 13 所示。

5.2 结构柱部位采取断热桥措施后的热量损失分析

为了减少上述热桥造成的热量损失，本工程结构柱外侧采用了 60mm 厚石墨聚苯板包裹，进行断热桥处理，如图 14 所示。经热桥专用软件模拟计算，该部位热桥值为 0.206W/(m · K)，同上述条件情形下，此部位的热桥造成约 155W 的热量损失，比图

13 情形减少了 423W 的热量损失。内表面最低温度由原来的 9℃ 提高到 16℃，高于室内露点温度的 11.9℃，无结露和发霉风险。热桥模拟计算结果如图 15 所示。

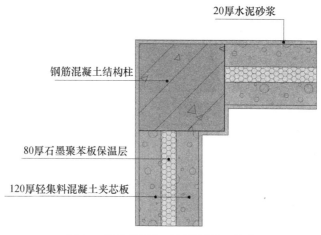

图 12　结构柱部位无断热桥处理节点

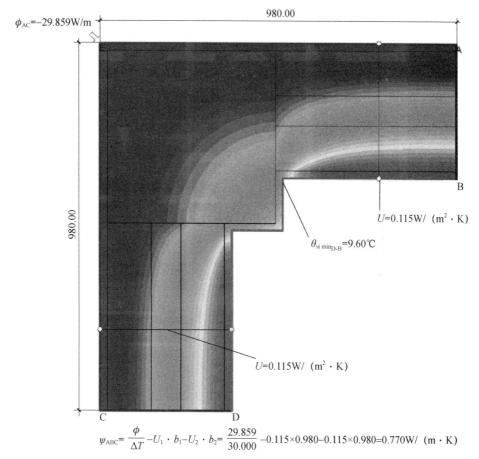

$$\psi_{ABC}=\frac{\phi}{\Delta T}-U_1 \cdot b_1-U_2 \cdot b_2=\frac{29.859}{30.000}-0.115\times0.980-0.115\times0.980=0.770\text{W/ (m}\cdot\text{K)}$$

图 13　结构柱部位无断热桥处理热量损失分析图

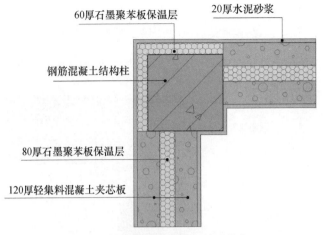

图 14　结构柱部位断热桥处理节点

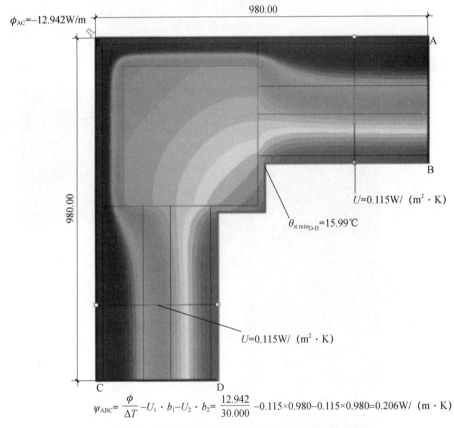

$$\psi_{ABC}=\frac{\phi}{\Delta T}-U_1 \cdot b_1-U_2 \cdot b_2=\frac{12.942}{30.000}-0.115\times0.980-0.115\times0.980=0.206W/(m \cdot K)$$

图 15　结构柱部位断热桥处理后的热量分析图

5.3　屋檐部位

屋檐混凝土构件与室外空气接触的部分均采用 100mm 厚石墨聚苯板保温层包裹，进行断热桥处理，如图 16 所示。经热桥软件模拟计算，该部位热桥值为 0.205W/(m · K)，内表面最低温度为 17.69℃，高于室内露点温度 11.9℃，无结露和发霉风险。热桥模拟计算结果如图 17 所示。图 18 为实际断热桥保温处理结果。

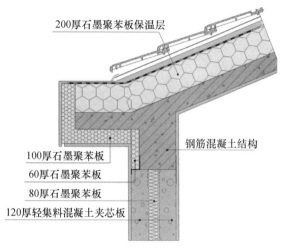

图 16　挑檐断热桥处理节点

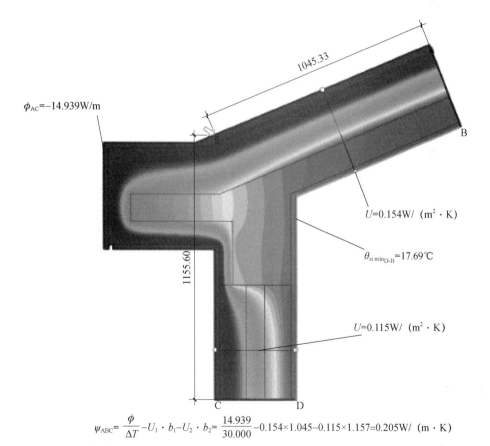

$$\psi_{ABC}=\frac{\phi}{\Delta T}-U_1\cdot b_1-U_2\cdot b_2=\frac{14.939}{30.000}-0.154\times1.045-0.115\times1.157=0.205\text{W/ (m}\cdot\text{K)}$$

图 17　挑檐部位热量损失分析图

图 18 挑檐部位断热桥施工措施

5.4 结构梁与外墙连接部位

结构梁外侧采用 60mm 厚石墨聚苯板包裹，进行断热桥处理，如图 19 所示。经热桥软件模拟计算，该部位热桥值为 $0.2W/(m \cdot K)$，内表面最低温度为 18℃，高于室内露点温度 11.9℃，无结露和发霉风险。热桥模拟计算结果如图 20 所示。

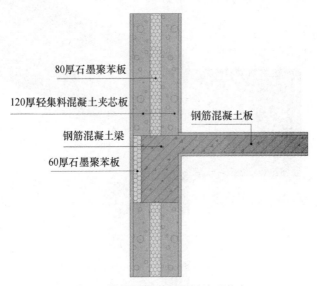

图 19 结构梁部位断热桥处理节点

5.5 基础部位

地坪以下的室内外墙体双侧均增加保温层进行断热桥处理，保温层延伸至基础顶面部位，如图 21 所示。经热桥软件模拟计算，外墙与地面连接处热桥值为 $-0.014W/(m \cdot K)$，内表面最低温度为 18℃，高于室内露点温度 11.9℃，无结露和发霉风险。热桥模拟计算结果如图 22 所示。

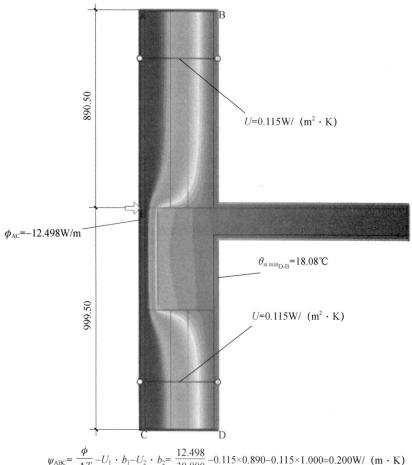

$$\psi_{ABC}=\frac{\phi}{\Delta T}-U_1 \cdot b_1-U_2 \cdot b_2=\frac{12.498}{30.000}-0.115\times0.890-0.115\times1.000=0.200\text{W/}\,(\text{m}\cdot\text{K})$$

图20　结构梁部位热量损失分析图

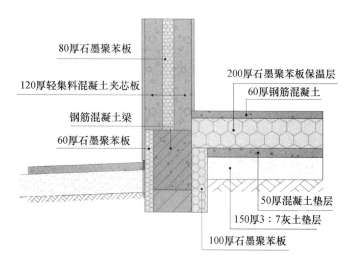

图21　基础部位断热桥处理节点

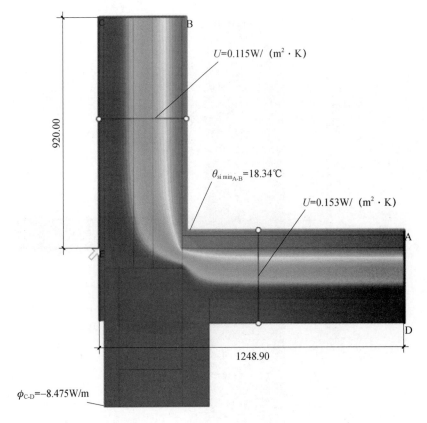

$$\psi_{\text{C-E-D}} = \frac{\phi}{\Delta T} - U_1 \cdot b_1 - U_2 \cdot b_2 = \frac{8.475}{30.000} - 0.115 \times 0.920 - 0.153 \times 1.249 = -0.014 \text{W/ (m} \cdot \text{K)}$$

图22　基础部位热量损失分析图

5.6　窗户安装部位

　　窗户安装在墙体中置的保温层中，窗框与保温层形成连续的保温效果，如图23所示。经热桥软件模拟计算，该部位热桥值为 0.066W/(m·K)，内表面最低温度为 13.3℃，高于室内露点温度 11.9℃，无结露和发霉风险。热桥模拟计算结果如图24所示。

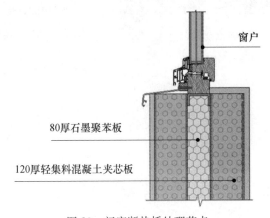

图23　门窗断热桥处理节点

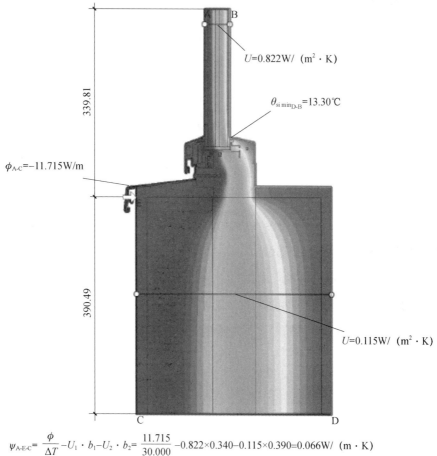

$$\psi_{\text{A-E-C}}=\frac{\phi}{\Delta T}-U_1 \cdot b_1-U_2 \cdot b_2=\frac{11.715}{30.000}-0.822\times0.340-0.115\times0.390=0.066\text{W/ (m}\cdot\text{K)}$$

图 24　门窗安装热量损失分析图

6　气密性设计要点及施工措施

建筑气密性是反映建筑物抵御空气渗透性能的参数，一般以室内外压力差为 50Pa 情况下，每小时的空气渗透率不应大于 0.6 次，即 $N_{50}\leqslant0.6\text{h}^{-1}$。

气密性等级越高，建筑物漏气量越小，室内能量损失越小。高度的气密性还具有隔声降噪、防潮、防霉的功能。

一般用气密线表示气密层的位置。气密层一般由密实的结构层、抹灰或气密胶带组成。本建筑主体结构为混凝土，墙体为轻质混凝土，都是气密层的组成部分，需要进行气密性处理的部位包括墙板之间的拼缝、墙板与主体结构的连接部位、门窗与结构连接部位、进出建筑物的管道等部位。

6.1 本建筑气密层位置（图25）

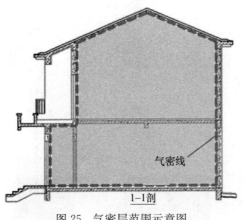

气密线

1-1剖

图 25　气密层范围示意图

6.2 轻集料混凝土夹芯板拼缝部位

需采用专用水泥胶浆填充密实，如图 26 所示。安装完成后内外需分别粘贴耐碱网格布，避免裂缝影响建筑物的整体气密性。

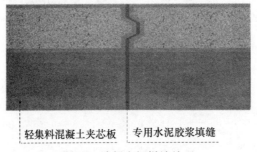

轻集料混凝土夹芯板　专用水泥胶浆填缝

图 26　墙板之间拼缝处理

6.3 墙板与主体之间拼缝处

混凝土结构柱与墙板之间采用水泥浆擦缝，内外分别粘贴防水隔汽膜和防水透汽膜，避免空气渗漏，如图 27 所示。

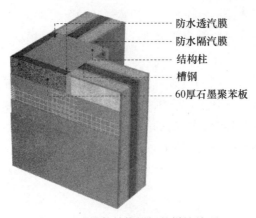

防水透汽膜
防水隔汽膜
结构柱
槽钢
60厚石墨聚苯板

图 27　墙板与结构柱间的拼缝处理

6.4 通风管道穿外墙部位

通风管道穿外墙安装完成后，管道室内一侧粘贴防水隔汽膜，室外一侧粘贴防水隔汽膜，以密封处理，如图 28 所示。

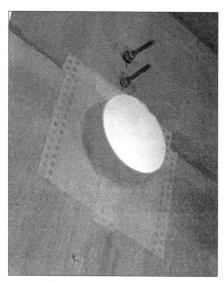

图 28　穿墙管道气密性措施

6.5 门窗安装部位气密处理

门窗安装完成后，室内一侧周圈粘贴防水隔汽膜，室外一侧周圈粘贴防水透汽膜，如图 29 所示。图 30、图 31 分别为外门和外窗气密膜粘贴完成效果。

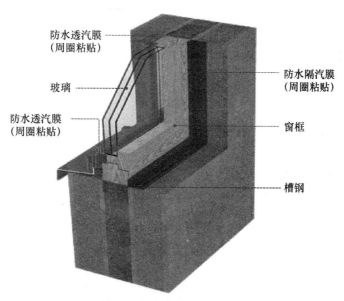

图 29　门窗安装气密性措施

图30　外门安装气密性处理

图31　外窗安装气密性处理

6.6　气密性测试

经过现场进行鼓风门测试如图32所示，本建筑气密性指标 $N_{50}=0.5\text{h}^{-1}\leqslant0.6\text{h}^{-1}$，完全符合被动房气密性指标要求。

图32　现场气密性测试

7　暖通新风系统设计要点及智能应用

在适宜开窗通风的条件下，建议进行开窗自然通风，自然通风不需要消耗额外的动力，比较节能，同时可以提高室内空气品质和改善室内热舒适性。本建筑为南北朝向，建筑周边布局较合理，内部南北通透，有利于建筑的自然通风。

由于本建筑具有高度的气密性性能，在不适宜开窗通风的条件下，通过门窗缝隙渗透的空气不能满足室内人员正常呼吸所需要的新风量，所以配置新风系统，用于满足人员呼吸和保持室内卫生条件。

本建筑采用集新风、辅助制热、供冷于一体的洛卡恩环境一体机，为室内提供洁净空气的同时还提供冷热量，设备参数参见表5。经被动房能耗模拟软件PHPP计算，该工程热负荷为13W/m²，冷负荷为7W/m²。采用一台LCN-52BP-200（SC）型号环境一体机即可满足室内冷热负荷需求，无须配备传统的地暖或空调系统。该设备的热回收效率可达75%以上，极大地减少了通风能耗。采用G4初效和H11高效组合过滤器，对室内污风和室外新风进行过滤净化，$PM_{2.5}$的一次通过净化效率（非整机）为99.7%。

表5　LCN-52BP型环境一体机设备参数表

设备名称	规格型号	数量（台）
环境一体机	新风量（最小/额定/最大）100/200/280m³/h； 循环风量（最小/额定/最大）250/350/550m³/h； 显热交换效率≥75%； 制冷量5.2kW，制热量6.2kW； 系统COP：≥2.95； 机外静压100Pa，过滤等级G4/H11； 通风系统电力需求≤0.45Wh/m³； 电力需求：220V 50Hz，4kW	1

该设备可变风量运行，分区域控制，具有智能监测和自动控制功能，可实时对室内环境进行温度、湿度、二氧化碳浓度、$PM_{2.5}$ 浓度等指标进行监测并自动调整设备运行状态，使室内环境始终保持在健康、舒适的水平。

7.1 新风系统设置原则

本工程将一层的卧室、主卧室、客厅，二层的起居室、三个卧室、茶室设置为送风区，将卫生间、洗衣房作为集中回风区，将餐厅、走廊等设置成溢流区，送风方式为顶送风。图 33 为一层新风系统示意图，图 34 为二层新风系统示意图。

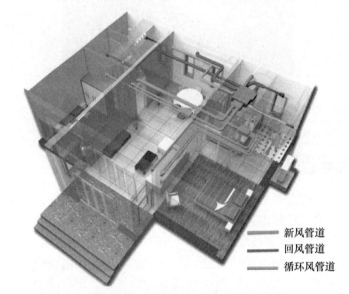

新风管道
回风管道
循环风管道

图 33　A01 一层新风系统示意图

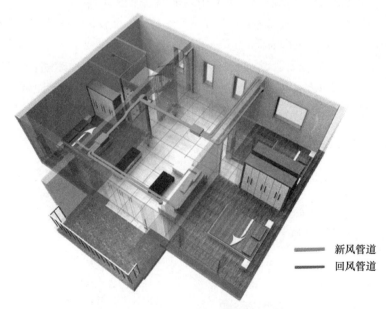

新风管道
回风管道

图 34　A01 二层新风系统示意图

为了避免噪声影响，将环境一体机安装在一层厨房，为节省使用空间采用吊顶式安装。室外机放置在一层厨房外侧，尽量缩短室内外机的距离。环境一体机安装如图35所示。

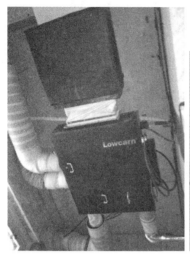

室内机安装　　　　　　　　　　　　　　　　室外机安装

图 35　环境一体机安装

送风管道采用 EPP（图 36）和带保温的波纹管（图 37）通过分流器连接组成整个送风系统（图 38）。新风管、循环风管和排风管均采用 EPP 管。回风管采用 PVC 管，风管采用贴顶、贴梁底吊装。

图 36　EPP 风管

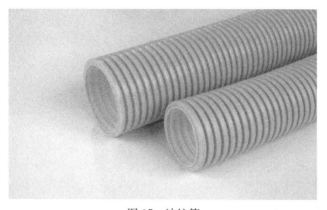

图 37　波纹管

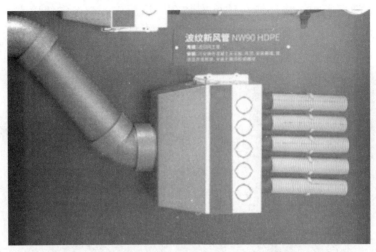

图38 分流器

所有的风口均采用圆形散流器风口，室外的新风风口和排风风口均采用不锈钢防雨防虫风帽，如图 39 所示。

圆形散流器风口   不锈钢风帽

图39 风口和风帽

厨房设置与抽油烟机联动的补风装置。补风应该从室外直接进入，且补风口应设置在灶台附近，尽可能缩短补风距离。补风装置高度宜低于烟气罩且不能直对烹饪操作位置及灶具火焰位置，如图 40 所示。

7.2 气流组织模拟分析

通过对方案进行气流组织模拟分析，在制热工况下，温度、环境适宜度、人均满意度均符合规范要求。制热工况气流模拟如图 41 所示。

通过对方案进行气流组织模拟分析，在制冷工况下，温度、环境适宜度、人均满意度均符合规范要求。制冷工况气流模拟如图 42 所示。

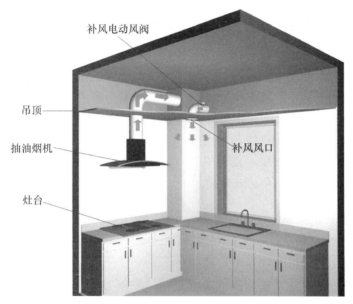

图 40　厨房补风示意图

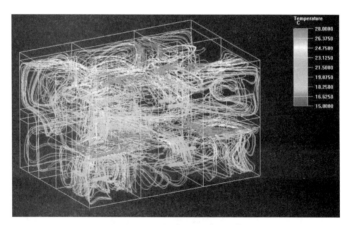

图 41　A01 制热工况气流模拟

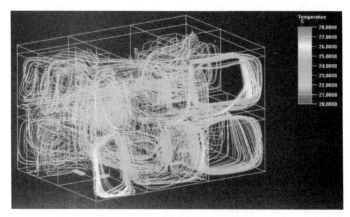

图 42　A01 制冷工况气流模拟

8 可再生能源的利用——太阳能光伏系统

为了进一步降低房屋对化石能源的需求，在坡屋面南侧安装太阳能光伏发电瓦，实现家庭用电设备自发自用，多余电力还可以卖电上网。该瓦片安装方便，可替代原来的屋顶瓦片作为建筑物外部结构的一部分，与建筑物形成完美的统一体，使建筑更具科技感。由于光伏瓦片接受南向坡屋面的阳光辐射，可吸收大部分的太阳辐射，将20%左右的太阳辐射能转化电能，发电的同时还起到良好的隔热效果，夏季屋顶温度可以降低 6～8℃，可以进一步降低空调能耗。

该工程安装 100 套 1000mm × 355mm 的光伏组件，安装容量 5.5kW，平均每天发电量为 21kW·h，年发电量约 7665kW·h，能够满足一般家庭生活用电。太阳能光伏瓦安装完成效果如图 43 所示。

图 43　太阳能光伏瓦安装完成效果

9 装配式建筑技术的应用

9.1 安装工艺

A01 示范工程为钢筋混凝土框架结构，外墙由两层轻集料混凝土夹芯墙板和一层石墨聚苯板组合而成。具体安装工艺如下：

9.1.1 主体结构

现浇钢筋混凝土梁、板、柱及楼梯等承重构件，如图 44 所示。

图 44　钢筋混凝土框架结构

9.1.2 安装槽钢

在梁、板、柱等承重构件边缘安装槽钢，如图45所示。构件外缘与槽钢近端保证60mm的距离，便于安装及断热桥处理。

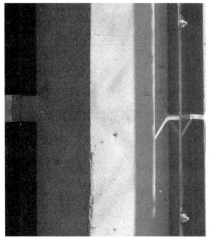

图45 槽钢安装

9.1.3 安装外叶板

用带有沉头垫片的锚栓（图46）将夹芯板固定于槽钢侧边。板材拼装前，在夹芯板拼缝处用专用砂浆涂抹均匀，拼装完成后，拼缝处存在的漏洞用专用砂浆填充、找平，保证建筑物的气密性，避免热损失。外叶板安装如图47所示，安装完成效果如图48所示。

图46 带有沉头垫片的锚栓

图47 外叶板安装过程

图 48　外叶板安装完成效果

9.1.4　安装保温板

将石墨聚苯板嵌入槽钢内固定。安装过程中，按洞口尺寸合理裁剪并密实填充；安装完成后，拼缝用聚氨酯发泡填充密实，避免造成热量流失，如图 49 所示。

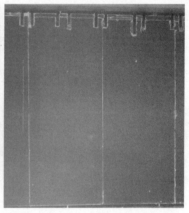

图 49　内置保温板安装

9.1.5　安装内叶板

内叶板的安装同外叶板安装相似，用带有沉头垫片的锚栓将夹芯板固定于槽钢侧边。在夹芯板拼缝处用专用砂浆涂抹均匀，拼装完成后，拼缝处存在的漏洞用专用砂浆填充、找平。内叶板安装过程参见图 50，内叶板安装完成效果参见图 51。

9.1.6　门窗安装

门窗固定于中置保温层部位的槽钢上，内外分别粘贴气密膜胶带进行密封处理。门窗安装工艺如图 52 所示。安装完成效果参见图 53～图 54。

9.1.7　优点与评价

墙板为工厂预制、现场拼装形式。该建筑体系有如下优点：

（1）采用装配式的施工工艺，缩短了建造工期，减少湿作业及扬尘，比普通建筑更环保；

图 50　内叶板安装过程

图 51　内叶板安装完成效果

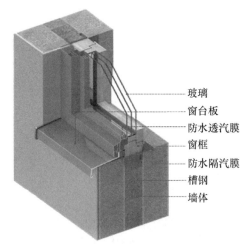

玻璃

窗台板

防水透汽膜

窗框

防水隔汽膜

槽钢

墙体

图 52　门窗安装工艺

图 53 窗户的气密膜粘贴

图 54 窗户安装完成效果

（2）保温层中置，防火等级更高；

（3）装修方便，耐久性好。

10 建筑能耗分析计算

经被动房专用设计软件 designPH 建模（图 55 为 designPH 模型）和 PHPP 能耗模拟计算分析，本建筑每年每平方米一次能源需求仅为 86kW·h，整栋建筑全年生活电力需求（包含照明、采暖、制冷及通风）仅 11600kW·h。建筑采暖节能率为 89％。就冬季采暖而言，本建筑二氧化碳排放量为 7.1kg/m²，与《中国建筑能耗研究报告（2018 年）》中北方城镇居建碳排放强度 52.4kgCO₂/m² 相比，减少了二氧化碳排放量 45.3kg/m²，减排率约为 86％。

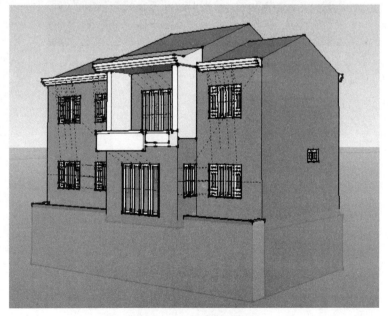

图 55 designPH 模型图

通过 2018 年 12 月 20 日至 2019 年 12 月 20 日对室内温度、湿度、二氧化碳、$PM_{2.5}$ 的实际检测数据，室内环境指标完全符合设计标准，完全能满足人体舒适度的要求。

11 结 语

通过被动式超低能耗绿色建筑技术和装配式施工技术在住宅公园 A01 的运用及实践，结合室内环境及能耗检测实际结果，该建筑室内舒适性、耐久性、节能效率较普通节能建筑都有了大幅度提高，符合改善农村居住环境、提升节能减排效率的要求和乡村振兴的发展战略要求，为实现装配式超低能耗建筑在农村的大范围推广和应用提供了很好的范例。

参考文献

[1] 河北省住房和城乡建设厅．被动式低能耗居住建筑节能设计标准 [DB 13 (J)/T 177—2015] [S]．北京：中国建筑工业出版社，2015.

[2] ［德］贝特霍尔德·考夫曼，［德］沃尔夫冈·费斯特．德国被动房设计和施工指南 [M]．徐智勇，译．北京：中国建筑工业出版社，2015.

附　录

1. 北京市

（1）《北京市超低能耗农宅示范项目技术导则》京建发〔2018〕127 号

2018 年 3 月 19 日由北京市住房和城乡建设委员会印发。

根据《北京市推动超低能耗建筑发展行动计划（2016—2018 年）》《北京市超低能耗建筑示范工程项目及奖励资金管理暂行办法》要求，我市正在实施超低能耗建筑的示范工作。为引导和规范我市超低能耗农宅的建设，提高农宅建筑质量，延长农宅使用寿命，改善农村居住建筑环境，同时大幅度降低农宅的采暖、制冷能耗和总能耗，节约资源和能源，北京市住房和城乡建设委员会组织编制了《北京市超低能耗农宅示范项目技术导则》。导则主要技术内容包括：总则、术语、基本规定、热工性能要求、通风和空调系统技术要求、关键材料和产品性能、关键部位施工做法、验收评价与运行管理，以及附录和引用标准名录。

（2）《北京市超低能耗示范项目技术导则》京建发〔2018〕183 号

2018 年 4 月 19 日由北京市住房和城乡建设委员会印发。

为保障北京市超低能耗建筑示范项目的顺利实施，指导示范项目选择技术措施，规范示范项目的施工和验收过程，确保超低能耗建筑示范效果，北京市住房和城乡建设委员会组织编制了《北京市超低能耗示范项目技术导则》。导则主要内容包括：总则、术语、基本规定、技术措施、施工、专项验收和附录。

2. 天津市

《关于加快推进被动式超低能耗建筑发展的实施意见》的通知——津建科〔2018〕535 号

2018 年 11 月 2 日由天津市建委、市财政局、市国土房管局、市规划局联合印发。部分内容摘编如下：

二、工作目标

其中提到，"到 2020 年底，全市累计开工建设被动式超低能耗建筑不低于 30 万平方米。"

四、主要任务

其中，"政府投资项目、高星级绿色建筑等项目应优先采用被动式超低能耗建筑。对新建项目总建筑面积在 20 万平方米（含）以上的，要明确建设一栋以上被动式超低能耗建筑，开工建设被动式超低能耗建筑面积不低于总建筑面积的 10%。"

五、政策支持

（一）资金支持

我市对被动式超低能耗建筑项目给予奖励，具体奖励政策另行制定。

（二）建筑面积核定

被动式超低能耗建筑项目外墙外保温层厚度超过 7cm 的，在工程建设领域和房产计算领域均按照厚度 7cm 计算建筑面积。外墙外保温层厚度超过 7cm 增加的部分不计算建筑面积。

3. 河北省

（1）石家庄市

● 《2019 年全市建筑节能、绿色建筑与装配式建筑工作方案》（石住建办〔2019〕61 号）

2019 年 4 月 22 日由石家庄市住房和城乡建设局印发。

《方案》中指出，"新开工建设超低能耗绿色建筑不低于 50 万平方米。"

● 《关于加快被动式超低能耗建筑发展的实施意见》（石政规〔2018〕3 号）

2018 年 2 月 14 日由石家庄市人民政府印发。部分内容摘编如下：

三、政策支持

（一）给予用地支持。对按照被动房标准要求建设的项目，优先保障用地。

（二）在容积率上给予支持。在办理规划审批（或验收）时，对于采用被动房方式建设的项目，按其建设被动房的地上建筑面积的 9％ 给予奖励，不计入项目容积率。奖励的不计入容积率面积，不再增收土地价款及城建配套费用。

（三）优化办事流程。为被动房项目报建手续开辟绿色通道。对主动采用被动房方式建造的单体建筑，投入开发建设资金达到工程建设总投资的 25％ 以上和施工进度达到主体动工（已取得《建筑工程施工许可证》），可办理《商品房预售许可证》；被动房建筑在办理商品房价格备案时，可上浮 30％。

（四）给予差别热费（居民）和热力贴费（非居民）减免。支持优先采用清洁能源作为被动房补充供热方式。不参加集中供热的免收差别热费（居民）和热力贴费（非居民）；参加集中供热的差别热费（居民）和热力贴费（非居民）按 20％ 收取，用户实行计量收费。

（五）给予财政补贴。对符合被动房节能标准的建筑项目，竣工后经专家评定，达到被动房建设标准，由市财政给予补贴。2018—2019 年开工建设（以取得《建筑工程施工许可证》时间为准）的，每平方米补贴 200 元，单个项目不超过 300 万元；2020 年开工建设（以取得《建筑工程施工许可证》时间为准）的，每平方米补贴 100 元，单个项目不超过 200 万元。政府投资项目，增量成本部分可计入投资预算。

● 《关于落实被动式超低能耗建筑优惠政策工作的通知》（石住建办〔2018〕108 号）

2018 年 5 月 25 日由石家庄市住房和城乡建设局、石家庄市发展和改革委员会、石家庄市城市管理委员会、石家庄市国土资源局、石家庄市城乡规划局、石家庄市财政局、石家庄市行政审批局七部门联合印发。部分内容摘编如下：

"二、申请单位向住建局提出申请建设被动房并做出承诺，住建局出具同意建设被动房的认定函后，规划局对采用被动房方式建设的建筑，在规划总平面图及建设工程规划许可证中予以注明，落实其地上建筑面积 9％ 不计入容积率的奖励政策，施工图审查阶段严格按照规划注明的被动房要求和被动房设计标准予以把关，未达到被动房设计要求的不予通过施工图审查，不得办理施工许可。

五、被动房奖励的不计入容积率面积不超过地上建筑面积的 9%，不再增收土地价款及城建配套费用。"

●《关于被动房和装配式建筑有关工作的通知》（石低能耗办〔2018〕6 号）

2018 年 6 月 11 日由石家庄市推进被动式超低能耗建筑工作领导小组办公室、石家庄市装配式建筑发展领导小组办公室联合印发。节选相关内容收录如下：

"在整个地块（含代建项目）全部工程项目按照装配式建筑设计的，可不建设被动房；在整个地块（含代建项目）全部工程按照被动房设计的，可不建设装配式建筑。未全部建设装配式建筑的，须按石政规〔2018〕3 号文件要求建设被动房；未全部建设被动房的，须按石政规〔2018〕5 号文件要求建设装配式建筑。"

●《石家庄市建筑节能专项资金管理办法》

2017 年 4 月 13 日由石家庄住房与城乡建设局发布，有效期至 2020 年 12 月 31 日。摘录如下：

"超低能耗建筑示范项目：2017 年建成的，每平方米补贴 300 元，单个项目不超过 500 万元；2018—2019 年建成的，每平方米补贴 200 元，单个项目不超过 300 万元；2020 年建成的，每平方米补贴 100 元，单个项目不超过 200 万元。"

（2）保定市

●《保定市人民政府关于推进被动式超低能耗绿色建筑发展的实施意见（试行）》保政函〔2018〕54 号

2018 年 6 月 11 日由保定市人民政府办公厅印发。部分内容摘编如下：

三、配套政策

一是给予用地支持。国土资源部门在拟定宗地供地方案前，就项目是否实施超低能耗建筑征求住建部门意见，对应采用超低能耗建筑方式建设的项目，超低能耗建筑建设方式作为土地出让的前置条件，在出让方案中明确；应确定当年超低能耗建筑用地供应量，到 2019 年，超低能耗建筑用地面积不少于当年建设供地面积总量的 10%，到 2020 年应不少于 20%。

二是明确非计容面积。对于采用超低能耗建筑方式建设的项目，规划、国土、住建等部门涉及容积率计算时，对其建设超低能耗建筑的地上建筑面积的 9% 不计入项目容积率。非计容面积不计征城市基础设施配套费，不再增收土地价款。

三是创新举措、优化办事流程。为超低能耗建筑项目报建手续开辟绿色通道。对采用超低能耗建筑方式建造的单体建筑，投入开发建设资金达到工程建设总投资 25% 以上和施工进度达到正负零的，可办理《商品房预售许可证》；超低能耗建筑在办理商品房价格备案时，房地产企业应持行业主管部门核准的超低能耗建筑认定书（或相关文件）到价格主管部门进行商品房价格备案。莲池区、竞秀区、高新区商品房备案价格可上浮 30%；其他县（市、区）、开发区依据本地实际情况，自行制定出备案价格调整幅度。

四是争取财政资金支持。对超低能耗建筑项目，市建设主管部门按河北省住房和城乡建设厅有关建筑节能专项资金管理文件，支持并配合项目建设单位申请省超低能耗建筑示范补助资金。新建项目每平方米补助 100 元、单体项目最高不超过 300 万元。各地政府及财政、住建部门，要支持超低能耗建筑项目建设单位向省财政厅申请免征城市基础设施配套费。

五是鼓励未开工项目改建超低能耗建筑。已取得土地、规划等手续，尚未开工建设的项目，改建超低能耗建筑的，同等享受相关优惠政策，有关部门配合办理变更手续。

六是鼓励农村建设超低能耗建筑。各县（市、区）政府、开发区管委会在条件成熟的情况下，鼓励农村建设超低能耗建筑样板房，以发挥引领示范作用，各地可自行制定奖励（鼓励）政策。

七是鼓励开展装配式超低能耗建筑高品质绿色示范项目，可享受装配式建筑和超低能耗建筑相关优惠政策。

（3）张家口市

● 张家口市住建局《关于做好装配式和被动式超低能耗建筑推进工作的通知》张住建科字〔2018〕3 号

2018 年 6 月 22 日由张家口市住房和城乡建设局印发。

●《张家口市装配式建筑和被动式超低能耗项目建筑面积及财政奖励实施细则》张住建科字〔2018〕4 号

2018 年 7 月 5 日由张家口市住房和城乡建设局、张家口市行政审批局、张家口市城乡规划局、张家口市财政局、张家口市国土资源局联合印发，内容摘录：

实施被动式超低能耗建筑的奖励建筑面积不得超过符合被动式超低能耗建筑相关技术要求的地上总建筑面积的 3%。在办理规划审批时，奖励建筑面积不计入项目的容积率；各级财政奖励资金支持重点是本地区建设的装配式或被动式超低能耗项目，奖励资金标准为每平方米 100 元，单个项目最高不超过 300 万元。补助期限暂定为 5 年（2017—2021 年）。

（4）承德市

●《承德市人民政府关于加快推进建筑产业现代化的实施意见》（承市政字〔2018〕79 号）

2018 年 8 月 22 日由承德市人民政府印发。相关内容收录如下：

"2019 年全面启动被动式超低能耗建筑（以下简称被动房）试点工作。到 2025 年，全市累计开工建设被动房不低于 20 万平方米，其中双桥区、双滦区、营子区和高新区累计开工建设被动房不低于 8 万平方米；其他各县（市）新开工建设被动房各不低于 1.5 万平方米。以备案和审批为依据，一个工程项目全部按装配式方式建造的可不建设被动房，全部按被动房建设的，可不采取装配式方式建造。

被动房的地上建筑面积 9% 不计入项目容积率；对采用被动式方式建设的按照 100 元/平方米予以补贴，单个项目不超过 300 万元；采用装配式或被动房方式开发的房地产项目，在项目施工进度到正负零，并已确定施工进度和竣工交付日期（含环境和配套设施建设）的前提下，可申领《商品房预售许可证》。采用装配式方式、被动房方式建造的商品房，在办理商品房价格备案时，可在政府指导价格基础上按其造价增加幅度适当上浮。"

（5）衡水市

●《衡水市大气污染防治（建筑节能补助）专项资金补助项目管理办法（征求意见稿）》

2019 年 3 月 15 日由衡水市住房和城乡建设局印发，内容摘录：

"超低能耗建筑示范补助标准：每平方米（超低能耗建筑区域部分）100元，单个项目（以立项批准文件为准）不超过300万元。"

●《衡水市住房和城乡建设局关于加快推进被动式超低能耗建筑发展的实施意见（试行）》

2018年3月27日由衡水市住房和城乡建设局印发，内容摘录：

"1. 2018年，全市全面启动被动房试点工作。2. 到2020年，全市累计开工建设被动房不低于5万平方米；冀州区累计开工建设被动房不低于1万平方米。"

标准：

北京市　天津市

京津协同标准《超低能耗居住建筑设计标准》（送审稿）

河北省

（1）《被动式低能耗居住建筑节能设计标准》DB13（J）/T 177—2015，2015年2月27日发布、2015年5月1日实施（现已作废）。

2018修订版《被动式超低能耗居住建筑节能设计标准》DB13（J）/T 273—2018，2018年9月25日发布、2019年1月1日实施。

（2）《被动式低能耗建筑施工及验收规程》DB13（J）/T 238—2017，2017年6月25日发布、2017年9月1日实施。

（3）《被动式超低能耗公共建筑节能设计标准》DB13（J）/T263—2018，2018年6月23日发布、2018年9月1日实施。

（4）《被动式低能耗居住建筑节能构造》DBJT 02-109—2016，图集号：J16J156。

（5）《被动式超低能耗建筑节能检测标准》DB13（J）/T 8324—2019，2019年9月9日发布、2019年10月1日实施。

（6）《被动式超低能耗建筑评价标准》》DB13（J）/T 8323—2019，2019年9月9日发布、2019年10月1日实施。